日本統計学会
公式認定

日本統計学会●編

データに基づく数量的な思考力を測る全国統一試験

統計検定
3級・4級
公式問題集

2017〜2019年

実務教育出版

まえがき

　昨今の目まぐるしく変化する世界情勢の中，日本全体のグローバル化とそれに対応した社会のイノベーションが重要視されている。イノベーションの達成には，あらたな課題を自ら発見し，その課題を解決する能力を有する人材育成が不可欠であり，課題を発見し，解決するための能力の一つとしてデータに基づく数量的な思考力，いわゆる統計的思考力が重要なスキルと位置づけられている。

　現代では，「統計的思考力（統計的なものの見方と統計分析の能力）」は市民レベルから研究者レベルまで，業種や職種を問わず必要とされている。実際に，多くの国々において統計的思考力の教育は重視され，組織的な取り組みのもとに，あらたな課題を発見し，解決する能力を有する人材が育成されている。我が国でも，初等教育・中等教育においては統計的思考力を重視する方向にあるが，中高生，大学生，職業人の各レベルに応じた体系的な統計教育はいまだ十分であるとは言えない。しかし，最近では統計学に関連するデータサイエンス学部を新設する大学も現れ，その重要性は少しずつ認識されてきた。現状では，初等教育・中等教育での統計教育の指導方法が未成熟であり，能力の評価方法も個々の教員に委ねられている。今後，さらに進むことが期待されている日本の小・中・高等学校および大学での統計教育の充実とともに，統計教育の質保証をより確実なものとすることが重要である。

　このような背景と問題意識の中，統計教育の質保証を確かなものとするために，日本統計学会は2011年より「統計検定」を実施している。現在，能力に応じた以下の「統計検定」を実施し，各能力の評価と認定を行っているが，着実に受験者が増加し，認知度もあがりつつある。

1 級	実社会の様々な分野でのデータ解析を遂行する統計専門力
準 1 級	統計学の活用力 ― データサイエンスの基礎
2 級	大学基礎統計学の知識と問題解決力
3 級	データの分析において重要な概念を身に付け，身近な問題に活かす力
4 級	データや表・グラフ，確率に関する基本的な知識と具体的な文脈の中での活用力
統計調査士	統計に関する基本的知識と利活用
専門統計調査士	調査全般に関わる高度な専門的知識と利活用手法

（「統計検定」に関する最新情報は統計検定センターのウェブサイトで確認されたい）

「統計検定　公式問題集」の各書には，過去に実施した「統計検定」の実際の問題を掲載している。そのため，使用した資料やデータは検定を実施した時点のものである。また，問題の趣旨やその考え方を理解するために解答のみでなく解説を加えた。過去の問題を解くとともに，統計的思考力を確実なものとするために，あわせて是非とも解説を読んでいただきたい。ただし，統計的思考では数学上の問題の解とは異なり，正しい考え方が必ずしも一通りとは限らないので，解説として説明した解法とは別に，他の考え方もあり得ることに注意いただきたい。

　「統計検定　公式問題集」の各書は，「統計検定」の受験を考えている方だけでなく，統計に関心ある方や統計学の知識をより正確にしたいという方にも読んでいただくことを望むが，統計を学ぶにはそれぞれの級や統計調査士，専門統計調査士に応じた他の書物を併せて読まれることを勧めたい。

　最後に，「統計検定　公式問題集」の各書を有効に利用され，多くの受験者がそれぞれの「統計検定」に合格されることを期待するとともに，日本統計学会は今後も統計学の発展と統計教育への貢献に努める所在です。

一般社団法人　日本統計学会

会　長　川崎　茂

理事長　山下智志

(2020年2月1日現在)

日本統計学会公式認定

統計検定3級・4級
公式問題集

CONTENTS

まえがき⋯⋯⋯ ii

目次⋯⋯⋯ iv

PART 1　**統計検定　受験ガイド**⋯⋯⋯ vii

PART 2　**3級　2019年11月　問題／解説**　**1**

問題⋯⋯⋯3

正解一覧⋯⋯⋯24

解説⋯⋯⋯25

PART 3　**3級　2019年6月　問題／解説**　**39**

問題⋯⋯⋯40

正解一覧⋯⋯⋯60

解説⋯⋯⋯61

PART 4　**3級　2018年11月　問題／解説**　**73**

問題⋯⋯⋯75

正解一覧⋯⋯⋯100

解説⋯⋯⋯101

PART 5　**3級　2018年6月　問題／解説**　115

　　問題………117

　　正解一覧………138

　　解説………139

PART 6　**3級　2017年11月　問題／解説**　151

　　問題………153

　　正解一覧………174

　　解説………175

PART 7　**3級　2017年6月　問題／解説**　187

　　問題………188

　　正解一覧………206

　　解説………207

PART 8　**4級　2019年11月　問題／解説**　219

　　問題………221

　　正解一覧………244

　　解説………245

PART 9　**4級　2019年6月　問題／解説**　261

　　問題………262

　　正解一覧………282

　　解説………283

v

PART 10　**4級　2018年11月　問題／解説**　295

問題………297

正解一覧………318

解説………319

PART 11　**4級　2018年6月　問題／解説**　335

問題………337

正解一覧………360

解説………361

PART 12　**4級　2017年11月　問題／解説**　377

問題………379

正解一覧………400

解説………401

PART 13　**4級　2017年6月　問題／解説**　415

問題………416

正解一覧………436

解説………437

PART 1

統計検定
受験ガイド

「統計検定」ってどんな試験?
いつ行われるの? 試験会場は? 受験料は?
何が出題されるの? 学習方法は?
そうした疑問に答える、公式ガイドです。

受験するための基礎知識

●統計検定とは

「統計検定」とは，統計に関する知識や活用力を評価する全国統一試験です。

データに基づいて客観的に判断し，科学的に問題を解決する能力は，仕事や研究をするための21世紀型スキルとして国際社会で広く認められています。日本統計学会は，中高生・大学生・職業人を対象に，各レベルに応じて体系的に国際通用性のある統計活用能力評価システムを研究開発し，統計検定として資格認定します。

統計検定の試験制度は年によって変更されることもあるので，**統計検定のウェブサイト（http://www.toukei-kentei.jp/）**で最新の情報を確認してください。

●統計検定の種別

統計検定は2011年に発足し，現在は以下の種別が設けられています。

試験の種別	試験日	試験時間	受験料
統計検定1級	11月	90分（10：30〜12：00）統計数理 90分（13：30〜15：00）統計応用	各6,000円 両方の場合10,000円
統計検定準1級	6月	120分（13：30〜15：30）	8,000円
統計検定2級	6月と11月	90分（10：30〜12：00）	5,000円
統計検定3級	6月と11月	60分（13：30〜14：30）	4,000円
統計検定4級	6月と11月	60分（10：30〜11：30）	3,000円
統計調査士	11月	60分（13：30〜14：30）	5,000円
専門統計調査士	11月	90分（10：30〜12：00）	10,000円

（2020年2月現在）

●受験資格

誰でもどの種別でも受験できます。

各試験種別では目標とする水準を定めていますが，年齢，所属，経験等に関して，受験上の制限はありません。

●併願

同一の試験日であっても，異なる試験時間帯の組合せであれば，複数の種別を受験することが認められます。

たとえば「4級と3級」「3級と2級」「2級と準1級」「統計調査士と専門統計調査士」などの併願が可能です。

●統計検定3級・4級とは

「統計検定3級」は，統計学とその応用分野を専門とする大学教員が国際的通用性を重視した問題を開発し，統計活用力を評価し，認証するための検定試験です。

「統計検定4級」は，主に国際的通用性の視点から，統計表やグラフ，調査・実験，確率の基礎と活用の知識に関する学習の理解度を評価し，認証するための検定試験です。

●試験の実施結果

最近5年間の3級・4級の実施結果は以下のとおりです。

統計検定3級　実施結果

	申込者数	受験者数	合格者数	合格率
2019年11月	2,221	1,907	1,178	61.77%
2019年6月	1,977	1,688	1,165	69.02%
2018年11月	1,608	1,391	899	64.63%
2018年6月	1,980	1,698	1,141	67.20%
2017年11月	1,575	1,352	855	63.24%
2017年6月	1,745	1,502	942	62.72%
2016年11月	1,791	1,473	876	59.47%
2016年6月	2,193	1,853	1,208	65.19%
2015年11月	1,992	1,647	990	60.11%
2015年6月	2,169	1,849	1,155	62.47%

統計検定4級　実施結果

	申込者数	受験者数	合格者数	合格率
2019年11月	491	422	237	56.16%
2019年6月	409	343	250	72.89%
2018年11月	369	319	177	55.49%
2018年6月	451	386	235	60.88%
2017年11月	379	340	235	69.12%
2017年6月	189	162	146	90.12%
2016年11月	375	331	234	70.69%
2016年6月	279	226	158	69.91%
2015年11月	400	347	246	70.89%
2015年6月	380	312	255	81.73%

統計検定3級・4級の試験実施方法

●**試験日程**（試験日は2020年，申込期間は2019年のもの）

年に2回，6月と11月に実施されます。

①**6月の試験**

　試験日　：6月21日（日）

　申込期間：4月8日（月）～5月10日（金）（個人申込の場合）

②**11月の試験**

　試験日　：11月22日（日）

　申込期間：9月4日（水）～10月11日（金）（個人申込の場合）

●**申込方法**

　個人申込の場合，Web申込，郵送申込の2つの申込方法があります（団体申込については省略します）。

①**Web申込**

　統計検定のウェブサイトから受験申込サイトにアクセスし，必要情報を入力してください。

　受験料の支払いは，クレジットカードによる決済とコンビニ決済のいずれかを選べます。

②**郵送申込**

　統計検定のウェブサイトから「受験申込用紙（個人申込用）」をダウンロード・印刷し，必要事項を記入してください。

　銀行振込または郵便振替にて受験料を入金し，支払証明書類（原本またはコピー）を申込用紙に貼り付けて，統計検定センターに郵送してください。締切日必着です。

●**受験料**

　3級　4,000円　　　4級　3,000円

●**受験地**（予定）

　6月の試験：札幌，東京23区内，名古屋，大阪，福岡

　11月の試験：札幌，仙台，東京23区内，立川，松本，名古屋，大阪，福岡

　※具体的な試験会場は，申込完了後に送られる受験票に記載されています。

●**試験時間**

　3級：13：30～14：30の60分間

　4級：10：30～11：30の60分間

　※4級と3級，3級と2級（10：30～12：00）の併願も可能です。

●試験の方法（3級・4級で同じ）

4～5肢選択問題（マークシート）30問程度。試験時間は60分
合格水準は100点満点で70点以上（難易度を考慮して調整されることがある）
次のようなマークシートに解答します。

統 計 検 定
（B面）

CBT方式試験

統計検定2級と3級，統計調査士ではCBT（Computer Based Testing）方式での試験が行われています。全国230か所程度（順次追加の予定）の会場で，会場ごとに設定された試験日に受験することができます。

出題形式は4～5肢選択問題で，問題数は紙媒体の試験とほぼ同じです。試験問題はプールされている問題からコンピュータでランダムに出題されます。試験回，個人ごとに問題は異なることになります（したがって，試験内容について，秘密保持に同意していただくことになります）。

	2級	3級
試験時間	90分	60分
問題数	35問程度	30問程度
合格基準	100点満点で60点以上	100点満点で70点以上
受験料（一般／学割。税込）	7,000円／5,000円	6,000円／4,000円

その他の詳細は統計検定のウェブサイトを参照してください。

xi

統計検定3級の出題範囲

●試験内容

①基本的な用語や概念の定義を問う問題（統計リテラシー）

②用語の基礎的な解釈や2つ以上の用語や概念の関連性を問う問題（統計的推論）

③具体的な文脈に基づいて統計の活用を問う問題（統計的思考）

を出題します。

統計検定3級　出題範囲表（2020年4月より）

大項目	小項目	ねらい	項目（学習しておくべき用語）
データの種類	データの基礎知識	データのタイプの違いを理解し、それぞれのデータに適した処理法を理解する。	量的変数、質的変数、名義尺度、順序尺度、間隔尺度、比例尺度
標本調査	母集団と標本	標本調査の意味と必要性を理解し、標本の抽出方法や推定方法について説明することができる。	母集団、標本、全数調査、無作為抽出、標本の大きさ、乱数表、国勢調査
実験	実験の基本的な考え方	実験の意味と必要性を理解し、実験の基本的な考え方について、説明することができる。	実験研究、観察研究、処理群と対照群
統計グラフ	1変数の基本的なグラフの見方・読み方	基本的な1変数の統計グラフを適切に解釈したり、自ら書いたりすることができる。	棒グラフ、折れ線グラフ、円グラフ、帯グラフ、積み上げ棒グラフ、レーダーチャート、バブルチャート、ローソク足
	2変数の基本的なグラフの見方・読み方	基本的な2変数の統計グラフを適切に解釈したり、自ら書いたりすることができる。	モザイク図、散布図（相関図）、複合グラフ
データの集計	1変数データ	1変数のデータを適切に集計表に記述すること、また集計表から適切に情報を読み取り、説明することができる。	度数分布表、度数、相対度数、累積度数、累積相対度数、階級、階級値、度数分布表からの統計量の求め方
	2変数データ	2変数のデータを適切にクロス集計表に記述すること、また集計表から適切に情報を読み取り、説明することができる。	クロス集計表（2元の度数分布表）
時系列データ	時系列データの基本的な見方	時系列情報を持つデータをグラフや指標を用いて適切に表現し、それらの情報を適切に読み取ることができる。	時系列グラフ、指数（指標）、移動平均
データの代表値	代表値とその利用法	数値を用いてデータの中心的位置を表現すること、またそれらを用いて適切にデータの特徴を説明することができる。	平均値、中央値、最頻値
データの散らばり	量的な1変数の散らばりの指標	データの散らばりを、指標を用いて把握し、説明することができる。	最小値、最大値、範囲、四分位数、四分位範囲、分散、標準偏差、偏差値、変動係数

xii

データの散らばり	量的な2変数の散らばりの指標	量的な2つの変数の散らばりを指標から把握し、説明することができる。	共分散、相関係数
	散らばりのグラフ表現	データの散らばりをグラフ表現することを通して、散らばりの特徴を把握したり、グループ間の比較を行ったりすることができる。はずれた値の処理を考える。	ヒストグラム（柱状グラフ）、累積相対度数グラフ、幹葉図、箱ひげ図、はずれ値
相関と回帰	相関と因果	相関関係と因果関係の区別ができる。	相関、擬相関、因果関係
	回帰直線	記述統計の範囲内での回帰分析の基本事項が理解できる。	最小二乗法、回帰係数、予測
確率	確率の基礎	確率の意味や基本的な法則を理解し、さまざまな事象の確率を求めたり、確率を用いて考察することができる。	独立な試行、条件付き確率
確率分布	確率変数と確率分布	確率変数の平均・分散・標準偏差等を用いて、基本的な確率分布の特徴が考察できる。	二項分布、正規分布、二項分布の正規近似
統計的な推測	母平均・母比率の標本分布・区間推定・仮説検定	標本分布の概念を理解し、区間推定と仮説検定に関する基本的な事項が理解できる。	標本平均・比率の標本分布、母平均・母比率の区間推定、母平均・母比率の仮説検定

●新出題範囲の例題

出題範囲表のうち、「相関と回帰」、「確率分布」、「統計的な推測」は2020年からの新出題範囲で、2019年までは出題がなかったので、例題と略解を掲載します。

なお、xxiiiページに付表「標準正規分布の上側確率」があります。

付表の使い方については「改訂版　3級対応テキスト」を参照してください。

問1 [相関と回帰]

相関関係および因果関係に関する記述について、次の①〜⑤のうちから適切でないものを一つ選べ。　　1

① 因果関係とは、2つの事象について一方の事象がもう一方の事象の直接的な原因となっている関係のことである。

② 2つの事象の間に擬相関があるとき、これら2つの事象の両方と相関のある事象が存在する。

③ ある2つの事象の因果関係を調べるには、実験研究を行うとよい。

④ あるコンビニエンスストアチェーンの各店舗で、苦情の数と売上高の相関を調べたところ正の相関があった。このとき、苦情の数と売上高の間には因果関係があると言える。

⑤ ある店舗において、気温とアイスクリームの販売数には正の相関があり、気温と炭酸飲料の販売数にも正の相関があった。また、アイスクリームと炭酸飲料の販売数にも正の相関があったが、これは擬相関と考えられる。

略解 1　　　　　　　　　　　　　　　　　　　　　　　　**正解 ④**

①：正しい。因果関係とは，2つの事象について，一方の事象がもう一方の事象の直接的な原因となっている関係のことであるので，正しい。
②：正しい。擬似相関とは2つの事象の背後に，これらの事象に影響を与える（相関のある）事象があり，そのために現れる相関のことであるので，正しい。
③：正しい。因果関係の有無を調べるには，ある種の介入を対象者にする実験研究を行うとよいので，正しい。
④：誤り。相関（関係）があるだけでは因果関係があるとは言えないので，誤り。
⑤：正しい。気温が，アイスクリームの販売数と炭酸飲料の販売数に影響を与え，そのために現れる擬似相関の例であるので，正しい。
　　よって，正解は④である

問2　　　　　　　　　　　　　　　　　　　　　　　　　[相関と回帰]

次の散布図は，いくつかの町について交番の数と犯罪件数についてまとめたものである。
この散布図からわかることとして，次の①～⑤のうちから最も適切なものを一つ選べ。**2**

①：交番の多い町では犯罪件数が多い傾向がある。
②：交番の数が増えると警察官が増えるため，犯罪件数は減る傾向にある。
③：交番の数を増やせば，犯罪件数が増える。
④：犯罪件数が増えることにより，交番の数が増える。
⑤：交番の数と犯罪件数の間に因果関係がある。

略解 2　　　　　　　　　　　　　　　　　　　　　　　　**正解 ①**

①：正の相関が強く，交番の多い町では犯罪件数が多い傾向にあるので，正しい。
②：交番の数が増えると，犯罪件数が増える傾向にあるので，誤り。また，警察官については判断するデータは示されていない。
③：交番の数と犯罪件数の間には強い相関があるが，因果関係があるとは言えず，交番の数を増やすと犯罪件数が増えるとは言えないので，誤り。
④：③と同様，犯罪件数と交番の数の間には因果関係があるとは言えず，犯罪件数が増えると交番の数が増えるとは言えないので，誤り。
⑤：相関があるからと言って，因果関係があるとは言えないので，誤り。

問3 [相関と回帰]

あるコンビニエンスストアで売られている商品Aの1日あたりの売上数（個）とその日の最高気温（℃）について調べた。最高気温をx，売上げ数をyとし，xがyを説明する回帰直線を求めたところ，

$$y = 3.73 + 2.33x$$

という式が得られた。最高気温が25℃のときの商品Aの販売数の予測値はいくらか。次の①〜⑤のうちから最も適切なものを一つ選べ。　3

①　9　　②　25　　③　58　　④　62　　⑤　91

略解　3　　　　　　　　　　　　　　　　　　　　　　　　　　　**正解　④**

回帰直線の式から，最高気温が25℃のときの商品Aの販売数の予測値は，$3.73 + 2.33 \times 25 = 61.98$（個）である。

問4 [相関と回帰]

次の図は，各都道府県の最低賃金（単位：円）と全国物価地域差指数（全国平均$=100$）の散布図および回帰直線である。この回帰直線の式は

全国物価地域差指数 $= 66.95 + 0.045 \times$ 最低賃金

である。

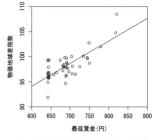

資料：総務省「平成19年全国物価統計調査」，
厚生労働省「地域別最低賃金改定状況（平成22年）」

この散布図および回帰直線の式から読み取れることとして，次のⅠ〜Ⅲの記述を考えた。

Ⅰ．最低賃金を2000円にすれば，全国物価地域差指数は平均的に156.95となる。
Ⅱ．最低賃金が700円であれば，全国物価地域差指数は平均的に98.45である。
Ⅲ．全国物価地域差指数が98.45であれば，最低賃金は平均的に700円である。

この記述 I ～ III に関して，次の①～⑤のうちから最も適切なものを一つ選べ。 **4**

① I のみ正しい ② II のみ正しい ③ III のみ正しい

④ I と III のみ正しい ⑤ II と III のみ正しい

略解 **4** ．． **正解** ▶ ②

I：誤り。回帰直線において，説明変数の取りうる値から大幅にずれた点についての予測を行うことは適切ではない。このデータでは，最低賃金はおよそ640円から830円である。2000円を回帰直線の式に代入して値を求めることは適切ではないので，誤り。

II：正しい。回帰直線の式の最低賃金に700円を代入すると，$66.95 + 0.045 \times 700 = 98.45$ と予測されるので，正しい。

III：誤り。回帰直線において，目的変数から説明変数を予測することは好ましくないので，誤り。

以上から，正しい記述は II のみなので，正解は②である。

問5 [確率分布]

次の表は，2018年の年末に販売された第771回全国自治宝くじの年末ジャンボ宝くじと年末ジャンボミニ宝くじの当選金（単位：円）と当選確率を表したものである。

年末ジャンボ宝くじ

当選金額（円）	当選確率
7億	2000万分の1
1億5000万	1000万分の1
1000万	2000万分の3
100万	20万分の1
10万	4763分の1
1万	1000分の1
3000	100分の1
300	10分の1

年末ジャンボミニ宝くじ

当選金額（円）	当選確率
3000万	200万分の1
1000万	50万分の1
100万	10万分の1
10万	3333分の1
2万	5000分の1
1万	1000分の1
3000	100分の1
300	10分の1

〔1〕年末ジャンボミニ宝くじの1枚あたりの当選金額の平均は149円であった。年末ジャンボ宝くじと年末ジャンボミニ宝くじの当選金額の平均の比較について，次の①～④のうちから最も適切なものを一つ選べ。 **5**

① 年末ジャンボ宝くじの当選金額の平均の方が高い

② 2つの宝くじの当選金額の平均は等しい

③ 年末ジャンボミニ宝くじの当選金額の平均の方が高い

④ 購入するたびに，どちらの平均が高いか変わる

〔2〕年末ジャンボミニ宝くじが3億枚売れたとする。また，年末ジャンボミニ宝く じは1枚300円で販売されている。このとき，販売額と総当選金額の差はおよそ いくらか。次の①～⑤のうちから最も適切なものを一つ選べ。 6

① 300億円　　② 447億円　　③ 453億円

④ 514億円　　⑤ 900億円

略解

〔1〕 5 ··· 正解 ③

年末ジャンボ宝くじの当選金額の平均は，

$$7億 \times \frac{1}{2000万} + 1億5000万 \times \frac{1}{1000万} + 1000万 \times \frac{3}{2000万} + 100万 \times \frac{1}{20万}$$

$$+ 10万 \times \frac{1}{4763} + 1万 \times \frac{1}{1000} + 3000 \times \frac{1}{100} + 300 \times \frac{1}{10}$$

$$\fallingdotseq 35 + 15 + 1.5 + 5 + 21 + 10 + 30 + 30 = 147.5 \ (円)$$

となるので，年末ジャンボミニ宝くじの当選金額の平均（149円）の方が高い。 よって，正解は③である。

〔2〕 6 ··· 正解 ③

販売額は 3（億枚）$\times 300$（円）$= 900$（億円）であり，総当選金額はおよそ300（億枚） $\times 149$（円）$= 447$（億円）である。その差は$900 - 447 = 453$（億円）となる。

問6

[確率分布]

箱の中にある製品が入っていて，その中の不良品の割合は5％である。この箱の 中から100個の製品を無作為に取り出し，不良品か否かを確認する。100個のうち不 良品の数を確率変数Xとし，その標本比率を$\hat{p} = X/100$とする。また，この箱の中の 製品の数は十分多いものとする。

〔1〕標本比率$\hat{p}$の平均μはいくらか。次の①～⑤のうちから最も適切なものを一つ 選べ。 7

① 0　　② 0.0005　　③ 0.05　　④ 0.95　　⑤ 1

xvii

〔2〕標本比率 $\hat{p}$ の標準偏差 σ はいくらか。次の①～⑤のうちから最も適切なものを一つ選べ。 8

① 0.0005　　② 0.022　　③ 0.048　　④ 0.22　　⑤ 4.8

〔3〕 $(\hat{p}-\mu)/\sigma$ が1.96以上の値を取る確率はいくらか。次の①～⑤のうちから最も適切なものを一つ選べ。ここで，標本比率を標準化した $(\hat{p}-\mu)/\sigma$ が標準正規分布 $N(0,1)$ に近似的に従うことを用いてよい。 9

① 0.01　　② 0.025　　③ 0.05　　④ 0.95　　⑤ 0.975

略解　不良品の割合が p の製品を n 個無作為に取り出す。このとき，取り出された不良品の数を確率変数 X とすると，X は二項分布 $B(n, p)$ に従う。その標本比率を $\hat{p}=X/n$ とすると，取り出す数 n が十分多いとき，$\hat{p}$ は正規分布 $N(p, p(1-p)/n)$ に近似的に従う。さらに，標本比率を標準化した $(\hat{p}-\mu)/\sigma=(\hat{p}-p)/\sqrt{p(1-p)/n}$ が標準正規分布 $N(0,1)$ に近似的に従う。これらのことを用いて考えるとよい。

〔1〕 7 ･･･ **正解** ③
標本比率の平均は箱の中の不良品の割合0.05と一致する。

〔2〕 8 ･･･ **正解** ②
箱の中の不良品の割合 $p=0.05$ に対し，標本比率の標準偏差は，
$\sqrt{p(1-p)/n}=\sqrt{0.05\times0.95/100}=0.022$ である。

〔3〕 9 ･･･ **正解** ②
標本比率を標準化した $(\hat{p}-\mu)/\sigma$ は標準正規分布 $N(0,1)$ に近似的に従うので，$(\hat{p}-\mu)/\sigma$ が1.96以上となる確率は0.025である。

問7 [統計的な推測]

野球において打者を評価する指標の一つに打率がある。ここでは打率を，

$$打率=\frac{ヒットを打った回数}{打席に立った回数}$$

と定義する*。一般的にはこの数値が高い選手ほどよい選手とされる。A選手が毎回の打席でヒットを打つ確率 p は一定とし，互いの打席は独立とする。

*実際の定義は分母が打数（打席に立った回数から四死球，犠打，犠飛，打撃妨害，走塁妨害の数を除いた回数）である。

〔1〕 A選手が100打席経過した段階でヒットを32本打っていた。ヒットを打つ確率 p に対する信頼度95％の信頼区間として，次の①～⑤のうちから最も適切なものを一つ選べ。 | 10 |

① $-0.59 \leqq p \leqq 1.23$ ② $0.23 \leqq p \leqq 0.41$ ③ $0.27 \leqq p \leqq 0.37$
④ $0.31 \leqq p \leqq 0.33$ ⑤ $0.63 \leqq p \leqq 1.27$

〔2〕 A選手が200打席経過した段階でヒットを64本打っていた。200打席経過した結果から，ヒットを打つ確率 p に対する信頼度95％の信頼区間を求めた場合，その幅は〔1〕の結果に対する信頼区間の幅の何倍となるか。次の①～⑤のうちから最も適切なものを一つ選べ。 | 11 |

① $1/4$ 倍 ② $1/2$ 倍 ③ $1/\sqrt{2}$ 倍 ④ 2 倍 ⑤ 変わらない

略解

〔1〕 | 10 | ‥‥‥‥‥‥‥‥‥‥‥‥‥‥‥‥‥‥‥‥‥‥ **正解** ②

ヒットを打つ確率 p に対する標本比率は $32/100 = 0.32$ となり，信頼度95％の信頼区間は，$0.32 \pm 1.96 \times \sqrt{\dfrac{0.32 \times (1-0.32)}{100}} = 0.32 \pm 0.09$ なので，$0.23 \leqq p \leqq 0.41$ となる。

〔2〕 | 11 | ‥‥‥‥‥‥‥‥‥‥‥‥‥‥‥‥‥‥‥‥‥‥ **正解** ③

標本サイズが2倍なので，信頼区間の幅は $1/\sqrt{2}$ 倍となる。実際，標本比率は〔1〕と同様に $64/200 = 0.32$ となり，このときの信頼区間の幅は，

$$1.96 \times \sqrt{\frac{0.32 \times (1-0.32)}{200}} = 1.96 \times \frac{1}{\sqrt{2}} \times \sqrt{\frac{0.32 \times (1-0.32)}{100}}$$

であるので，信頼区間の幅は $1/\sqrt{2}$ 倍となる。

問8
[統計的な推測]

ある製品の重量（単位：g）の母平均を μ とする。μ の95％信頼区間は $110 \leqq \mu \leqq 120$ であった。次のⅠ～Ⅲの記述は，この信頼区間について述べたものである。

Ⅰ．標本の95％が含まれる区間が $[110,\ 120]$ である。

Ⅱ．標本平均が区間 $[110,\ 120]$ に入っている確率は95％である。

Ⅲ．無作為抽出による同じ大きさを持つ標本を多数用意し，それぞれの標本を用いて95％信頼区間を求める手続きを行うと，μ はこれらの信頼区間のうち約95％の区間に含まれる。

xix

この記述Ⅰ～Ⅲに関して，次の①～⑤のうちから最も適切なものを一つ選べ。
　12

① Ⅰのみ正しい　　　　　　② Ⅱのみ正しい
③ Ⅲのみ正しい　　　　　　④ ⅠとⅡのみ正しい
⑤ ⅠとⅢのみ正しい

略解 12 .... **正解** ③

　信頼区間とは，標本の大きさと信頼度（信頼係数）を固定して，同じ手順で信頼区間を数多く作成したとき，「作成された信頼区間が母平均μを含む確率が信頼度である」と解釈する。

Ⅰ：誤り。区間［110, 120］に標本の95％が含まれるのではないので，誤り。
Ⅱ：誤り。区間［110, 120］に標本平均がある確率が95％ではないので，誤り。
Ⅲ：正しい。上で説明した事柄を示すので，正しい。たとえば，同じ大きさの標本を用いて95％信頼区間を求める手続きにより100個のμに対する信頼区間を作成すると，これら100個の信頼区間のうち約95個の信頼区間がμを含む。

　以上から，正しい記述はⅢのみなので，正解は③である。

問9
[統計的な推測]

　ある店舗で扱っている商品Ａの目標販売数は日平均500個である。店長は目標より売れていると主張しており，それを調べるために商品Ａについて30日間の販売数を調べ，仮説検定を行うことにした。

〔1〕販売数が目標より多いことを調べたいときの帰無仮説と対立仮説について，次の①～④のうちから最も適切なものを一つ選べ。　13

① 帰無仮説：販売数の日平均は500個より多い
　 対立仮説：販売数の日平均は500個である
② 帰無仮説：販売数の日平均は500個である
　 対立仮説：販売数の日平均は500個より多い
③ 帰無仮説：販売数の日平均は500個より多い
　 対立仮説：販売数の日平均は500個より多いか少ないかである
④ 帰無仮説：販売数の日平均は500個である
　 対立仮説：販売数の日平均は500個より多いか少ないかである

〔2〕商品Ａの30日間の販売数を調べ，日平均値を求めたところその値はaとなり，

有意水準 1 ％で有意であった。この結果からわかることとして，次の①～④のうちから最も適切なものを一つ選べ。 **14**

① もし販売数の日平均が500個より大きいなら，a以下となる確率は 1 ％以下である。

② もし販売数の日平均が500個より大きいなら，a以上となる確率は 1 ％以下である。

③ もし販売数の日平均が500個なら，a以下となる確率は 1 ％以下である。

④ もし販売数の日平均が500個なら，a以上となる確率は 1 ％以下である。

略解

〔1〕 **13** ・・ **正解** ②

　目標販売数より売れているという主張を調べたいので，販売数の日平均が目標と同じである（500個である）ことを帰無仮説とし，目標より多いこと（500個より多い）を対立仮説とすることが適切である。

〔2〕 **14** ・・ **正解** ④

　有意水準 1 ％で有意であるとは，「帰無仮説が真のとき，調査により得られた値以上の値が得られる確率が 1 ％以下である」ということである。この問題で帰無仮説が真とは「販売数の日平均が500個」であり，得られた値がaなので，④が適切である。

問10　　　　　　　　　　　　　　　　　　　　　　　　　　　[統計的な推測]

　一郎くんと次郎くんがあるゲームを行っていたところ，一郎くんの方がこのゲームに強いように思われた。そこで，8 回ゲームを行い，一郎くんがゲームに勝つ回数を確率変数Xとし，仮説検定を行うこととした。帰無仮説と対立仮説は

　帰無仮説：一郎くんと次郎くんの強さは同じ

　対立仮説：一郎くんの方が強い

と設定する。

〔1〕帰無仮説が真の場合，Xが各値となる確率は次の表のとおりである。ただしここでは，小数点以下第 4 位を四捨五入している。

x	0	1	2	3	4	5	6	7	8
$p(x)$	0.004	0.031	0.109	0.219	0.273	0.219	0.109	0.031	0.004

有意水準が0.05のときのXの棄却域について，次の①～⑤のうちから最も適切なものを一つ選べ。 **15**

① $X \leq 1$　　② $X \leq 2$　　③ $X \geq 5$　　④ $X \geq 6$　　④ $X \geq 7$

〔2〕帰無仮説が真の場合，Xの分布は正規分布$N(4, 2)$で近似できる。このとき，有意水準が0.05のときのXの棄却域について，次の①〜⑤のうちから最も適切なものを一つ選べ。　16

① $X \leq 1.23$　　② $X \leq 1.67$　　③ $X \geq 4$　　④ $X \geq 6.33$　　⑤ $X \geq 6.77$

〔3〕8回ゲームを行った結果，$X = 6$であった。有意水準0.05のときの解釈として，次の①〜⑤のうちから最も適切なものを一つ選べ。　17

① 帰無仮説は棄却されず，一郎くんの方が強いとは言えない。
② 帰無仮説は棄却され，一郎くんの方が強いと言える。
③ 対立仮説は棄却されず，一郎くんと次郎くん強さが同じとは言えない。
④ 対立仮説は棄却され，一郎くんと次郎くんの強さは同じと言える。

略解

〔1〕　15　···　**正解** ⑤

一郎くんの方が強い場合，Xは5以上になると考えられる。また，帰無仮説が真の場合（一郎くんと次郎くんの強さが同じとする場合），$X \geq 8$となる確率は0.004，$X \geq 7$となる確率は$0.004 + 0.031 = 0.035$，$X \geq 6$となる確率は$0.004 + 0.031 + 0.109 = 0.144$である。よって，有意水準0.05のときの棄却域は0.05を超えない$X \geq 7$である。

〔2〕　16　···　**正解** ④

Xの分布が正規分布$N(4, 2)$で近似できるので，$(X-4)/\sqrt{2}$の分布が標準正規分布$N(0, 1)$となる。また，有意水準0.05なので，標準正規分布表より，$(X-4)/\sqrt{2} \geq 1.645$が棄却域となる。つまり，棄却域は$X \geq 6.33$である。

〔3〕　17　···　**正解** ①

有意水準0.05のとき，$X = 6$は棄却域には入らない。よって，帰無仮説は棄却されず，一郎くんの方が（次郎くんより）強いとは言えない。帰無仮説が棄却されないとき，「一郎くんと次郎くんの強さが同じ」とも言えないことに注意されたい。

xxii

付表　標準正規分布の上側確率

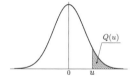

u	.00	.01	.02	.03	.04	.05	.06	.07	.08	.09
0.0	0.5000	0.4960	0.4920	0.4880	0.4840	0.4801	0.4761	0.4721	0.4681	0.4641
0.1	0.4602	0.4562	0.4522	0.4483	0.4443	0.4404	0.4364	0.4325	0.4286	0.4247
0.2	0.4207	0.4168	0.4129	0.4090	0.4052	0.4013	0.3974	0.3936	0.3897	0.3859
0.3	0.3821	0.3783	0.3745	0.3707	0.3669	0.3632	0.3594	0.3557	0.3520	0.3483
0.4	0.3446	0.3409	0.3372	0.3336	0.3300	0.3264	0.3228	0.3192	0.3156	0.3121
0.5	0.3085	0.3050	0.3015	0.2981	0.2946	0.2912	0.2877	0.2843	0.2810	0.2776
0.6	0.2743	0.2709	0.2676	0.2643	0.2611	0.2578	0.2546	0.2514	0.2483	0.2451
0.7	0.2420	0.2389	0.2358	0.2327	0.2296	0.2266	0.2236	0.2206	0.2177	0.2148
0.8	0.2119	0.2090	0.2061	0.2033	0.2005	0.1977	0.1949	0.1922	0.1894	0.1867
0.9	0.1841	0.1814	0.1788	0.1762	0.1736	0.1711	0.1685	0.1660	0.1635	0.1611
1.0	0.1587	0.1562	0.1539	0.1515	0.1492	0.1469	0.1446	0.1423	0.1401	0.1379
1.1	0.1357	0.1335	0.1314	0.1292	0.1271	0.1251	0.1230	0.1210	0.1190	0.1170
1.2	0.1151	0.1131	0.1112	0.1093	0.1075	0.1056	0.1038	0.1020	0.1003	0.0985
1.3	0.0968	0.0951	0.0934	0.0918	0.0901	0.0885	0.0869	0.0853	0.0838	0.0823
1.4	0.0808	0.0793	0.0778	0.0764	0.0749	0.0735	0.0721	0.0708	0.0694	0.0681
1.5	0.0668	0.0655	0.0643	0.0630	0.0618	0.0606	0.0594	0.0582	0.0571	0.0559
1.6	0.0548	0.0537	0.0526	0.0516	0.0505	0.0495	0.0485	0.0475	0.0465	0.0455
1.7	0.0446	0.0436	0.0427	0.0418	0.0409	0.0401	0.0392	0.0384	0.0375	0.0367
1.8	0.0359	0.0351	0.0344	0.0336	0.0329	0.0322	0.0314	0.0307	0.0301	0.0294
1.9	0.0287	0.0281	0.0274	0.0268	0.0262	0.0256	0.0250	0.0244	0.0239	0.0233
2.0	0.0228	0.0222	0.0217	0.0212	0.0207	0.0202	0.0197	0.0192	0.0188	0.0183
2.1	0.0179	0.0174	0.0170	0.0166	0.0162	0.0158	0.0154	0.0150	0.0146	0.0143
2.2	0.0139	0.0136	0.0132	0.0129	0.0125	0.0122	0.0119	0.0116	0.0113	0.0110
2.3	0.0107	0.0104	0.0102	0.0099	0.0096	0.0094	0.0091	0.0089	0.0087	0.0084
2.4	0.0082	0.0080	0.0078	0.0075	0.0073	0.0071	0.0069	0.0068	0.0066	0.0064
2.5	0.0062	0.0060	0.0059	0.0057	0.0055	0.0054	0.0052	0.0051	0.0049	0.0048
2.6	0.0047	0.0045	0.0044	0.0043	0.0041	0.0040	0.0039	0.0038	0.0037	0.0036
2.7	0.0035	0.0034	0.0033	0.0032	0.0031	0.0030	0.0029	0.0028	0.0027	0.0026
2.8	0.0026	0.0025	0.0024	0.0023	0.0023	0.0022	0.0021	0.0021	0.0020	0.0019
2.9	0.0019	0.0018	0.0018	0.0017	0.0016	0.0016	0.0015	0.0015	0.0014	0.0014
3.0	0.0013	0.0013	0.0013	0.0012	0.0012	0.0011	0.0011	0.0011	0.0010	0.0010
3.1	0.0010	0.0009	0.0009	0.0009	0.0008	0.0008	0.0008	0.0008	0.0007	0.0007
3.2	0.0007	0.0007	0.0006	0.0006	0.0006	0.0006	0.0006	0.0005	0.0005	0.0005
3.3	0.0005	0.0005	0.0005	0.0004	0.0004	0.0004	0.0004	0.0004	0.0004	0.0003
3.4	0.0003	0.0003	0.0003	0.0003	0.0003	0.0003	0.0003	0.0003	0.0003	0.0002
3.5	0.0002	0.0002	0.0002	0.0002	0.0002	0.0002	0.0002	0.0002	0.0002	0.0002
3.6	0.0002	0.0002	0.0001	0.0001	0.0001	0.0001	0.0001	0.0001	0.0001	0.0001
3.7	0.0001	0.0001	0.0001	0.0001	0.0001	0.0001	0.0001	0.0001	0.0001	0.0001
3.8	0.0001	0.0001	0.0001	0.0001	0.0001	0.0001	0.0001	0.0001	0.0001	0.0001
3.9	0.0000	0.0000	0.0000	0.0000	0.0000	0.0000	0.0000	0.0000	0.0000	0.0000

$u = 0.00 \sim 3.99$ に対する，正規分布の上側確率 $Q(u)$ を与える．
例：$u = 1.96$ に対しては，左の見出し 1.9 と上の見出し .06 との交差点で，$Q(u) = 0.0250$ と読む．表にない u に対しては適宜補間すること．

統計検定4級の出題範囲

●試験内容

①基本的な用語や概念の定義を問う問題（統計リテラシー）

②用語の基礎的な解釈や2つ以上の用語や概念の関連性を問う問題（統計的推論）

③具体的な文脈に基づいて統計の活用を問う問題（統計的思考）

を出題します。

統計検定4級　出題範囲表（2020年4月より）

大項目	小項目	ねらい	項目（学習しておくべき用語）
統計的問題解決の方法		目的に応じてデータを収集したり，適切な手法を選択したりするなどの，統計的な問題解決の方法を理解する。	PDCA（PPDAC）サイクル
データの種類		身近な内容のデータについて，その種類の違いを理解し，それぞれのデータに適した処理法を理解する。	量的データ，質的データ
標本調査		標本調査の必要性と意味を理解する。	母集団と標本，無作為抽出，世論調査
統計グラフ	基本的なグラフの見方・読み方	身の回りの課題について，グラフや表を活用して情報を整理できる。	ドットプロット，絵グラフ，棒グラフ，折れ線グラフ，円グラフ，帯グラフ，面グラフ，積み上げ棒グラフ，パレート図，複合グラフなど身近なグラフ
データの集計	度数分布表	データを適切に集計し，表に記述すること，また集計表から適切に情報を読み取り，説明することができる。	度数分布表，度数，相対度数，階級，階級値，階級幅，累積度数，累積相対度数，度数分布表からの統計量の求め方
	ヒストグラム（柱状グラフ）	度数分布表をもとにヒストグラムを描き，分布の違いを読み取ることができる。散らばりの特徴を把握したり，グループ間の比較を行ったりすることができる。	ヒストグラム（柱状グラフ），幹葉図，分布，裾が長い（裾を引く）分布，外れ値，山型の分布，単峰性と多峰性
データの要約	中心の位置を示す指標（代表値）	数値を用いてデータの中心的位置を表現すること，またそれらを用いて適切にデータの特徴を説明することができる。	平均値，中央値，最頻値
	分布の散らばりの尺度	最大値，最小値を求めてデータの散らばりを数値を用いて把握し，説明することができる。	最小値，最大値，範囲（レンジ）
	箱ひげ図	四分位範囲や箱ひげ図の必要性と意味を理解すること，またこれらを用いてデータの分布の傾向を読み取ることができる。	四分位範囲，箱ひげ図

xxiv

クロス集計表 （2次元の度 数分布表）		データを適切にクロス集計表に記述す ること，また集計表から適切に情報を 読み取り，説明することができる。	クロス集計表（2次元の度数分 布表），行比率，列比率
時間的・空間 的データ	時間的・空間的デ ータの基本的な見 方・読み方	時間的・空間的に変化するデータをグ ラフや指標を用いて適切に表現し，そ れらの情報を適切に読み取ることがで きる。	時系列データ，折れ線グラフ， 増減率，指数，移動平均
確率の基礎		確率の意味や基本的な法則を理解し， 基礎的な確率の計算や，確率を用いて 不確定な事象の起こりやすさ，可能性 の程度を説明することができる。	確率，樹形図

●新出題範囲の例題

出題範囲表のうち，「統計的問題解決の方法」，「標本調査」，「データの要約——箱ひげ図」は2020年からの新出題範囲で，2019年までは出題がなかったので，例題と略解を掲載します。

問1 [統計的問題解決の方法]

問題解決のサイクルについて述べた記述として，次の①～⑤のうちから最も適切なものを一つ選べ。 1

① 客観性を保つため，分析する際は得られたデータのみに着目すればよく，問題意識を持って取り組むのはよくない。

② 調査票を用いて調査を行う場合，調査票の質問文は，できるだけ専門用語を用いた正確な表現を心がける必要がある。

③ はじめに実験や調査を行い，データを収集することによって問題を明確化し，その後，データの分析を行う。

④ はじめに問題を明確化し，実験や調査を行い，データを収集した後にデータの分析を行う。問題が解決しなかった場合は問題を明確化するところに戻る。

⑤ 分析結果をもとに問題解決を図ったところ，1回のサイクルでは問題が解決できなかった場合，実験や調査が失敗であったと結論付ける。

略解 1 **正解** ④

PPDACサイクルに関する理解を問う問題である。

①：誤り。データの分析を行う際，最初に設定した問題を意識して分析方法を検討する必要がある。

②：誤り。実験・調査の計画の際，できるだけ対象者が質問を誤解しないように心がけることが重要で，常に専門用語を用いる必要はない。

xxv

③：誤り。明確化された問題の解決に役立つように実験・調査の計画を立て，それに基づきデータを収集する。

④：正しい。最初の段階では問題そのものがそれほど明確でない場合が多いので，はじめに問題を明確化する。

⑤：誤り。問題の解決に至るプロセスは，必ずしも1回の実験や調査で完了するものではなく，何度も実験や調査をくり返す中でより良い結果を得ることもある。

よって，正解は④である。

問2 [標本調査]

A市の中学校のうち，年度当初に視力検査を実施している中学校の1年生男子の中から無作為に500名を抽出し，その結果を集めた。この標本調査の母集団と標本について，次の①〜⑤のうちから最も適切な組合せを一つ選べ。 2

① 母集団：全国の中学生全体
標本：A市の中学生全体

② 母集団：A市の中学生全体
標本：年度当初に視力検査を行った中学生

③ 母集団：A市の中学校で視力検査を実施した中学校の1年生男子全体
標本：上の母集団から無作為に抽出した500名

④ 母集団：A市の中学校で年度当初に視力検査を実施した中学校の1年生男子全体
標本：上の母集団から無作為に抽出した500名

⑤ 母集団：A市の中学校で年度当初に視力検査を実施した中学校
標本：無作為に抽出した500名の生徒が所属する中学校

略解 2 ··· 正解 ④

標本調査における母集団と標本に関する問題である。

本問では，母集団は「A市の中学校のうち，年度当初に視力検査を実施している中学校の1年生男子」であり，標本は「無作為に抽出した500名」である。

①：誤り。母集団，標本ともに誤り。全国の中学生全体は母集団ではない。

②：誤り。母集団，標本ともに誤り。A市の中学生全体は母集団ではない。

③：誤り。母集団，標本ともに誤り。この母集団には年度当初に実施していない生徒も含まれる。

④：正しい。母集団，標本ともに正しい。

⑤：誤り。母集団，標本ともに誤り。この調査は中学校を対象としていない。

よって，正解は④である。

問3 [標本調査]

無作為抽出法について述べた記述として，次の①～⑤のうちから最も適切なものを一つ選べ。 3

① 母集団に含まれるすべての人や物に異なる番号を付けて，調査する人の好きな番号を選べば無作為抽出になる。
② 無作為に抽出するとは，調査する人が抽出方法を自由に決められることである。
③ 無作為に抽出する方法には，乱数さいを用いる方法や乱数表を用いる方法などがある。
④ 標本の大きさが適正であれば，母集団に含まれる人や物が同じ確率で選ばれなくてもよい。
⑤ どんな方法を用いても無作為に抽出することは不可能なので，調査する人の判断である程度の妥協は許される。

略解 3 .... **正解** ③

無作為抽出法に関する理解を問う問題である。

①：誤り。異なる番号を付けても，調査する人の好きな番号を選ぶと，選ばれ方が同確率となるとは限らず偏りが生じる可能性がある。
②：誤り。無作為に抽出するとは，母集団に含まれる人が選ばれる確率が等しくなるように抽出することであり，抽出方法を選ぶことではない。
③：正しい。無作為に抽出する方法には，乱数さいや乱数表を用いる方法がある。これ以外にもコンピュータによって乱数を発生させる方法などがある。
④：誤り。標本の大きさが適正であっても，例えば女性を多く選ぶ，子どもを多く選ぶなど偏りが生じるような選び方をしてはいけない。
⑤：誤り。母集団に含まれる人や物にすべて異なる番号をつけて，その番号を乱数さい，乱数表，コンピュータによって乱数を発生させ抽出すれば無作為に抽出することができる。
よって，正解は③である。

問4 [標本調査]

壺の中に色以外では区別のつかない小さな白玉と黒玉が合計1000個入っている。この壺の中から20個を無作為に抽出したところ，黒玉は4個であった。このとき，壺の中に入っている黒玉の個数はおよそ何個と推定されるか，次の①～⑤のうちから最も適切なものを一つ選べ。 4

① 150個 ② 200個 ③ 250個 ④ 300個 ⑤ 500個

略解 4 .... **正解** ②

標本調査を利用して母集団の比率を推定する問題である。

無作為に抽出した20個の玉（標本）における白玉の比率は，$\dfrac{4}{20}=0.2$である。このことから，壺の中（母集団）における白玉の比率はおよそ0.2と推定できる。したがって，壺の中に入っている白玉の個数は，およそ$1000\times0.2=200$〔個〕と推定される。

よって，正解は②である。

問5 [箱ひげ図]

ある会社では，健康診断の結果を利用して健康状況を測る指標のBMIを計算し，社員の健康管理を行っている。BMIは（体重kg）÷（身長m）^{2}で計算される。たとえば，身長172cm，体重75kgの人のBMIは，$75\div1.72^2=25.35\div25.4$である。この会社では男性社員についてBMIの値に基づき，次の表のような解釈を行っている。

BMI	健康状態
17.6 未満	やせすぎ
17.6 以上 19.8 未満	やせ気味
19.8 以上 24.2 未満	理想体重
24.2 以上 26.4 未満	過体重
26.4 以上	肥満

企画部の17人，営業部の29人，人事部の11人の男性社員のBMIを計算して，小数第2位を四捨五入した値を使い，部署ごとにBMIの分布の5数要約をまとめたところ，次の表のようになった。

5数要約	企画部	営業部	人事部
最小値	19.3	17.0	17.0
第1四分位数	22.1	21.0	22.4
中央値	24.3	22.2	24.3
第3四分位数	26.4	26.0	25.7
最大値	31.0	27.1	30.9

〔1〕男性社員の健康状態に関して，3つの部署の状況を述べた記述として，次の①〜⑤のうちから最も適切なものを一つ選べ。 5

① 中央値と最大値をみると，営業部は企画部や人事部に比べて低い。

xxviii

② 3つの部署ともやせすぎの人がいる。
③ やせすぎと肥満の人がいるのは人事部だけである。
④ 企画部と人事部において，BMIが中央値以上の人は同じ人数である。
⑤ 四分位範囲から判断すると，BMIのばらつきが一番大きいのは人事部である。

〔2〕 3つの部署の箱ひげ図として正しいものを，次の①～④のうちから一つ選べ。
   6

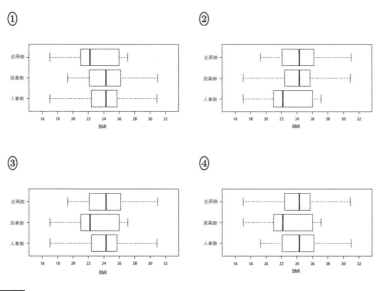

略解
〔1〕   5   **正解** ①

5数要約を用いて情報を正しく判断できるかを問う問題である。
① : 正しい。
② : 誤り。企画部のBMIの最小値は19.3であり，やせすぎの判断基準である17.6未満を超えている。したがって，企画部にはやせすぎの人がいない。
③ : 誤り。営業部の最小値は17.0であり，最大値は27.1である。したがって，営業部にもやせすぎ（17.6未満）と肥満（26.4以上）の人がいる。
④ : 誤り。企画部は17人なので，BMIの値が中央値以上の人は9人以上13人以下である。人事部は11人なので，BMIが中央値以上の人は6人以上8人以下である。したがって，同じ人数になることはない。
⑤ : 誤り。各部のレンジ（範囲）Rと四分位範囲IQRを求めると，次の通りである。
   企画部：$R = 31.0 - 19.3 = 11.7$ $IQR = 26.4 - 22.1 = 4.3$

営業部：$R = 27.1 - 17.0 = 10.1$　　IQR $= 26.0 - 21.0 = 5.0$
人事部：$R = 30.9 - 17.0 = 13.9$　　IQR $= 25.7 - 22.4 = 3.3$
　したがって，人事部のレンジは一番大きいものの，四分位範囲から判断すると人事部のばらつきは一番大きいとはいえない。
　よって，正解は①である。

〔2〕　**6**　………………………………………………………………………… **正解** ③
　5数要約から適切な箱ひげ図を選ぶ問題である。5数のうちの1つでも箱ひげ図に矛盾があれば適切でない。
①：誤り。例えば，企画部の最小値は19.3であるが，箱ひげ図では約17と読み取れるので適切でない。
②：誤り。例えば，営業部の最大値は27.1であるが，箱ひげ図では約31と読み取れるので適切でない。
③：正しい。各部署の5数要約の5つの値のいずれとも矛盾はなく，適切な箱ひげ図であると判断できる。
④：誤り。例えば，人事部の最小値は17.0であるが，箱ひげ図では19以上と読み取れるので適切でない。
　よって，正解は③である。

試験当日および試験終了後

●試験当日に持参するもの

・受験票（受験者本人の写真を貼付したもの）

・筆記用具（HBまたはBの鉛筆・シャープペンシル，消しゴム）

・時計

・電卓

　＜持ち込み可の電卓＞四則演算（＋－×÷）や百分率（％），平方根（√ ）の計
　　　　　　　　　　　算ができる一般電卓または事務用電卓

　＜持ち込み不可の電卓＞上記の電卓を超える計算機能を持つ関数電卓やプログラ
　　　　　　　　　　　　ム電卓，電卓機能を持つ携帯端末

＊試験会場では筆記用具・電卓の貸出しは行いません。

＊携帯電話などを電卓として使用することはできません。

●試験終了後

　試験日の約1ヶ月後に統計検定センターのウェブサイトに合格者の受験番号を掲
載します（試験当日にWeb合格発表のご希望の有無を確認します）。

　試験日の1～2ヶ月後に，すべての受験者に「試験結果通知書」を，合格者には
「合格証」を，受験票に記載された住所宛に発送します（個人申込の場合）。

統計検定の標準テキスト

日本統計学会では，統計検定 1〜4 級にそれぞれ対応した標準テキストを刊行しています．学習に役立ててください．

● 1 級対応テキスト
日本統計学会公式認定　統計検定 1 級対応
統計学

日本統計学会 編
定価：本体 3,200 円＋税
東京図書

● 2 級対応テキスト
改訂版　日本統計学会公式認定　統計検定 2 級対応
統計学基礎

日本統計学会 編
定価：本体 2,200 円＋税
東京図書

● 3 級対応テキスト
改訂版　日本統計学会公式認定　統計検定 3 級対応
データの分析

日本統計学会 編
定価：本体 2,200 円＋税
東京図書

● 4 級対応テキスト
改訂版　日本統計学会公式認定　統計検定 4 級対応
データの活用

日本統計学会 編
定価：本体 2,000 円＋税
東京図書

PART 2

3級
2019年11月
問題／解説

2019年11月に実施された
統計検定3級で実際に出題された問題文を掲載します。
問題の趣旨やその考え方を理解できるように、
正解番号だけでなく解説を加えました。

問題········· 3
正解一覧········24
解説·········25

統計検定　3級

問1　次の a 〜 c の変数のうち，量的変数はどれか。正しい組合せとして，下の①〜⑤のうちから適切なものを一つ選べ。　**1**

a．性別　　　　b．年齢　　　　c．郵便番号

① a のみ
② b のみ
③ c のみ
④ b と c のみ
⑤ a と b と c はすべて量的変数ではない

問2　質的変数に対する棒グラフに関して，次の I 〜 III の記述を考えた。

> I．どのカテゴリの度数が多いのかを確認できる。
>
> II．カテゴリ間に順序がある場合もカテゴリに対応する棒の順番は自由に変えることができる。
>
> III．各カテゴリの度数を度数の合計で割った割合で描いてもよい。

この記述 I 〜 III に関して，次の①〜⑤のうちから最も適切なものを一つ選べ。
2

① I のみ正しい　　　　　　　　　② II のみ正しい
③ III のみ正しい　　　　　　　　④ I と III のみ正しい
⑤ I と II と III はすべて誤りである

2019年11月

問題

3

問3　連続変数に対するヒストグラムに関して，次の I ～ III の記述を考えた。

> I．常に各階級の度数を柱の高さとして描く。
>
> II．各階級に対応する柱の順番を自由に変えることができる。
>
> III．どの階級においても柱の幅は常に同じである。

この記述 I ～ III に関して，次の①～⑤のうちから最も適切なものを一つ選べ。
　3

① I のみ正しい　　　　　　　　　② II のみ正しい
③ III のみ正しい　　　　　　　　④ I と III のみ正しい
⑤ I と II と III はすべて誤りである

問4　次の表は，ある高校の定期試験における英語と数学の結果である。

教科	満点	平均点	標準偏差
英語	200	112	16
数学	100	48	10

〔1〕　全員の数学の点数に10点を加算することとした。その際，100点を超えた人は
いないものとする。このときの数学の点数の平均点と標準偏差の組合せとして，
次の①～⑤のうちから適切なものを一つ選べ。　4

① 平均点：48　標準偏差：10　　② 平均点：48　標準偏差：20
③ 平均点：58　標準偏差：10　　④ 平均点：58　標準偏差：20
⑤ 平均点：58　標準偏差：110

〔2〕　上の表の英語と数学の点数を，それぞれ定数倍して50点満点に換算したとき，
次の I ～ III の記述を考えた。

> I．英語の方が数学よりも平均点が高い。
>
> II．英語の方が数学よりも分散が大きい。
>
> III．英語の方が数学よりも変動係数が大きい。

この記述 I ～ III に関して，次の①～⑤のうちから最も適切なものを一つ選べ。
　5

① I のみ正しい　　　② II のみ正しい　　　③ III のみ正しい
④ I と II のみ正しい　　　⑤ I と III のみ正しい

統計検定　3級

問5　次の表は，あるクラスの100点満点の数学の試験の結果をまとめたものである。

生徒の番号	点数	点数の2乗	(点数 − 平均点)	(点数 − 平均点) の2乗
1	55	3,025	−5	25
2	80	6,400	20	400
3	96	9,216	36	1,296
⋮	⋮	⋮	⋮	⋮
40	48	2,304	−12	144
合計	2,400	(A)	(B)	4,840

　上の表の（A）および（B）に入る数値と，このクラスの数学の点数の標準偏差の組合せとして，次の①～⑤のうちから適切なものを一つ選べ。　**6**

① （A）：139,160　（B）：0　　標準偏差：11
② （A）：139,160　（B）：69.6　標準偏差：121
③ （A）：148,840　（B）：0　　標準偏差：11
④ （A）：148,840　（B）：0　　標準偏差：121
⑤ （A）：148,840　（B）：69.6　標準偏差：121

2019年11月　問題

問6　次の表は，あるお笑い番組での10組の芸人の各コントについて，3人の審査員がそれぞれ100点満点で評価した結果である。

審査員	芸人の組番号									
	1	2	3	4	5	6	7	8	9	10
1	84	90	93	93	88	93	86	90	92	94
2	87	92	94	91	84	93	84	91	93	90
3	81	85	88	92	92	98	84	95	90	91

〔1〕　審査員1の点数の中央値と四分位範囲の組合せとして，次の①～⑤のうちから最も適切なものを一つ選べ。　7

① 中央値：90　四分位範囲：5　　② 中央値：91　四分位範囲：5
③ 中央値：91　四分位範囲：6　　④ 中央値：92　四分位範囲：5
⑤ 中央値：92　四分位範囲：6

〔2〕　次の箱ひげ図は，それぞれの審査員の点数を，審査員ごとにまとめたものである。

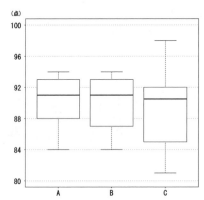

上の箱ひげ図のA，B，Cに相当する審査員の組合せとして，次の①～⑤のうちから最も適切なものを一つ選べ。　8

① A：審査員1　B：審査員2　C：審査員3
② A：審査員1　B：審査員3　C：審査員2
③ A：審査員2　B：審査員1　C：審査員3
④ A：審査員2　B：審査員3　C：審査員1
⑤ A：審査員3　B：審査員1　C：審査員2

〔3〕 横軸を審査員1の点数，縦軸を審査員2の点数としたときの散布図について，次の①～④のうちから適切なものを一つ選べ。 9

①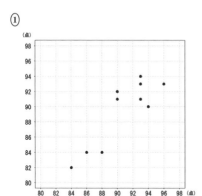

②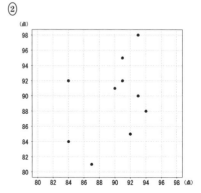

③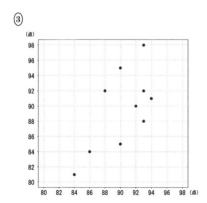

④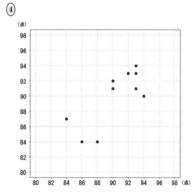

問7 次の散布図は，全国52都市における，2018年6月の，1世帯当たりのバナナとりんごの支出額を表したものである。

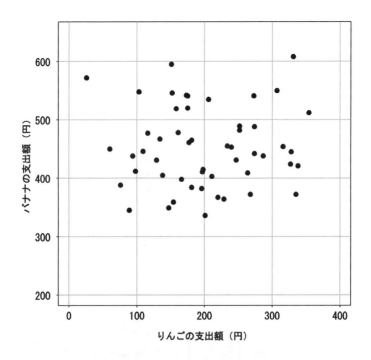

資料：総務省統計局「家計調査家計収支編（二人以上の世帯）」

〔1〕 2018年6月の1世帯当たりのバナナの支出額とりんごの支出額の相関係数はいくらか。次の①～⑤のうちから最も適切なものを一つ選べ。 10

① −0.887 ② −0.401 ③ 0.023 ④ 0.569 ⑤ 0.601

〔2〕 仮に，すべての都市で，7月の1世帯当たりのバナナの支出額は6月の2割増し，りんごの支出額は6月の1割増しになったとする。このときの1世帯当たりのバナナとりんごの支出額について，次のⅠ～Ⅲの記述を考えた。

> Ⅰ．7月のバナナの支出額の分散は6月のそれの1.44倍になり，7月のりんごの支出額の分散は6月のそれの1.21倍になる。
>
> Ⅱ．7月のバナナの支出額とりんごの支出額の共分散は，6月におけるそれの1.32倍になる。
>
> Ⅲ．7月のバナナの支出額とりんごの支出額の相関係数は，6月におけるそれの1.09倍になる。

この記述Ⅰ～Ⅲに関して，次の①～⑤のうちから最も適切なものを一つ選べ。
| 11 |

① Ⅰのみ正しい　　　　　　　② Ⅱのみ正しい
③ ⅠとⅡのみ正しい　　　　　④ ⅡとⅢのみ正しい
⑤ ⅠとⅡとⅢはすべて正しい

問8　次の散布図は，2018年のJリーグ（サッカーの1部リーグ：18チーム）における各チームの得失点差（得点－失点）と勝利数を表したものである。

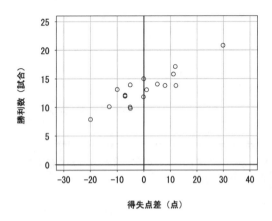

資料：Jリーグ公式サイト「成績・データ」

この散布図から読み取れることとして，次のⅠ～Ⅲの記述を考えた。

> Ⅰ．得失点差が正のチームは，得失点差が負のチームに比べて勝利数が多い傾向にある。
>
> Ⅱ．得失点差が負のチームは，得失点差が正のチームに比べて勝利数が多い傾向にある。
>
> Ⅲ．得失点差と勝利数には強い負の相関があり，得失点差の最も小さいチームは，勝利数が最も少ない。

この記述Ⅰ～Ⅲに関して，次の①～⑤のうちから最も適切なものを一つ選べ。
12

① Ⅰのみ正しい　　　② Ⅱのみ正しい
③ Ⅲのみ正しい　　　④ ⅠとⅢのみ正しい
⑤ ⅡとⅢのみ正しい

統計検定　3級

問9　次の表は，ある乱数表の一部である。

42	54	35	41	83		32	58	80	58	79		81	42	90
58	95	12	42	80		33	42	11	06	02		24	42	68
14	01	66	88	33		92	87	89	20	83		44	64	46
52	4<u>3</u>	88	58	14		16	39	76	40	86		25	81	49
46	51	62	93	50		62	85	45	72	02		25	99	50
89	10	77	54	41		02	33	33	61	13		04	18	64

この乱数表について，次のⅠ～Ⅲの記述を考えた。

Ⅰ．この乱数表全体では，"01 23 45 67 89" という数字の並びが出現する可能性はない。

Ⅱ．この乱数表全体では，縦横斜めいずれの方向であっても，順番に並んだ10個の数字の中には，ちょうど1個の0が出現する。

Ⅲ．この乱数表を用いて0以上999以下の3桁の乱数を取り出すことを考え，4行目の左から4番目の数字（下線が付された3）から始めて右へ3つずつ区切って3桁の数字を作ると，得られる数字は388, 581, 416,…となる。

この記述Ⅰ～Ⅲに関して，次の①～⑤のうちから最も適切なものを一つ選べ。
　13

① 　Ⅰのみ正しい　　　　　　　　② 　Ⅱのみ正しい

③ 　Ⅲのみ正しい　　　　　　　　④ 　ⅠとⅢのみ正しい

⑤ 　ⅠとⅡとⅢはすべて誤りである

問10 次の散布図は，ある中学校の1年生15人の国語と数学の小テスト（各10点満点）の結果を表したものである。

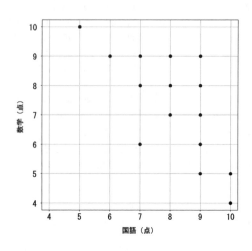

〔1〕 国語と数学のそれぞれの点数の最頻値の組合せとして，次の①〜⑤のうちから最も適切なものを一つ選べ。 14

① 国語：8点　数学：7点　　② 国語：8点　数学：8点
③ 国語：8点　数学：9点　　④ 国語：9点　数学：8点
⑤ 国語：9点　数学：9点

〔2〕 国語と数学の点数の箱ひげ図の組合せとして，次の①〜④のうちから最も適切なものを一つ選べ。 15

①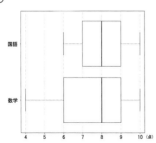

②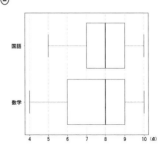

③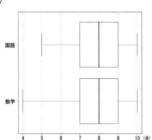

④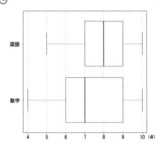

問11 次の3つのヒストグラムは、ある高校の生徒300人の数学,国語,英語の定期試験の結果である（各科目100点満点で点数は整数値とする）。ヒストグラムの各階級は、たとえば50点以上60点未満のように、下限値を含み上限値は含まないものとする。ただし、手違いですべての縦軸の最大値を70人として作成してしまった。各階級の柱の上に度数の記載がないところは、当該階級に含まれる人数が70人を超えていることを意味する。なお、100点をとった生徒はどの科目でもいなかった。

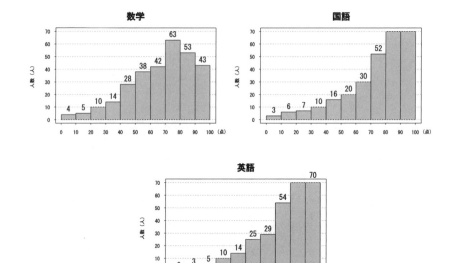

〔1〕 国語の点数の第1四分位数と中央値が入る階級の組合せとして、次の①～⑤のうちから最も適切なものを一つ選べ。 16

① 第1四分位数：60点以上70点未満　中央値：60点以上70点未満
② 第1四分位数：60点以上70点未満　中央値：70点以上80点未満
③ 第1四分位数：60点以上70点未満　中央値：80点以上90点未満
④ 第1四分位数：70点以上80点未満　中央値：70点以上80点未満
⑤ 第1四分位数：70点以上80点未満　中央値：80点以上90点未満

統計検定　3級

〔2〕　英語のヒストグラムにおいて，80点以上90点未満の階級には度数の記載がない。英語の試験の点数が80点以上90点未満の階級に含まれる生徒は何人か。次の①～⑤のうちから適切なものを一つ選べ。　| 17 |

① 70人　　② 72人　　③ 75人　　④ 80人　　⑤ 90人

〔3〕　英語の点数の平均値が含まれる階級として，次の①～⑤のうちから最も適切なものを一つ選べ。　| 18 |

① 40点以上50点未満　　② 50点以上60点未満
③ 60点以上70点未満　　④ 70点以上80点未満
⑤ 80点以上90点未満

〔4〕　この定期試験を受けたAさんの結果は，数学45点，国語72点，英語91点であった。このとき，上のヒストグラムとAさんの試験の結果から読み取れることとして，次のⅠ～Ⅲの記述を考えた。

> Ⅰ．数学ではこの高校の下位25％以内に入る。
>
> Ⅱ．国語ではこの高校の上位50％以内に入る。
>
> Ⅲ．英語ではこの高校の上位25％以内に入る。

この記述Ⅰ～Ⅲに関して，次の①～⑤のうちから最も適切なものを一つ選べ。
| 19 |

① Ⅰのみ正しい　　　　　② Ⅱのみ正しい
③ Ⅲのみ正しい　　　　　④ ⅠとⅢのみ正しい
⑤ ⅡとⅢのみ正しい

15

問12 次の散布図は，ある年の衆議院議員選挙における，市部及び村部の年齢階級ごとの男女の投票率を表したものである。なお，グラフ中の「20-24歳」などの上限値と下限値の記載のあるラベルは「20歳以上24歳以下」を表している。

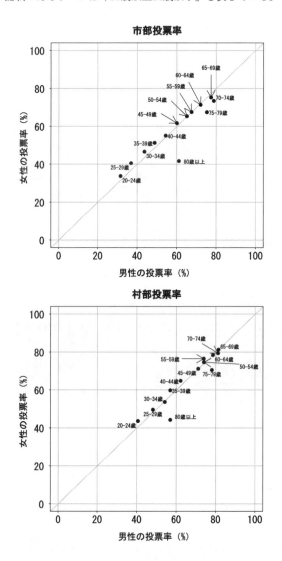

資料：公益財団法人明るい選挙推進協会
「第46回衆議院議員総選挙における年齢別投票率」

統計検定　3級

〔1〕　市部投票率の散布図から読み取れることとして，次の①～⑤のうちから最も
適切なものを一つ選べ。　**20**

①　80歳以上の観測値は，はずれ値として除外するべきである。
②　79歳以下の女性においては，年齢が上がるにつれて投票率は高くなる。
③　男女ともに投票率が40％を下回る年齢階級が存在する。
④　男女の投票率には正の相関があり，すべての年齢階級において，女性の投票
率の方が男性の投票率より高い。
⑤　男女の投票率には正の相関があり，すべての年齢階級において，男性の投票
率の方が女性の投票率より高い。

〔2〕　市部および村部の投票率の散布図から読み取れることとして，次の①～⑤の
うちから最も適切なものを一つ選べ。　**21**

①　男女ともに，すべての年齢階級において，市部の方が村部よりも投票率が高
い。
②　65歳以上の男性においては，市部でも村部でも年齢が上がるにつれて投票率
は下がる。
③　男性においては，市部よりも村部の方が投票率の範囲が大きい。
④　男女ともに，20代においては，村部の方が市部よりも投票率が高い。
⑤　男女ともに，村部では投票率が50％を下回る年齢階級は存在せず，村部の若
者の方が市部の若者よりも選挙への関心が高いことがわかる。

問13 ある大学の150人の学生がいるクラスで，統計学についてのアンケート調査を実施した。質問項目は，「統計学に興味はありますか」と「統計学は卒業後の自分にとって有用だと思いますか」であり，それぞれ「はい」か「いいえ」のどちらかを回答してもらった。この結果，「統計学に興味はありますか」という質問に150人中120人が「はい」と回答し，「統計学は卒業後の自分にとって有用だと思いますか」という質問に150人中135人が「はい」と回答した。また，2つの質問に対してともに「いいえ」と回答した学生は150人中10人であった。なお，全員どちらの質問に対しても「はい」か「いいえ」でのみ回答しており，未回答の者はいなかった。

〔1〕 このクラスにおいて，「統計学に興味はありますか」という質問に「はい」と回答し，かつ「統計学は卒業後の自分にとって有用だと思いますか」という質問に「はい」と回答した学生は何人か。次の①～⑤のうちから適切なものを一つ選べ。 **22**

① 115人 　　② 120人 　　③ 125人 　　④ 130人 　　⑤ 135人

〔2〕 このクラスの学生150人の中から1人を無作為に選んだところ，選ばれた学生は「統計学は卒業後の自分にとって有用だと思いますか」という質問に「いいえ」と回答していた。このとき，この学生が「統計学に興味はありますか」という質問に「いいえ」と回答している確率はいくらか。次の①～⑤のうちから適切なものを一つ選べ。 **23**

① $\dfrac{1}{4}$ 　　② $\dfrac{1}{3}$ 　　③ $\dfrac{1}{2}$ 　　④ $\dfrac{2}{3}$ 　　⑤ $\dfrac{3}{4}$

統計検定　3級

問14　ハート，クラブ，ダイヤ，スペードの4種各13枚の計52枚を1セットとするトランプから，無作為に1枚ずつ合計5枚のカードを引く。ただし，引いたカードはもとに戻さないものとする。各種類の13枚のカードにはそれぞれ「A，2～10の数字，J，Q，K」のうち1つの数字もしくはアルファベットが書かれている。

〔1〕　引いた5枚のカードが，ハートなどの種類が5枚すべてで同じであり，数字もしくはアルファベットが10，J，Q，K，Aの組になる確率はいくらか。次の①～⑤のうちから最も適切なものを一つ選べ。　24

　　①　0.00013%　　②　0.00015%　　③　0.0013%　　④　0.0015%　　⑤　0.013%

〔2〕　引いた5枚のカードのうち，4枚の数字もしくはアルファベットが同じになる確率はいくらか。次の①～⑤のうちから最も適切なものを一つ選べ。　25

　　①　0.02%　　②　0.05%　　③　0.08%　　④　0.10%　　⑤　0.20%

2019年11月　問題

19

問15 次の折れ線グラフは，2001年から2018年までの1世帯当たりの各年の消費支出額（円）の変化率を表したものである。ただし，ある年の変化率は

$$\frac{(ある年の消費支出額)-(その前年の消費支出額)}{(その前年の消費支出額)} \times 100 \ (\%)$$

として算出している。

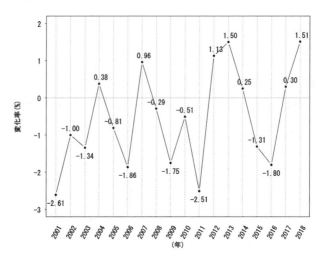

資料：総務省統計局「家計調査家計収支編（二人以上の世帯）」

〔1〕 2000年の1世帯当たりの消費支出額は約380万8000円であった。2002年の1世帯当たりの消費支出額はいくらか。次の①〜⑤のうちから最も適切なものを一つ選べ。 26

① 約362万円 ② 約367万円 ③ 約370万円
④ 約377万円 ⑤ 約394万円

統計検定　3級

〔2〕　この折れ線グラフから読み取れることとして，次のⅠ～Ⅲの記述を考えた。

> Ⅰ．2000年から2018年までの間で，1世帯当たりの消費支出額が最も多かったのは2000年である。
>
> Ⅱ．1世帯当たりの消費支出額が最も大きく減ったのは，2000年から2001年にかけてである。
>
> Ⅲ．2012年以降3年間にわたり消費支出額は増加を続けたが，2015年には減少に転じ，2015年の消費支出額は2011年のそれを下回った。

　この記述Ⅰ～Ⅲに関して，次の①～⑤のうちから最も適切なものを一つ選べ。
　27

① Ⅰのみ正しい　　　　　　　　② Ⅱのみ正しい
③ ⅠとⅡのみ正しい　　　　　　④ ⅡとⅢのみ正しい
⑤ ⅠとⅡとⅢはすべて正しい

問16 次のクロス集計表は，高校1年生を対象に，通学校の大学等への進学率と，数学の得意・不得意についてのアンケート調査の結果を集計したものである。

通学校の 大学等進学率	数学について					合計
	不得意	やや不得意	得意でも不得意 でもない	やや得意	得意	
0%以上25%未満	14	22	38	19	12	105
25%以上50%未満	21	16	22	24	15	98
50%以上75%未満	49	39	41	72	32	233
75%以上	44	66	77	69	34	290
合計	128	143	178	184	93	726

資料：文部科学省委託研究　一般社団法人中央調査社
「家庭や学校における生活や意識等に関する調査　調査研究報告書」

　このアンケートにおいて，大学等進学率が50%以上の中で，数学が得意もしくはやや得意と答えた人の割合を計算する式として，次の①〜⑤のうちから適切なものを一つ選べ。　**28**

① $(72+32+69+34)/726$

② $(72+32+69+34)/(233+290)$

③ $(72+32)/233+(69+34)/290$

④ $(72+32+69+34)/(184+93)$

⑤ $1-(19+12+24+15)/(184+93)$

問17 国勢調査に関して正しく述べられているものはどれか。次の①〜⑤のうちから最も適切なものを一つ選べ。 **29**

① 回答方法はインターネットによる回答のみである。
② 4年に一度，オリンピック開催の年に行われる。
③ 日本人のみ回答が義務づけられている。
④ 全数調査である。
⑤ 1960年から開始された。

問18 A大学に今年入学した2000人の1年生が，高校でどのような統計教育を受けたかの調査を行うために，その中から無作為に500人を選び，調査用紙を配布した。このうち486人から調査用紙を回収した。このとき母集団は何か。次の①〜⑤のうちから最も適切なものを一つ選べ。 **30**

① A大学で無作為に選ばれ調査用紙を配布された500人
② A大学で調査用紙を回収した486人
③ A大学に今年入学した1年生2000人
④ A大学に今年入学した中から無作為に選ばれ調査用紙を配付された1年生500人
⑤ A大学に今年入学した中から調査用紙を回収した1年生486人

統計検定3級　2019年11月　正解一覧

　次ページ以降に解説を掲載しています。問題の趣旨やその考え方を理解するために活用してください。

問		解答番号	正解
問1		1	②
問2		2	④
問3		3	⑤
問4	〔1〕	4	③
	〔2〕	5	①
問5		6	③
問6	〔1〕	7	②
	〔2〕	8	①
	〔3〕	9	④
問7	〔1〕	10	③
	〔2〕	11	③
問8		12	①
問9		13	③
問10	〔1〕	14	⑤
	〔2〕	15	②

問		解答番号	正解
問11	〔1〕	16	③
	〔2〕	17	⑤
	〔3〕	18	④
	〔4〕	19	④
問12	〔1〕	20	③
	〔2〕	21	④
問13	〔1〕	22	①
	〔2〕	23	④
問14	〔1〕	24	②
	〔2〕	25	①
問15	〔1〕	26	②
	〔2〕	27	③
問16		28	②
問17		29	④
問18		30	③

統計検定　3級

問1

1　・・**正解** ②

与えられた変数について量的変数か質的変数かを問う問題である。

a：性別は，男性や女性などからなる質的変数である。

b：年齢は，その人が生まれてから現在（その時）までの年数なので**量的変数**である。

c：郵便番号は，278‐8510のように地区を区別するために数字を用いただけの質的変数である。

以上から，bのみが量的変数であるので，正解は②である。

問2

2　・・**正解** ④

質的変数に対する棒グラフの特徴について問う問題である。

Ⅰ：正しい。各カテゴリに対応する棒の高さは，当該カテゴリの度数に比例するので正しい。

Ⅱ：誤り。カテゴリ間に順序がある場合には，その順序情報が重要であるからカテゴリに対応する棒の順番を変えるべきではないので誤り。

Ⅲ：正しい。各カテゴリに対応する棒の高さは度数に比例し，その比例関係は，各カテゴリに対応する棒の高さを度数の合計で割っても変わらないので正しい。

以上から，正しい記述はⅠとⅢのみなので，正解は④である。

問3

3　・・**正解** ⑤

連続変数に対するヒストグラムの特徴について問う問題である。ヒストグラムは柱の面積を度数と比例させたグラフである。

Ⅰ：誤り。柱の高さは，柱の面積が度数に比例するように決定するので誤り。

Ⅱ：誤り。ヒストグラムの横軸は小さな階級から大きな階級を意味しているので，柱の順番を変えることはできないので誤り。

Ⅲ：誤り。ヒストグラムを作成する際に，柱の幅を一定にする必要はないので誤り。

以上から，ⅠとⅡとⅢの記述はすべて誤りであるので，正解は⑤である。

25

問4

〔1〕 | **4** | ·· 正解 ③

与えられた表から情報を適切に読み取る問題である。

点数を加算する前の全員の数学の点数をx_1, …, x_nとすると,

平均点は, $\bar{x} = \dfrac{1}{n} \displaystyle\sum_{i=1}^{n} x_i = 48$〔点〕

標準偏差は, $s = \sqrt{\dfrac{1}{n} \displaystyle\sum_{i=1}^{n} (x_i - \bar{x})^2} = 10$〔点〕

となる。全員の数学の点数に10点を加えると,

平均点は, $\dfrac{1}{n} \displaystyle\sum_{i=1}^{n} (x_i + 10) = \bar{x} + 10 = 48 + 10 = 58$〔点〕と10点増加する。

標準偏差は, $\sqrt{\dfrac{1}{n} \displaystyle\sum_{i=1}^{n} \{(x_i + 10) - (\bar{x} + 10)\}^2} = s$〔点〕となり変化しない。

したがって, 平均点は48点から58点に増加し, 標準偏差は10点から変化しない。
よって, 正解は③である。

〔2〕 | **5** | ·· 正解 ①

与えられた表から情報を適切に読み取る問題である。

英語と数学の点数を, それぞれ定数倍して50点満点に換算するには, 英語の点数を1/4倍, 数学の点数を1/2倍すればよい。

【英語】50点満点に換算する前の全員の英語の点数をx_1, …, x_nとすると,

平均点は, $\bar{x} = \dfrac{1}{n} \displaystyle\sum_{i=1}^{n} x_i = 112$

標準偏差は, $s_x = \sqrt{\dfrac{1}{n} \displaystyle\sum_{i=1}^{n} (x_i - \bar{x})^2} = 16$

である。全員の英語の点数を1/4倍すると,

平均点は, $\dfrac{1}{n} \displaystyle\sum_{i=1}^{n} \left(\dfrac{1}{4} \times x_i \right) = \dfrac{1}{4} \bar{x} = \dfrac{112}{4} = 28$

標準偏差は, $\sqrt{\dfrac{1}{n} \displaystyle\sum_{i=1}^{n} \left\{ \left(\dfrac{1}{4} x_i \right) - \left(\dfrac{1}{4} \bar{x} \right) \right\}^2} = \dfrac{1}{4} s_x = 4$

分散は, $4^2 = 16$

変動係数は標準偏差/平均なので, $\dfrac{4}{28} = \dfrac{1}{7}$

となる。

【数学】50点満点に換算する前の全員の数学の点数をy_1, …, y_nとすると,

統計検定　3級

平均点は，$\bar{y} = \dfrac{1}{n}\sum_{i=1}^{n} y_i = 48$

標準偏差は，$s_y = \sqrt{\dfrac{1}{n}\sum_{i=1}^{n}(y_i - \bar{y})^2} = 10$

である。

全員の数学の点数を1/2倍すると，

平均点は，$\dfrac{1}{n}\sum_{i=1}^{n}\left(\dfrac{1}{2} \times y_i\right) = \dfrac{1}{2}\bar{y} = \dfrac{48}{2} = 24$

標準偏差は，$\sqrt{\dfrac{1}{n}\sum_{i=1}^{n}\left\{\left(\dfrac{1}{2}y_i\right) - \left(\dfrac{1}{2}\bar{y}\right)\right\}^2} = \dfrac{1}{2}s_y = 5$

分散は，$5^2 = 25$，変動係数は$\dfrac{5}{24}$となる。

I：正しい。英語の平均点は28点，数学の平均点は24点であるので正しい。

II：誤り。英語の分散は16，数学の分散は25であるので誤り。

III：誤り。英語の変動係数は$\dfrac{1}{7} \fallingdotseq 0.143$，数学の変動係数は$\dfrac{5}{24} \fallingdotseq 0.208$であるので誤り。

以上から，正しい記述はIのみなので，正解は①である。

問5

6 .... **正解** ③

与えられた表から情報を適切に読み取る問題である。

全員の数学の点数をx_1, $\cdots$, x_n（ただし$n = 40$）とすると，平均点は，

$$\bar{x} = \dfrac{1}{n}\sum_{i=1}^{n} x_i = \dfrac{2400}{40} = 60$$

である。数学の点数の2乗の和（つまり空欄A）は$\sum_{i=1}^{n} x_i^2$と表せるが，これは，

$$\sum_{i=1}^{n}(x_i - \bar{x})^2 = \sum_{i=1}^{n} x_i^2 - n\bar{x}^2$$

と変形できることから，

$$\sum_{i=1}^{n} x_i^2 = \sum_{i=1}^{n}(x_i - \bar{x})^2 + n\bar{x}^2 = 4840 + 40 \times 60^2 = 148840$$

となる。また，空欄Bの（点数－平均点）の和は$\sum_{i=1}^{n}(x_i - \bar{x})^2$と表せるが，これは，

$$\sum_{i=1}^{n}(x_i - \bar{x}) = n\bar{x} - n\bar{x} = 0$$

27

となる。さらに，標準偏差は$\sqrt{\dfrac{1}{n}\displaystyle\sum_{i=1}^{n}(x_i-\overline{x})^2}$であり，これは，

$$\sqrt{\frac{1}{n}\sum_{i=1}^{n}(x_i-\overline{x})^2}=\sqrt{\frac{4840}{40}}=\sqrt{121}=11$$

となる。

　したがって，空欄Aは148,840，空欄Bは0，数学の点数の標準偏差は11であり，正解は③である。

問6

〔1〕　**7**　・・・　**正解** ②

　与えられた表から中央値と四分位範囲を求める問題である。

　審査員1の点数を小さい方から順に並べると，

$$84,\ 86,\ 88,\ 90,\ 90,\ 92,\ 93,\ 93,\ 93,\ 94$$

であるから，中央値は（90＋92）／2＝91となる。また，第3四分位数と第1四分位数はそれぞれ93と88であるから四分位範囲は93－88＝5となる。ここで，第3四分位数は中央値＝91より大きな値の真ん中，第1四分位数は中央値より小さな値の真ん中の値である。

　よって，正解は②である。

〔2〕　**8**　・・・　**正解** ①

　与えられた表および箱ひげ図から情報を適切に読み取る問題である。

　箱ひげ図は5数要約と呼ばれる最小値，第1四分位数，中央値，第3四分位数，最大値をグラフにしたものである。各審査員の5数要約は次のようになる。

審査員	最小値	第1四分位数	中央値	第3四分位数	最大値
1	84	88	91	93	94
2	84	87	91	93	94
3	81	85	90.5	92	98

　上の各審査員に関する5数要約から，最小値が最も小さな審査員3の箱ひげ図がCとわかる。次に，第1四分位数から，審査員1の箱ひげ図がA，また，審査員2の箱ひげ図がBとわかる。他の値についても適切であり，A：審査員1，B：審査員2，C：審査員3であることがわかる。

　よって，正解は①である。

〔3〕　**9**　・・・　**正解** ④

　与えられた表および散布図から情報を適切に読み取る問題である。

①：誤り。審査員1が84点，審査員2が82点と評価した組は存在しないので誤り。

②：誤り。審査員1と審査員2のどちらもが84点と評価した組は存在しないので誤り。なお，この散布図は審査員2と審査員3の点数の散布図である。

③：誤り。審査員1が88点，審査員2が92点と評価した組は存在しないので誤り。なお，この散布図は審査員1と審査員3の点数の散布図である。

④：正しい。審査員1と審査員2の点数が適切に散布図に反映されているので正しい。

　よって，正解は④である。

問7

〔1〕　**10**　‥‥‥‥‥‥‥‥‥‥‥‥‥‥‥‥‥‥‥‥‥‥‥　**正解** ③

　与えられた散布図から情報を適切に読み取る問題である。

　散布図からりんごの支出額が増えたときにバナナの支出額も増える傾向，またはりんごの支出額が減ったときにバナナの支出額も減る傾向は読み取れないことから，相関係数は0に近いと考えられる。

　よって，正解は③である。

〔2〕　**11**　‥‥‥‥‥‥‥‥‥‥‥‥‥‥‥‥‥‥‥‥‥‥‥　**正解** ③

　分散，共分散，相関係数の性質を問う問題である。

　全国52都市の6月の1世帯当たりのバナナの支出額を$x_1, \cdots, x_n$，6月の1世帯当たりのりんごの支出額を$y_1, \cdots, y_n$（ただし$n=52$）とする。

$\bar{x}=\dfrac{1}{n}\sum_{i=1}^{n} x_i$，$\bar{y}=\dfrac{1}{n}\sum_{i=1}^{n} y_i$とすると，6月の1世帯当たりのバナナの支出額の分散は，

$$S_x^2=\frac{1}{n}\sum_{i=1}^{n}(x_i-\bar{x})^2, \quad S_y^2=\frac{1}{n}\sum_{i=1}^{n}(y_i-\bar{y})^2$$

である。また，6月の1世帯当たりのバナナの支出額とりんごの支出額の共分散は$S_{xy}=\dfrac{1}{n}\sum_{i=1}^{n}(x_i-\bar{x})(y_i-\bar{y})$であり，6月のバナナの支出額とりんごの支出額の相関係数は$\dfrac{S_{xy}}{S_x S_y}$である。

Ⅰ：正しい。

　7月のバナナの支出額の分散は$\dfrac{1}{n}\sum_{i=1}^{n}(1.2\times x_i-1.2\times\bar{x})^2=1.2^2 S_x^2=1.44 S_x^2$

　7月のりんごの支出額の分散は$\dfrac{1}{n}\sum_{i=1}^{n}(1.1\times y_i-1.1\times\bar{y})^2=1.1^2 S_y^2=1.21 S_y^2$

となるので正しい。

Ⅱ：正しい。7月のバナナの支出額とりんごの支出額の共分散は，

$$\frac{1}{n}\sum_{i=1}^{n}(1.2\times x_i-1.2\times\overline{x})(1.1\times y_i-1.1\times\overline{y})=1.2\times1.1\times S_{xy}=1.32S_{xy}$$

となるので正しい。

Ⅲ：誤り。7月のバナナの支出額とりんごの支出額の相関係数は，

$$\frac{1.32\times S_{xy}}{(1.2\times S_x)\times(1.1\times S_y)}=\frac{S_{xy}}{S_x S_y}$$

となり6月の相関係数と変わらないので誤り。

以上から，正しい記述はⅠとⅡのみなので，正解は③である。

問8

12 .... 正解 ①

与えられた散布図から2つの変数間の関係性を読み取る問題である。

Ⅰ：正しい。得失点差が正のチームは得失点差が負のチームに比べて，散布図で上の方にある傾向が読み取れる。これは得失点差が正のチームの勝利数が多い傾向にあるということなので正しい。

Ⅱ：誤り。得失点差が負のチームは得失点差が正のチームに比べて，散布図で下の方にある傾向が読み取れる。これは得失点差が負のチームの勝利数が少ない傾向にあるということなので誤り。

Ⅲ：誤り。得失点差の最も小さなチームは勝利数が最も少ないが，与えられた散布図からは得失点差が大きいチームほど勝利数が多くなる傾向が読み取れる。つまり，正の相関があるので誤り。

以上から，正しい記述はⅠのみなので，正解は①である。

問9

13 .... 正解 ③

乱数表についての知識を問う問題である。

Ⅰ：誤り。乱数表ではどのような数字も平等に選ばれる可能性がある。つまり，"01 23 45 67 89"のような数字の並びが出現する可能性もあるので誤り。

Ⅱ：誤り。順番に並んだ10個の数字の中には，0が1個も含まれない場合も，0が2個以上含まれる場合もあるので誤り。

Ⅲ：正しい。与えられた表の4行目の左から4番目の数字を読むと3であり，ここから3つずつ数字を選ぶと388，581，416，…となるので正しい。

以上から，正しい記述はⅢのみなので，正解は③である。

統計検定　3級

問10

〔1〕　**14**　　　　　　　　　　　　　　　　　　　　　　　　**正解** ⑤

与えられた散布図から最頻値を読み取る問題である。

最頻値は度数が最も多い階級値のことであるから，国語，数学ともに人数が最も多い階級を探せばよい。国語で最も人数が多いのは5人いる9点であり，数学で最も人数が多いのは4人いる9点である。

よって，正解は⑤である。

〔2〕　**15**　　　　　　　　　　　　　　　　　　　　　　　　**正解** ②

与えられた散布図から正しい箱ひげ図を選択する問題である。

各教科の5数要約をまとめると次のようになる。

教科	最小値	第1四分位数	中央値	第3四分位数	最大値
国語	5	7	8	9	10
数学	4	6	8	9	10

これが正しく書かれている箱ひげ図を選べばよい。

よって，正解は②である。

（コメント）15人の生徒がいるので，中央値は成績の低い者から並べて8番目の生徒の成績である。第1四分位数（第3四分位数）は，8番目を除いてそれより下（上）の7人中の真ん中の値を用いることもあれば，8番目を含めてそれより下（上）の8人中の真ん中の値を用いることもある。ここでは，いずれの基準であっても上の表の値となる。

問11

〔1〕　**16**　　　　　　　　　　　　　　　　　　　　　　　　**正解** ③

与えられたヒストグラムから第1四分位数と中央値を読み取る問題である。

全体の人数が300人なので国語の点数の第1四分位数（点数が低い方から数えて75番目と76番目の平均値）が入っている階級は，点数が低い方から数えて63番目から92番目が属している60点以上70点未満の階級である。

中央値（点数が低い方から数えて150番目と151番目の平均値）については，80点未満の生徒は，$3+6+7+10+16+20+30+52=144$〔人〕おり，80点以上90点未満の階級には少なくとも70人以上いることがわかるので，中央値は80点以上90点未満の階級にあることがわかる。

よって，正解は③である。

〔2〕 **17** ･･･ 正解 ⑤

与えられたヒストグラムから情報を適切に読み取る問題である。

全体の人数が300人であることと英語の点数の各階級の度数から，80点以上90点未満の階級に含まれる生徒は，

$$300 - (70 + 54 + 29 + 25 + 14 + 10 + 5 + 3 + 0) = 90〔人〕$$

となる。

よって，正解は⑤である。

〔3〕 **18** ･･･ 正解 ④

ヒストグラムから平均値の属する階級を求める問題である。

もし，すべての階級内で下限値（つまり，0点，10点，20点，…）をとっていた場合，

$$\frac{(0 \times 0 + 10 \times 3 + 20 \times 5 + \cdots + 80 \times 90 + 90 \times 70)}{300} \fallingdotseq 70.87$$

となる。もし，すべての階級内で上限値（つまり，9点，19点，29点，…）をとっていた場合，

$$\frac{(9 \times 0 + 19 \times 3 + 29 \times 5 + \cdots + 89 \times 90 + 99 \times 70)}{300} \fallingdotseq 79.87$$

となる。したがって，どのような場合でも平均値は70点以上80点未満の階級に含まれる。

よって，正解は④である。

（コメント）参考までに，英語の点数における度数分布の階級値と度数から，平均値は，

$$\frac{(5 \times 0 + 15 \times 3 + 25 \times 5 + \cdots + 85 \times 90 + 95 \times 70)}{300} \fallingdotseq 75.87$$

となる。

〔4〕 **19** ･･ 正解 ④

ヒストグラムから情報を適切に読み取る問題である。

Ⅰ：正しい。Aさんの数学の点数は45点なので，点数の低い方から数えて61番目までの中にいることがわかり，これは下位25％（低い方から75番目まで）に含まれるので正しい。

Ⅱ：誤り。国語で80点以上をとった人数は，$300 - (3 + 6 + 7 + 10 + 16 + 20 + 30 + 52)$ $= 156〔人〕$であり，全生徒数の半分を超えている。Aさんの国語の点数72点は80点よりも低い階級に属しているので誤り。

Ⅲ：正しい。Aさんの英語は91点なので点数の高い方から数えて70番目までの中にいることがわかり，これは上位25％（高い方から75番目まで）に含まれるので

統計検定　3級

正しい。

以上から，正しい記述はⅠとⅢのみなので，正解は④である。

問12

〔1〕　**20** ·· **正解** ③

与えられた散布図から情報を適切に読み取る問題である。

ここで，引かれている対角線の上に点があれば，女性の方が男性より得票率が高く，下に点があれば，男性の方が女性より得票率が高いことがわかる。

①：誤り。80歳以上の観測値をはずれ値として除外すべきか否かはこの散布図からは読み取れないので誤り。

②：誤り。70歳以上74歳以下の女性の投票率は65歳以上69歳以下の女性の投票率より下がっているので誤り。

③：正しい。20歳以上24歳以下は男女ともに投票率が40％を下回っているので正しい。

④：誤り。正の相関があることは読み取れるが，たとえば80歳以上では，男性の投票率の方が女性の投票率より高いので誤り。

⑤：誤り。正の相関があることは読み取れるが，たとえば20歳以上24歳以下では，女性の投票率の方が男性の投票率より高いので誤り。

よって，正解は③である。

〔2〕　**21** ·· **正解** ④

与えられた2つの散布図から情報を適切に読み取る問題である。

①：誤り。80歳以上の男性を除く年齢階級において男女ともに村部の方が市部よりも投票率が高いので誤り。

②：誤り。市部の男性の投票率を見ると，65歳以上69歳以下の投票率よりも70歳以上74以下の投票率の方が高いので誤り。

③：誤り。男性の市部の投票率の範囲はおおよそ $80-30=50$〔％〕であるのに対し，男性の村部の投票率の範囲はおおよそ $80-40=40$〔％〕程度と市部より小さいので誤り。

④：正しい。20歳以上24歳以下および25歳以上29歳以下のそれぞれの階級で，男女ともに村部の投票率の方が市部の投票率より高いので正しい。

⑤：誤り。20歳以上24歳以下の投票率は男女ともに50％を下回っているので誤り。

よって，正解は④である。

問13

〔1〕 **22**　　正解 ①

条件に合う集合の人数を計算する問題である。

「統計学に興味はありますか」を質問1,「統計学は卒業後の自分にとって有用だと思いますか」を質問2とすると,問題文の状況を図にまとめると以下のようになる。

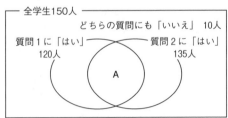

質問1と質問2にどちらも「はい」と回答した学生は,上の図のAの部分に当たる。したがって,質問1と質問2のどちらか一方に「はい」と回答した学生は150－10＝140〔人〕となる。これより,もし質問1,質問2どちらにも「はい」と回答した学生がいなければ,質問1に「はい」と回答した120人と,質問2に「はい」と回答した135人の合計が140人となるはずである。しかし,実際にはその合計は120＋135＝255〔人〕であり,140人を超えており,255－140＝115〔人〕が,どちらの質問にも「はい」と回答した人数とわかる。

よって,正解は①である。

（コメント）クロス集計表を用いると次のようになる。この表の空欄を埋めることで,問題に答えてもよい。（　）内は計算によって求めた値である。

		統計学は卒業後の自分にとって有用だと思いますか		
		はい	いいえ	合計
統計学に興味はありますか	はい	(115)	(5)	120
	いいえ	(20)	10	(30)
	合計	135	(15)	150

〔2〕 **23**　　正解 ④

質問2に「いいえ」と回答した学生が,質問1に「いいえ」と回答する確率は次の条件付確率

P（質問1に「いいえ」と回答 | 質問2に「いいえ」と回答）

統計検定　3級

$$= \frac{\text{P（質問1に「いいえ」と回答，かつ，質問2に「いいえ」と回答）}}{\text{P（質問2に「いいえ」と回答）}}$$

で表せる。ある学生が，質問2に「いいえ」と回答する確率は，

　　P（質問2に「いいえ」と回答）＝（150−135）/150＝1/10

である。また，質問1に「いいえ」と回答し，かつ，質問2に「いいえ」と回答する確率は，

　　P（質問1に「いいえ」と回答，かつ，質問2に「いいえ」と回答）＝10/150

である。したがって，

　　（10/150）/（1/10）＝2/3

となる。

　よって，正解は④である。

（コメント）上のクロス集計表から，質問2に「いいえ」と回答した学生は15人，その中で質問1に「いいえ」と回答した学生は10人である。これより，質問2に「いいえ」と回答した学生が，質問1に「いいえ」と回答する確率は，10/15＝2/3 となる。

問14

組合せの数に基づいて確率を計算する問題である。

〔1〕　**24**　　　　　　　　　　　　　　　　　　　　　　　　　　　　　**正解** ②

52枚のカードから無作為に1枚ずつ5枚のカードを引くとき，カードの組合せの数は，

　　$_{52}C_5 = (52 \times 51 \times 50 \times 49 \times 48)/(5 \times 4 \times 3 \times 2 \times 1) = 2598960$〔通り〕

であり，引いた5枚のカードがすべて同じ種類で10，J，Q，K，Aとなる組合せは，ハート，クラブ，ダイヤ，スペードでの4通りである。したがって，引いた5枚のカードの数字もしくはアルファベットがすべて同じ種類で10，J，Q，K，Aの組になる確率は，

$$\frac{4}{2598960} \times 100 \fallingdotseq 0.00015 〔\%〕$$

となる。

　よって，正解は②である。

〔2〕　**25**　　　　　　　　　　　　　　　　　　　　　　　　　　　　　**正解** ①

52枚のカードから無作為に1枚ずつ5枚のカードを引くとき，カードの組合せの数は〔1〕で求めたとおり2,598,960通りである。

35

引いた 5 枚のカードのうち，4 枚の数字もしくはアルファベットが同じになる組合せは，A，2，3，…，J，Q，Kの13通りである。その各々のパターン（たとえばAが 4 枚など）に対して残りの 1 枚は52－4＝48〔枚〕のうちどれが引かれてもよいので，13×48＝624〔通り〕となる。したがって，引いた 5 枚のカードのうち，4 枚の数字もしくはアルファベットが同じになる確率は，

$$\frac{624}{2598960} \times 100 \fallingdotseq 0.024 〔\%〕$$

となる。

よって，正解は①である。

問15

〔1〕　**26**　⋯⋯⋯⋯⋯⋯⋯⋯⋯⋯⋯⋯⋯⋯⋯⋯⋯⋯⋯⋯⋯⋯⋯⋯⋯⋯ **正解** ②

与えられた情報を適切に読み取り，特定の年の消費支出額を計算する問題である。

2000年の 1 世帯当たりの消費支出額が約380万8000円であり，2001年の変化率は－2.61％であることから，2001年の 1 世帯当たりの消費支出額は，

$$3,808,000 \times (1-0.0261) = 3,708,611 〔円〕$$

で求めることができる。さらに，2002年の変化率は－1.00％であることから，2002年の 1 世帯当たりの消費支出額は，

$$3,708,611 \times (1-0.01) = 3,671,525 〔円〕$$

となる。

よって，正解は②である。

〔2〕　**27**　⋯⋯⋯⋯⋯⋯⋯⋯⋯⋯⋯⋯⋯⋯⋯⋯⋯⋯⋯⋯⋯⋯⋯⋯⋯⋯ **正解** ③

与えられた折れ線グラフから情報を適切に読み取る問題である。

2000年の 1 世帯当たりの消費支出額が不明であっても，変化率より解答することは可能である。たとえば，2000年の値を1000などとして計算をしても問題ない。ここでは〔1〕記載の2000年の値（約380万8000円）に基づいた計算を示す。

I：正しい。各年の 1 世帯当たりの消費支出額は次のとおりである。

36

統計検定　3級

年	消費支出額（円）	年	消費支出額（円）
2000	3,808,000	2010	3,482,962
2001	3,708,611	2011	3,395,540
2002	3,671,525	2012	3,433,910
2003	3,622,327	2013	3,485,418
2004	3,636,091	2014	3,494,132
2005	3,606,639	2015	3,448,359
2006	3,539,556	2016	3,386,288
2007	3,573,535	2017	3,396,447
2008	3,563,172	2018	3,447,734
2009	3,500,817		

ただし，小数点以下四捨五入のため，1円の位で誤差が生じる。

したがって，1世帯当たりの消費支出額が最も多かったのは2000年であるので正しい。

Ⅱ：正しい。各年の前年に対する消費支出額の差は次のとおりである。

年	消費支出額の差（円）	年	消費支出額の差（円）
2000	—	2010	−17,855
2001	−99,389	2011	−87,422
2002	−37,086	2012	38,370
2003	−49,198	2013	51,508
2004	13,764	2014	8,714
2005	−29,452	2015	−45,773
2006	−67,083	2016	−62,071
2007	33,979	2017	10,159
2008	−10,363	2018	51,287
2009	−62,355		

したがって，1世帯当たりの消費支出額が最も大きく減ったのは，2000年から2001年にかけてであるので正しい。

Ⅲ：誤り。2012年以降3年間にわたり消費支出額は増加を続け，2015年には減少に転じたが，Ⅰの表より2015年の消費支出額は2011年の消費支出額を下回っていないので誤り。

以上から，正しい記述はⅠとⅡのみなので，正解は③である。

問16

28 ··· **正解 ②**

与えられた表から割合を計算する問題である。

通学校の大学等進学率が50％以上の生徒は合計で（233＋290）人であり，その中で，数学が「得意」もしくは「やや得意」と答えた生徒は合計で（72＋32＋69＋

34）人である。したがって，大学等進学率が50％以上の中で，数学が得意もしくは
やや得意と答えた人の割合は，

$$(72+32+69+34)/(233+290)$$

となる。

よって，正解は②である。

問17

29 .... **正解** ④

国勢調査に関する理解を問う問題である。

①：誤り。回答方法はインターネットによる回答のほか，調査票を調査員に直接提
出する方法，郵送による回答があるので誤り。

②：誤り。国勢調査は5年に一度，西暦の一桁が0と5の年に行われるので誤り。

③：誤り。日本に住んでいるすべての人および世帯が対象であり，この条件を満た
す外国人も調査対象になりうるので誤り。

④：正しい。日本に常住している者すべてが調査対象となる全数調査なので正しい。

⑤：誤り。第1回国勢調査は1920年10月1日に実施されたので誤り。

よって，正解は④である。

問18

30 .... **正解** ③

調査における母集団について問う問題である。

この調査は，A大学に今年入学した1年生2000人が対象となる調査であるため，
この2000人が母集団である。また，この中から無作為に選ばれた500人に調査用紙
を配布した標本調査である。その中で，実際に回収できた人数は486人である。

①：誤り。A大学で無作為に選ばれ調査用紙を配布された500人は1年生と限らず，
この調査の説明にはないので誤り。

②：誤り。A大学で調査用紙を回収した486人は1年生と限らず，この調査の説明
にはないので誤り。

③：正しい。A大学に今年入学した1年生2000人を対象（母集団）として，高校で
どのような統計教育を受けたかの調査を行うことが目的であるので正しい。

④：誤り。A大学に今年入学した中から無作為に選ばれ調査用紙を配布された1年
生500人は抽出された者であり，母集団ではないので誤り。

⑤：誤り。A大学に今年入学した中から調査用紙を回収した1年生486人は回答し
たものであり母集団ではないので誤り。

よって，正解は③である。

PART 3

3級
2019年6月
問題／解説

2019年6月に実施された
統計検定3級で実際に出題された問題文を掲載します。
問題の趣旨やその考え方を理解できるように、
正解番号だけでなく解説を加えました。

問題………40

正解一覧………60

解説………61

問1 次の図は，ある鉄道の特急列車に乗る際に購入する乗車券・特急券である。

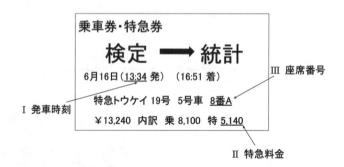

図のⅠ～Ⅲのうち，量的変数はどれか。次の①～⑤のうちから適切なものを一つ選べ。 1

① Ⅰのみ
② Ⅱのみ
③ Ⅲのみ
④ ⅠとⅡのみ
⑤ ⅠとⅢのみ

問2 ある中学校で1年生100名に国語の試験を行った。次の表は，この結果をまとめたものである。

試験の点数（点）	人数（人）
0 以上 30 以下	6
31 以上 40 以下	10
41 以上 50 以下	14
51 以上 60 以下	16
61 以上 70 以下	15
71 以上 80 以下	10
81 以上 90 以下	18
91 以上 100 以下	11
合計	100

〔1〕 この度数分布表のヒストグラムとして，次の①〜④のうちから最も適切なものを一つ選べ。 2

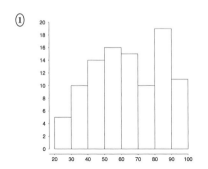
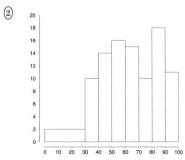
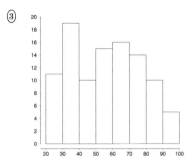
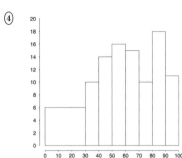

〔2〕 このデータから読み取れることとして，次のⅠ〜Ⅲの記述を考えた。

> Ⅰ．中央値は階級「61以上70以下」にある。
>
> Ⅱ．第3四分位数は階級「41以上50以下」にある。
>
> Ⅲ．四分位範囲は50点以上である。

この記述Ⅰ〜Ⅲに関して，次の①〜⑤のうちから最も適切なものを一つ選べ。 3

① Ⅰのみ正しい　　　　　　② Ⅱのみ正しい
③ ⅠとⅡのみ正しい　　　　④ ⅠとⅢのみ正しい
⑤ ⅠとⅡとⅢはすべて正しい

問3　次の幹葉図は，47都道府県別の博物館数を表したものである。左端に10の位の値，右側には1の位の値を表示している。

```
0|5778
1|11123344566788889
2|122222455699
3|01237789
4|334
5|4
6|3
7|
8|5
9|5
```

資料：文部科学省「社会教育調査（平成27年度)」

〔1〕　都道府県別博物館数の中央値はいくらか。次の①～⑤のうちから適切なものを一つ選べ。　| **4** |

① 15　　　② 19　　　③ 22　　　④ 37　　　⑤ 43

〔2〕　都道府県別博物館数の平均値はいくらか。次の①～⑤のうちから最も適切なものを一つ選べ。　| **5** |

① 18　　　② 20　　　③ 27　　　④ 39　　　⑤ 41

問4 太郎くんは自由研究でもみじの葉を13枚選び，その葉の裂けている数を調べた。葉の裂けている数とは，たとえば次のもみじの葉であれば7である。

次のデータは，その13枚の葉の裂けている数を小さい順に並べたものである。

5，5，7，7，7，7，9，9，9，9，9，9，9

このデータについて，次のⅠ～Ⅲの記述を考えた。

> Ⅰ．このデータの分布は右に裾が長い分布である。
>
> Ⅱ．最頻値と中央値は等しい。
>
> Ⅲ．葉をもう1枚選びその葉の裂けている数を調べたところ9であった。この観測値が加わったとき，平均値は変化するが，中央値は変化しない。

この記述Ⅰ～Ⅲに関して，次の①～⑤のうちから最も適切なものを一つ選べ。
6

① Ⅰのみ正しい　　　　　　② Ⅱのみ正しい
③ ⅠとⅡのみ正しい　　　　④ ⅡとⅢのみ正しい
⑤ ⅠとⅡとⅢはすべて正しい

問5 生徒数が30人のクラスで3回のテストを実施したところ，次のような度数分布表が得られた。

テストの点数	1回目	2回目	3回目
0点以上10点以下	0	0	0
11点以上20点以下	0	0	0
21点以上30点以下	1	0	0
31点以上40点以下	6	0	2
41点以上50点以下	6	0	0
51点以上60点以下	5	8	2
61点以上70点以下	7	8	3
71点以上80点以下	2	13	8
81点以上90点以下	2	1	10
91点以上100点以下	1	0	5

〔1〕 1回目のテストの点数の中央値が含まれる階級はどれか。次の①〜⑤のうちから適切なものを一つ選べ。 7

① 41点以上50点以下　　② 51点以上60点以下　　③ 61点以上70点以下
④ 71点以上80点以下　　⑤ 81点以上90点以下

〔2〕 1〜3回目のテストのうちの2回分を箱ひげ図にしたところ，次のA，Bが得られた。

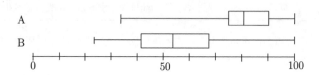

このAとBの箱ひげ図がそれぞれ何回目のテストを表しているか，次の①〜⑤のうちから最も適切なものを一つ選べ。 8

① A：1回目　B：2回目　　② A：1回目　B：3回目
③ A：2回目　B：1回目　　④ A：2回目　B：3回目
⑤ A：3回目　B：1回目

統計検定　3級

〔3〕〔2〕のAとBの箱ひげ図から読み取れることとして，次のⅠ～Ⅲの記述を考えた。

> Ⅰ．Aのテストの中央値とBのテストの中央値は30点以上離れている。
>
> Ⅱ．クラスの15人以上が，Bのテストでは40点以上70点以下の点数を取っている。
>
> Ⅲ．80点以上の点数を取った人数はBのテストよりAのテストの方が少ない。

この記述Ⅰ～Ⅲに関して，次の①～⑤のうちから最も適切なものを一つ選べ。
9

① Ⅰのみ正しい　　　　　　　　② Ⅱのみ正しい
③ Ⅲのみ正しい　　　　　　　　④ ⅡとⅢのみ正しい
⑤ ⅠとⅡとⅢはすべて誤りである

問6 次の図は，あるクラスで行われたそれぞれ100点満点の理科と数学のテストに関する，Aさんの成績表である。成績表にジュースをこぼしてしまったため一部が見えなくなったが，Aさんは理科と数学の偏差値が同じであったことは覚えていた。

	得点	クラスの平均値	クラスの標準偏差	偏差値
理科	78	66.0	16.0	
数学	69	60.0		

〔1〕 Aさんの理科の偏差値はいくらか。次の①～⑤のうちから最も適切なものを一つ選べ。　**10**

① 54.5　　② 55.5　　③ 56.5　　④ 57.5　　⑤ 58.5

〔2〕 このクラスの数学の標準偏差はいくらか。次の①～⑤のうちから最も適切なものを一つ選べ。　**11**

① 10.6　　② 12.0　　③ 13.8　　④ 16.4　　⑤ 20.0

〔3〕 数学の平均値を理科の平均値と等しくするために，数学について，実際の点数（以下，変更前の点数と呼ぶ）の1.1倍の点数（以下，変更後の点数と呼ぶ）としたら，評価がどのように変わるか考えてみることにした。なお，変更後の点数は小数点以下1ケタまで含める。変更前と変更後の点数に関する記述について，次の①～⑤のうちから最も適切なものを一つ選べ。　**12**

① 変更前と比べて，変更後の点数の中央値は変わらない。
② 変更前と比べて，変更後の点数の標準偏差は変わらない。
③ 変更前と比べて，変更後の点数の標準偏差は小さくなる。
④ 変更前と変更後の点数で，Aさんの偏差値は変わらない。
⑤ 変更前と変更後の点数で，Aさんの偏差値は大きくなる。

統計検定　3級

問7　製造業の現場では，製品の製造過程における異常検知のために，はずれ値を使う試みがされている。

〔1〕　製品のデータの中にはずれ値が含まれる場合について，次のⅠ～Ⅲの記述を考えた。

> Ⅰ．はずれ値が含まれていたとしても，その原因が製品の異常であるかどうかは不明である。
>
> Ⅱ．はずれ値は測定誤差やデータの記載ミスによって観測されるものであり，製品の異常とは関係がない。
>
> Ⅲ．はずれ値はデータの中に必ず一定数含まれるものである。

この記述Ⅰ～Ⅲに関して，次の①～⑤のうちから最も適切なものを一つ選べ。
13

① Ⅰのみ正しい　　　　　　　　② Ⅱのみ正しい
③ ⅠとⅢのみ正しい　　　　　　④ ⅡとⅢのみ正しい
⑤ ⅠとⅡとⅢはすべて誤りである

〔2〕　製品の製造管理のために，データを平均値や中央値，分散などで要約することがある。これらの値が，データにはずれ値が含まれる場合には，含まれない場合と比較して，どのように変化するかについて，次のⅠ～Ⅲの記述を考えた。

> Ⅰ．はずれ値が存在すると，平均値は必ず大きくなる。
>
> Ⅱ．はずれ値が存在すると，中央値は必ず大きくなる。
>
> Ⅲ．はずれ値が存在すると，分散は必ず小さくなる。

この記述Ⅰ～Ⅲに関して，次の①～⑤のうちから最も適切なものを一つ選べ。
14

① Ⅰのみ正しい　　　　　　　　② Ⅱのみ正しい
③ Ⅲのみ正しい　　　　　　　　④ ⅠとⅡのみ正しい
⑤ ⅠとⅡとⅢはすべて誤りである

47

問8　30人のクラスで行われた100点満点の数学の試験の結果を，点数の低い順に並べると次のようになった。

22，44，60，62，68，68，68，68，68，70，72，72，72，72，72，
74，78，78，84，84，86，86，86，88，88，90，90，94，100，100

また，次の表はこのデータの5数要約を表している。

最小値	22
第1四分位数	68
中央値	73
第3四分位数	86
最大値	100

〔1〕　このデータの範囲と四分位範囲はいくらか。範囲と四分位範囲の組合せとして，次の①～⑤のうちから適切なものを一つ選べ。　**15**

① 範囲：12　四分位範囲：9　　　　② 範囲：16　四分位範囲：78

③ 範囲：18　四分位範囲：78　　　　④ 範囲：78　四分位範囲：18

⑤ 範囲：78　四分位範囲：16

〔2〕 このデータに対して，"「第1四分位数」−「四分位範囲」×1.5" 以上の値をとるデータの最小値，および "「第3四分位数」+「四分位範囲」×1.5" 以下の値をとるデータの最大値までひげを引き，これらよりも遠い値をはずれ値として○で示した箱ひげ図として，次の①〜⑤のうちから最も適切なものを一つ選べ。
16

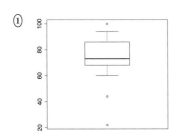

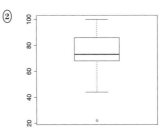

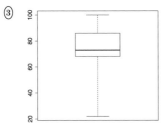

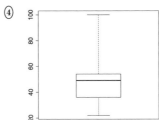

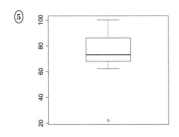

問9 スーパーにおいて，複数のメーカー（A社，B社，C社，D社）が製造するチーズのある1週間の販売個数を調べた。ただし，A社からはA1，A2，A3の3種類のチーズが販売されている。

〔1〕 各チーズの販売個数を「平日」と「土日」でクロス集計したところ，次のようになった。

メーカー	チーズの種類	平日	土日	合計
A社	A_1	47	(a)	78
	A_2	23	18	41
	A_3	17	10	27
B社	B	33	22	55
C社	C	(b)	(c)	28
D社	D	35	17	52
合計		170	111	281

（a），（b），（c）に入る数値の組合せとして，次の①～⑤のうちから適切なものを一つ選べ。　**17**

① a：31　b：14　c：14　　　② a：30　b：14　c：13

③ a：31　b：15　c：13　　　④ a：31　b：15　c：14

⑤ a：30　b：14　c：14

〔2〕 各チーズの販売個数について，各社の割合とA社が販売する各チーズの割合を表すグラフとして，次の①〜④のうちから最も適切なものを一つ選べ。 18

①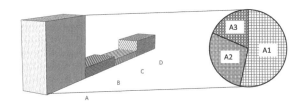

②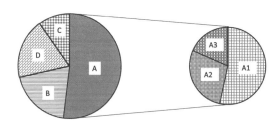

③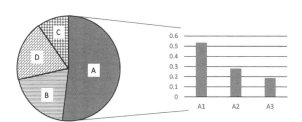

④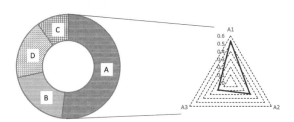

問10 次のグラフは，2017年の雇用形態（「正規の職員・従業員」であるか，「非正規の職員・従業員」であるか）を男女別，年齢階級別に見たものである。なお，15～24歳においては在学中の者を除いている。

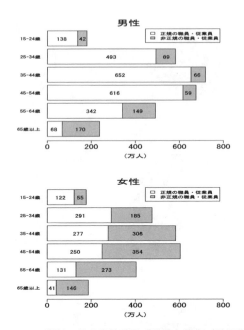

資料：総務省統計局「労働力調査（詳細集計）」（年平均）

このグラフから読み取れることとして，次のⅠ～Ⅲの記述を考えた。

Ⅰ．「非正規の職員・従業員」の数は，どの年齢階級においても男性より女性の方が多い。

Ⅱ．「非正規の職員・従業員」の割合を男女で比較したとき，その割合はどの年齢階級においても男性より女性の方が大きい。

Ⅲ．「非正規の職員・従業員」の割合を男女で比較したとき，その割合の差の絶対値が最も大きいのは「45～54歳」の階級である。

この記述Ⅰ～Ⅲに関して，次の①～⑤のうちから最も適切なものを一つ選べ。 19

① Ⅱのみ正しい　　　　　　② ⅠとⅡのみ正しい
③ ⅠとⅢのみ正しい　　　　④ ⅡとⅢのみ正しい
⑤ ⅠとⅡとⅢはすべて正しい

統計検定　3級

問11　ある高校の16人のクラスで，誕生日に関する確率を計算してみることになった。ただし，1年は365日とし，このクラスにうるう年生まれはいないものとする。また，生徒が生まれる確率は365日すべてで等しいとする。

〔1〕　このクラスに3月生まれがいない確率はいくらか。次の①〜⑤のうちから最も適切なものを一つ選べ。　**20**

①　0.09　　　②　0.17　　　③　0.24　　　④　0.33　　　⑤　0.41

〔2〕　このクラスで誕生日が同一のペアが存在する確率はいくらか。次の①〜⑤のうちから最も適切なものを一つ選べ。　**21**

①　$\dfrac{1}{365}$

②　$\dfrac{364}{365}$

③　$\dfrac{1}{365} \times \dfrac{2}{365} \times \cdots \times \dfrac{15}{365} \times \dfrac{16}{365}$

④　$\dfrac{364}{365} \times \dfrac{363}{365} \times \cdots \times \dfrac{351}{365} \times \dfrac{350}{365}$

⑤　$1 - \dfrac{364}{365} \times \dfrac{363}{365} \times \cdots \times \dfrac{351}{365} \times \dfrac{350}{365}$

問12　1から6の目がそれぞれ同じ確率で出るサイコロと，表と裏が同じ確率で出るコインがある。このサイコロを1回投げた後にコインを1回投げる試行を考える。サイコロを1回投げたときに出た目の数を a とし，コインを投げた結果，表が出たときは a を2倍し，裏が出たときは a を2倍して1をたす操作をする。この操作によって求められた数字が，素数となる確率はいくらか。次の①〜⑤のうちから適切なものを一つ選べ。　**22**

①　$\dfrac{1}{3}$　　　②　$\dfrac{5}{12}$　　　③　$\dfrac{1}{2}$　　　④　$\dfrac{7}{12}$　　　⑤　$\dfrac{2}{3}$

53

問13 次の表は，47都道府県ごとの10歳以上の人についての睡眠および通勤・通学の時間（単位：分，各県ごとの平均値）を要約したものである。

	睡眠	通勤・通学
平均値	463.43	29.32
標準偏差	6.90	5.45
睡眠との共分散	—	−29.05

資料：総務省統計局「平成28年社会生活基本調査結果」

〔1〕 睡眠時間と通勤・通学時間の散布図として，次の①〜④のうちから最も適切なものを一つ選べ。 **23**

①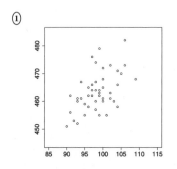

②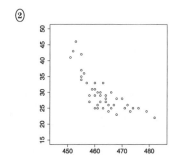

③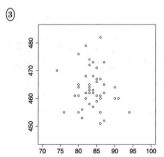

④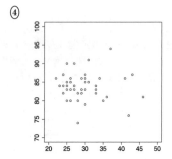

〔2〕 睡眠時間と通勤・通学時間について変数変換した場合の相関係数の変化について，次のⅠ～Ⅲの記述を考えた。

Ⅰ．睡眠時間と通勤・通学時間の単位をともに「分」から「時間」に変えても，相関係数の値は変わらない。

Ⅱ．各都道府県の睡眠時間を，

（全都道府県の睡眠時間の平均値）－（各都道府県の睡眠時間）

に変えても，相関係数の値は変わらない。

Ⅲ．睡眠時間と通勤・通学時間をそれぞれ次のように標準化

$$\frac{（各変数の値）－（各変数の平均値）}{（各変数の標準偏差）}$$

しても，相関係数の値は変わらない。

この記述Ⅰ～Ⅲに関して，次の①～⑤のうちから最も適切なものを一つ選べ。
24

① Ⅰのみ正しい　　　　　② Ⅲのみ正しい
③ ⅠとⅡのみ正しい　　　④ ⅠとⅢのみ正しい
⑤ ⅡとⅢのみ正しい

〔3〕 次の表は，睡眠時間と，他の各種行動の時間との相関係数の一部をまとめたものである。

各種行動	相関係数	各種行動	相関係数
学習・自己啓発・訓練（学業以外）	−0.699	食事	−0.088
通勤・通学	−0.773	仕事	0.278
移動（通勤・通学を除く）	−0.591	介護・看護	−0.088
育児	−0.626	買い物	−0.557
テレビ・ラジオ・新聞・雑誌	0.350	休養・くつろぎ	0.504
学業	−0.547	趣味・娯楽	−0.302
ボランティア活動・社会参加活動	−0.176	交際・付き合い	−0.238
受診・療養	−0.007	スポーツ	−0.530
身の回りの用事	−0.032	家事	−0.102

資料：総務省統計局「平成28年社会生活基本調査結果」

この表から読み取れることとして，次のⅠ～Ⅲの記述を考えた。

Ⅰ．上の表の行動の中で，睡眠と最も相関が強い行動は通勤・通学である。

Ⅱ．睡眠と休養・くつろぎには正の相関関係が見られ，休養・くつろぎの時間を多くとる都道府県においては睡眠時間も多くとる傾向がみられる。

Ⅲ．睡眠と学習・自己啓発・訓練（学業以外）には強い負の相関関係がみられるため，睡眠時間が少ないことは，学習・自己啓発・訓練（学業以外）の時間が多いことが原因と考えられる。

この記述Ⅰ～Ⅲに関して，次の①～⑤のうちから最も適切なものを一つ選べ。
25

①　Ⅰのみ正しい
②　ⅠとⅡのみ正しい
③　ⅠとⅢのみ正しい
④　ⅡとⅢのみ正しい
⑤　ⅠとⅡとⅢはすべて正しい

問14 次の折れ線グラフは，2015年1月から2018年12月までのボーリング場の利用者数の推移を表したものである。なお，●は3月，■は11月を表している。

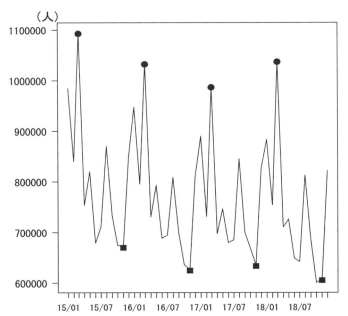

資料：経済産業省「特定サービス産業動態統計調査　長期データ　12．ボーリング場」

〔1〕 この折れ線グラフから読み取れることとして，次のⅠ～Ⅲの記述を考えた。

> Ⅰ．どの月も利用者数が65万人を下回ることはない。
>
> Ⅱ．どの年も3月の利用者数が1年で一番多い。
>
> Ⅲ．どの年も11月の利用者数が1年で一番少ない。

この記述Ⅰ～Ⅲに関して，次の①～⑤のうちから最も適切なものを一つ選べ。26

① Ⅰのみ正しい　　　② Ⅱのみ正しい
③ Ⅲのみ正しい　　　④ ⅠとⅡのみ正しい
⑤ ⅠとⅢのみ正しい

〔2〕 2016年1月から2017年12月までの2年間の対前年同月比（%）の折れ線グラフとして，次の①〜④のうちから最も適切なものを一つ選べ。 27

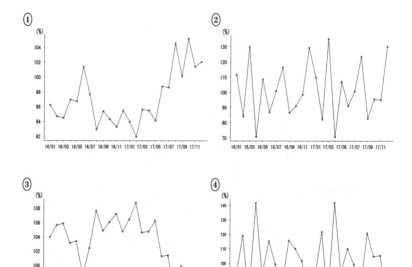

〔3〕 次の表は，2016年，2017年および2018年の8月の対前年同月比を計算したものである。これらの幾何平均値として，下の①〜⑤のうちから最も適切なものを一つ選べ。 28

	2016年8月	2017年8月	2018年8月
対前年同月比	0.9292	1.0455	0.9613

① 0.9664　② 0.9775　③ 0.9787　④ 0.9830　⑤ 1.4319

統計検定　3級

問15　全数調査と標本調査について説明した次の記述Ⅰ～Ⅲに関して，下の①～⑤のうちから最も適切なものを一つ選べ。　**29**

> Ⅰ．標本調査の結果には誤差があるが，全数調査の結果には誤差がない。
>
> Ⅱ．標本調査を行うためには，標本を抽出するための全数名簿が必要である。
>
> Ⅲ．いつでも全数調査を実施するのが望ましい。

①　Ⅰのみ正しい
②　Ⅱのみ正しい
③　Ⅲのみ正しい
④　ⅠとⅡとⅢはすべて正しい
⑤　ⅠとⅡとⅢはすべて誤りである

問16　生徒数が500人の学校で標本調査を行うこととした。標本の無作為抽出方法として，次の①～⑤のうちから最も適切なものを一つ選べ。　**30**

①　全校生徒に名簿順に1～500の番号を振り，1～500の擬似乱数を50個の異なる数字が出るまで発生し続け，対応する番号の生徒を調査対象とする。
②　全校生徒に五十音順に1～500の番号を振り，1番，11番，21番，…と10番ごとに該当する生徒を調査対象とする。
③　全校生徒に五十音順に1～500の番号を振り，1番から50番の生徒を調査対象とする。
④　調査に協力してくれる生徒を募集し，先着50名を調査対象とする。
⑤　生徒を無作為に50のグループに分け，各グループの中から希望者を1名ずつ選んで調査対象とする。

2019年6月　問題

59

統計検定3級　2019年6月　正解一覧

次ページ以降に解説を掲載しています。問題の趣旨やその考え方を理解するために活用してください。

問		解答番号	正解
問1		1	② と ④
問2	〔1〕	2	②
	〔2〕	3	①
問3	〔1〕	4	③
	〔2〕	5	③
問4		6	④
問5	〔1〕	7	②
	〔2〕	8	⑤
	〔3〕	9	②
問6	〔1〕	10	④
	〔2〕	11	②
	〔3〕	12	④
問7	〔1〕	13	①
	〔2〕	14	⑤
問8	〔1〕	15	④
	〔2〕	16	②

問		解答番号	正解
問8	〔1〕	17	③
	〔2〕	18	②
問10		19	④
問11	〔1〕	20	③
	〔2〕	21	⑤
問12		22	③
問13	〔1〕	23	②
	〔2〕	24	④
	〔3〕	25	②
問14	〔1〕	26	②
	〔2〕	27	①
	〔3〕	28	②
問15		29	① と ⑤
問16		30	①

60

統計検定　3級

問1

1 ⋯⋯⋯⋯⋯⋯⋯⋯⋯⋯⋯⋯⋯⋯⋯⋯⋯⋯⋯⋯⋯⋯ **正解▶ ②および④**

与えられた変数について量的変数か質的変数かを問う問題である。

Ⅰ：切符にある発車時刻は測定する量的な意味を含んでいない，単なる列車を区別する指標と捉え質的変数と考えられる。一方，下の（参考）で述べるように，時刻は量的変数であると捉えることもできる。

Ⅱ：金額は0が何もないことを表す比例尺度なので，**量的変数**である。

Ⅲ：番号であるが，固有の座席の位置を表す指標なので，質的変数である。

以上から，Ⅱが量的変数であり，Ⅰが量的変数とも質的変数とも考えられるので，正解は②および④とした。

（参考）たとえば，起床時刻を生徒に聞いたなら，度数分布表で集計ができ，ヒストグラム等が作成できる。つまり，時刻は量的変数と考えられる。

本問は，発車時刻を指標と捉える質的変数として問題を作成したが，列車の発車時刻により列車を分類することも可能であるため量的変数であるとすることも正解とした。

問2

〔1〕　**2** ⋯⋯⋯⋯⋯⋯⋯⋯⋯⋯⋯⋯⋯⋯⋯⋯⋯⋯⋯⋯⋯⋯⋯⋯ **正解▶ ②**

与えられた度数分布表から適切なヒストグラムを選択する問題である。

①：誤り。0以上30以下は度数分布表の情報が適切に反映されていないので誤り。

②：正しい。0以上30以下の階級の幅は30で，それ以外はすべて階級の幅が10である。ヒストグラムにはその幅の情報まで含めて記述する必要がある。また，0以上30以下の階級では合計6人属していることから，幅10あたり2人属していると考えるので正しい。

③：誤り。①と同様に20以下の階級がなく，各階級の度数も異なるので誤り。

④：誤り。0以上30以下の階級における0以上10以下，11以上20以下，21以上30以下の階級にそれぞれ6人，したがって，0以上30以下の階級に18人いると読み取れるので誤り。

よって，正解は②である。

〔2〕　**3** ⋯⋯⋯⋯⋯⋯⋯⋯⋯⋯⋯⋯⋯⋯⋯⋯⋯⋯⋯⋯⋯⋯⋯⋯ **正解▶ ①**

度数分布表からいくつかの統計量を読み取る問題である。

Ⅰ：正しい。中央値は50人目と51人目の点数の平均値である。度数分布表から読み取ると61以上70以下の階級に中央値があるので正しい。

61

Ⅱ：誤り。第3四分位数は75人目と76人目の点数の平均値である。度数分布表から
　読み取ると81以上90以下の階級にあることがわかるので誤り。

Ⅲ：誤り。同様に，第1四分位数は41以上50以下の階級にある。第3四分位数と合
　わせると四分位範囲は31以上49以下になることがわかるので誤り。

　以上から，正しい記述はⅠのみなので，正解は①である。

問3

〔1〕　**4**　‥‥‥‥‥‥‥‥‥‥‥‥‥‥‥‥‥‥‥‥‥‥‥‥‥‥‥‥‥‥　**正解** ③

　与えられた幹葉図から中央値を計算する問題である。

　中央値は小さい方から24番目に位置する都道府県である。読み取ると，10の位が
2であり，1の位が2であるので，中央値は22である。

　よって，正解は③である。

〔2〕　**5**　‥‥‥‥‥‥‥‥‥‥‥‥‥‥‥‥‥‥‥‥‥‥‥‥‥‥‥‥‥‥　**正解** ③

　与えられた幹葉図から平均値を計算する問題である。

　10の位のみ足し合わせると，

$0\times4+10\times16+20\times12+30\times8+40\times3+50\times1+60\times1+70\times0+80\times1+90\times1=1040$

であり，1の位の和が，

$0\times1+1\times5+2\times7+3\times6+4\times5+5\times6+6\times3+7\times5+8\times5+9\times4=216$

になるため，平均値は，

$$\frac{1040+216}{47}\fallingdotseq26.72$$

となる。

　よって，正解は③である。

問4

　6　‥‥‥‥‥‥‥‥‥‥‥‥‥‥‥‥‥‥‥‥‥‥‥‥‥‥‥‥‥‥‥‥　**正解** ④

　与えられたデータから必要な情報を読み取る問題である。

Ⅰ：誤り。このデータからは左に裾が長い分布と考えられるので誤り。

Ⅱ：正しい。最頻値は最も度数の多い値であるから13枚中7枚ある9である。また，
　中央値は小さい方から7枚目の葉の値9である。最頻値と中央値は等しいので
　正しい。

Ⅲ：正しい。追加される1枚の葉が9として加わることで平均値は追加前よりも大
　きくなる。実際に，追加前の平均値が，

62

統計検定　3級

$$\frac{5 \times 2 + 7 \times 4 + 9 \times 7}{13} = \frac{101}{13} \fallingdotseq 7.769$$

であり，追加後の平均値は，

$$\frac{5 \times 2 + 7 \times 4 + 9 \times 7}{14} = \frac{110}{14} \fallingdotseq 7.857$$

である。また，中央値は7枚目と8枚目の値の平均値である9となり，変化しないので，正しい。

以上から，正しい記述はⅡとⅢのみなので，正解は④である。

問5

〔1〕　**7**　．．．　**正解** ②

与えられた度数分布表から中央値を求める問題である。

全体の人数が30人なので中央値は15人目と16人目の点数の平均値である。度数分布表から51点以上60点以下の階級にあることがわかる。

よって，正解は②である。

〔2〕　**8**　．．　**正解** ⑤

与えられた度数分布表から適切な箱ひげ図を選択する問題である。

Ａ：最小値が31点以上40点以下の階級にあると読み取れるので，この箱ひげ図は3回目のテストのものである。

Ｂ：最小値が21点以上30点以下の階級にあると読み取れるので，この箱ひげ図は1回目のテストのものである。

以上から，正解は⑤である。

〔3〕　**9**　．．　**正解** ②

〔2〕の箱ひげ図から情報を適切に読み取る問題である。

Ⅰ：誤り。Ａの中央値は80点付近であり，Ｂの中央値は53点付近にあることが読み取れる。30点以上離れているとはいえないので誤り。

Ⅱ：正しい。Ｂの箱ひげ図では境界線を含む箱の中に16人が属しており，左右のひげの部分に7人ずつが属している。40点以上70点以下の中に16人が属する箱がすべて含まれていることがわかるので正しい。

Ⅲ：誤り。Ａのテストでは中央値が80点付近にあるため，全体の約半分の人数が80点以上の点数であることがわかる。Ｂのテストでは，80点以上の点数を取った人数は全体の4分の1以下しかいないと読み取れるので誤り。

以上から，正しい記述はⅡのみなので，正解は②である。

問6

〔1〕　**10**　·· 正解 ④

与えられたデータから，偏差値を求める問題である。

理科のクラスの平均値は66.0，標準偏差は16.0なので，Aさんの理科の得点（78点）の標準得点は$\dfrac{78-66}{16}=0.75$となる。したがって，偏差値は$50+0.75\times10=57.5$である。

よって，正解は④である。

〔2〕　**11**　·· 正解 ②

与えられたデータから，標準偏差を求める問題である。

Aさんの理科の偏差値と数学の偏差値は同じであることから，〔1〕より数学の偏差値は57.5であり，Aさんの数学の得点（69点）の標準得点は0.75であることがわかる。したがって，数学のクラスの標準偏差は$\dfrac{69-60}{0.75}=12$である。

よって，正解は②である。

〔3〕　**12**　·· 正解 ④

与えられた状況から，情報を適切に読み取る問題である。

①：誤り。変更後の点数の中央値は，変更前の点数の中央値の1.1倍になるため誤り。

②：誤り。変更後の点数の標準偏差は，変更前の点数の標準偏差の1.1倍になるため誤り。

③：誤り。変更後の点数の標準偏差は，変更前の点数の標準偏差の1.1倍になるため誤り。

④：正しい。Aさんの変更後の点数の標準得点は，

$$\frac{69\times1.1-60.0\times1.1}{12.0\times1.1}=\frac{69-60.0}{12.0}=0.75$$

となり，偏差値は$50+0.75\times10=57.5$である。変更前と変更後の点数で偏差値は変わらないので正しい。

⑤：誤り。④で示したように，Aさんの変更後の点数の偏差値は57.5である。変更前と変更後の点数で偏差値は変わらないので誤り。

よって，正解は④である。

64

統計検定　3級

問7

〔1〕　**13**　　　　　　　　　　　　　　　　　　　　　　　　　　**正解** ①

　はずれ値について問う問題である。

Ⅰ：正しい。はずれ値が生じる原因は，製品の異常のみではなく，たとえば測定ミスなどもありうるので正しい。

Ⅱ：誤り。はずれ値は，測定誤差や記載ミスのみで生じるとは限らず，製品の異常に起因して生じることもあるため誤り。

Ⅲ：誤り。はずれ値は必ず生じるとは限らず，さらに，一定数含まれるものではないため誤り。

　以上から，正しい記述はⅠのみなので，正解は①である。

〔2〕　**14**　　　　　　　　　　　　　　　　　　　　　　　　　　**正解** ⑤

　はずれ値が含まれる際の平均値や中央値，分散の変化に関する問題である。

Ⅰ：誤り。はずれ値は極端に大きな値だけではなく，極端に小さな値の場合もあり，はずれ値が存在すると平均値は必ず大きくなるとは限らないため誤り。

Ⅱ：誤り。はずれ値は極端に大きな値だけではなく，極端に小さな値の場合もあり，はずれ値が存在すると中央値は必ず大きくなるとは限らない。また，中央値ははずれ値に影響を受けにくい性質があり変化しないこともあるため誤り。

Ⅲ：誤り。はずれ値は平均値からのずれの絶対値が極端に大きなものをさし，この値を含むと分散の値は大きくなるため誤り。

　以上から，Ⅰ，Ⅱ，Ⅲの記述はすべて誤りなので，正解は⑤である。

問8

〔1〕　**15**　　　　　　　　　　　　　　　　　　　　　　　　　　**正解** ④

　与えられたデータから，範囲と四分位範囲を求める問題である。

　範囲は，最大値と最小値の差である。したがって，範囲は$100-22=78$である。

　また，四分位範囲は，第3四分位数と第1四分位数の差である。したがって，四分位範囲は$86-68=18$である。

　よって，正解は④である。

〔2〕　**16**　　　　　　　　　　　　　　　　　　　　　　　　　　**正解** ②

　与えられたデータから，適切な箱ひげ図を選択する問題である。このデータから作成される箱ひげ図は次のとおりである。

　四分位範囲が18であることから，箱の下のひげは$68-18\times1.5=41$以上の値をとるデータの最小値，すなわち44まで引き，41より小さい最小値の22ははずれ値とし

2019年6月

解説

65

て○で示す。また，箱の上のひげは $86 + 18 \times 1.5 = 113$ 以下の値をとるデータの最大値，すなわちデータの最大値である100まで引かなければならない。

①：誤り。箱の上のひげは最大値である100まで引かなければならないため誤り。また，はずれ値の○も３つあり正しくない。

②：正しい。上で示した箱ひげ図に矛盾しないため正しい。

③：誤り。箱の下のひげは41以上の値をとるデータの最小値である44まで引き，41より小さい最小値の22ははずれ値として○で示す必要があるため誤り。

④：誤り。第１四分位数，中央値，第３四分位数がデータと異なるため誤り。

⑤：誤り。箱の下のひげは，41以上の値をとるデータの最小値である44まで引く必要があるため誤り。

　よって，正解は②である。

問9

〔1〕　**17**　··· 正解 ③

　与えられたデータから，空欄に当てはまる適切な数値を求める問題である。

(a)：チーズ A_1 の販売個数合計が78であり，平日が47であることから，$78 - 47 = 31$ となる。

(b)：平日の合計販売個数が170であり，(b) を除く販売個数の合計は155なので，$170 - 155 = 15$ となる。

(c)：(b) が15であり，チーズ C の合計販売個数が28なので，$28 - 15 = 13$ となる。または，土日の合計販売個数が111，(a) が31であり，(c) を除く販売個数の合計は98なので，$111 - 98 = 13$ からも求められる。

　以上から，正解は③である。

〔2〕　**18**　··· 正解 ②

　与えられたデータから，適切なグラフを選択する問題である。

①：誤り。データではチーズ B よりもチーズ D の販売個数の方が少ないにもかかわらず，グラフではチーズ D の販売個数の方が多いため誤り。また，このような３次元グラフは錯視効果があるため使うべきではない。

②：正しい。各社の販売個数の割合は，

　　　A社：$(78 + 41 + 27) \div 281 \times 100 = 52.0$ 〔%〕

　　　B社：$55 \div 281 \times 100 = 19.6$ 〔%〕

　　　C社：$28 \div 281 \times 100 = 10.0$ 〔%〕

　　　D社：$52 \div 281 \times 100 = 18.5$ 〔%〕

である。ただし，四捨五入のため合計が100.1%になる。

　　また，A社の各チーズの販売個数の割合は，

統計検定　3級

チーズA_1：$78 \div 146 \times 100 = 53.4$〔％〕
チーズA_2：$41 \div 146 \times 100 = 28.1$〔％〕
チーズA_3：$27 \div 146 \times 100 = 18.5$〔％〕

である。左の円グラフの各社の販売個数の割合および右の円グラフのＡ社の各チーズの販売個数の割合はこれらを適切に表示しているので正しい。

③：誤り。棒グラフで表された各数値が，それぞれＡ社のチーズの総販売個数に対する割合を表しているが，割合は円グラフまたは帯グラフで示す方が適切である。

④：誤り。レーダーチャートで表された各数値が，それぞれＡ社のチーズの総販売個数に対する割合を表しているが，割合は円グラフまたは帯グラフで示す方が適切である。

　よって，正解は②である。

問10

19 .... **正解** ④

与えられたグラフから，情報を適切に読み取る問題である。

Ⅰ：誤り。65歳以上の階級では，女性より男性の方が「非正規の職員・従業員」の数が多いため誤り。

Ⅱ：正しい。年齢階級別「非正規の職員・従業員」の割合は次のとおりである。

	男性（％）	女性（％）	女性－男性（％）
15－24歳	$42 \div 180 \times 100 = 23.3$	$55 \div 177 \times 100 = 31.1$	$31.1 - 23.3 = 7.8$
25－34歳	$89 \div 582 \times 100 = 15.3$	$185 \div 476 \times 100 = 38.9$	$38.9 - 15.3 = 23.6$
35－44歳	$66 \div 718 \times 100 = 9.2$	$306 \div 583 \times 100 = 52.5$	$52.5 - 9.2 = 43.3$
45－54歳	$59 \div 675 \times 100 = 8.7$	$354 \div 604 \times 100 = 58.6$	$58.6 - 8.7 = 49.9$
55－64歳	$149 \div 491 \times 100 = 30.3$	$273 \div 404 \times 100 = 67.6$	$67.6 - 30.3 = 37.3$
65歳以上	$170 \div 238 \times 100 = 71.4$	$146 \div 187 \times 100 = 78.1$	$78.1 - 71.4 = 6.7$

したがって，どの年齢階級においても男性より女性の方が「非正規の職員・従業員」の割合は大きいので正しい。

Ⅲ：正しい。Ⅱの表より，割合の差の絶対値が最も大きいのは「45－54歳」となるので正しい。

以上から，正しい記述はⅡとⅢのみであるので，正解は④である。

問11

〔1〕 **20** .... 正解 ③

場合の数に基づいて確率を計算する問題である。

ある1人の生徒が3月生まれでない確率は$\frac{334}{365}$である。16人のクラスメイトの誕生日はそれぞれ独立と考えられるから，このクラスに3月生まれがいない確率は，$\left(\frac{334}{365}\right)^{16} \fallingdotseq 0.24$である。

よって，正解は③である。

〔2〕 **21** .... 正解 ⑤

余事象に基づいて確率を計算する問題である。

「このクラスで誕生日が同一のペアが存在する」という事象の余事象は「このクラスで誕生日が同一のペアが存在しない」という事象である。この余事象の確率は，$1 \times \frac{364}{365} \times \frac{363}{365} \times \cdots \times \frac{351}{365} \times \frac{350}{365}$である。したがって，このクラスで誕生日が同一のペアが存在する確率は，$1 - \frac{364}{365} \times \frac{363}{365} \times \cdots \times \frac{351}{365} \times \frac{350}{365}$となる。

よって，正解は⑤である。

問12

22 .... 正解 ③

与えられた状況から確率を計算する問題である。

与えられた操作の結果として得られる数字は，
・コインが表であったときは $\{2,\ 4,\ 6,\ 8,\ 10,\ 12\}$ の6通り
・コインが裏であったときは $\{3,\ 5,\ 7,\ 9,\ 11,\ 13\}$ の6通り
で合計12通りであり，これらの数字は等確率で得られる。これらの数字の中で素数は $\{2,\ 3,\ 5,\ 7,\ 11,\ 13\}$ の6通りであるから，求める確率は$\frac{6}{12} = \frac{1}{2}$である。

よって，正解は③である。

問13

〔1〕 **23** .... 正解 ②

与えられたデータから，情報を適切に読み取る問題である。

① ：誤り。通勤・通学時間の平均値が29.32分であるのに，縦軸にも横軸にも該当
する範囲がないので誤り。

② ：正しい。睡眠と通勤・通学時間の共分散が負の値であり，睡眠と通勤・通学時
間それぞれの平均値と標準偏差から散布図の横軸を睡眠時間，縦軸を通勤・通
学時間とみればこのグラフは正しい。

③ ：誤り。①と同様に通勤・通学時間の平均値が縦軸にも横軸にも該当する範囲が
ないので誤り。

④ ：誤り。睡眠時間の平均値が463.43分であるが，縦軸にも横軸にも該当する範囲
がないので誤り。

　　よって，正解は②である。

〔2〕 **24** ·· **正解** ④

変数変換をした際の相関係数の変化に関する問題である。

Ⅰ：正しい。「分」から「時間」への変換は，$\dfrac{1}{60}$倍することである。相関係数は両
　　方（または片方）の変数を正の定数倍しても変わらないから正しい。

Ⅱ：誤り。問題文の変換を行うと，全都道府県の睡眠時間の平均値から各都道府県
　　の睡眠時間を引いているので，各都道府県の睡眠時間の係数が負となり，相関
　　係数の正負が逆転してしまうので誤り。

Ⅲ：正しい。一般に，2変数 x と y を標準化（平均値＝0，分散＝1）した変数を
　　$\tilde{x}$，$\tilde{y}$ とし，それらの実現値を，それぞれ，$\tilde{x_i}=\dfrac{x_i-\bar{x}}{s_x}$，$\tilde{y_i}=\dfrac{y_i-\bar{y}}{s_y}$（$i=1,2,\cdots,$
　　n）と表す。ここで $\bar{x}$，$\bar{y}$ と s_x，s_y はそれぞれ x と y の平均値および標準偏差
　　である。このとき，$\tilde{x}$ と $\tilde{y}$ の相関係数は次のようになる。

$$\frac{1}{n}\sum_{i=1}^{n}\left(\frac{x_i-\bar{x}}{s_x}\right)\left(\frac{y_i-\bar{y}}{s_y}\right)=\frac{s_{xy}}{s_x s_y}$$

ここで，s_{xy} は2変数の共分散である。これは，x と y の相関係数と一致するので
正しい。

　　以上から，正しい記述はⅠとⅢのみなので，正解は④である。

〔3〕 **25** ·· **正解** ②

与えられたデータから，情報を適切に読み取る問題である。

Ⅰ：正しい。相関係数の絶対値が一番大きい行動は通勤・通学であるから正しい。

Ⅱ：正しい。睡眠と休養・くつろぎには正の相関があるから正しい。

Ⅲ：誤り。負の相関関係があることはいえるが，たとえ強い相関関係があっても因
　　果関係が必ずあるとはいえない。したがって，「睡眠時間が少ないことは，学
　　習・自己啓発・訓練（学業以外）の時間が多いことが原因と考えられる」とい

う因果関係はいえないので誤り。

以上から，正しい記述はⅠとⅡのみなので，正解は②である。

問14

〔1〕　**26**　·· 　**正解** ②

与えられたグラフから，情報を適切に読み取る問題である。

Ⅰ：誤り。たとえば，2018年11月は65万人を下回っているので誤り。

Ⅱ：正しい。●に着目すると毎年3月の利用者数が一番大きな値を示しているので正しい。

Ⅲ：誤り。2018年のみ10月の利用者数がその年で一番少ないので誤り。

以上から，正しい記述はⅡのみなので，正解は②である。

〔2〕　**27**　·· 　**正解** ①

与えられたグラフから，情報を適切に読み取る問題である。

2015年1月の利用者数は約99万人，2016年1月の利用者数は約95万人と読み取れるので，2016年1月の対前年同月比はおよそ$95/99 \times 100 \fallingdotseq 96$〔%〕であると読み取ることができる。

①：正しい。2016年1月の対前年同月比が正しくプロットされており，他の部分も正しくプロットされているから正しい。

②：誤り。2016年1月の値が正しくプロットされていないので誤り。

③：誤り。②と同様に2016年1月の値が正しくプロットされていないので誤り。

④：誤り。②と同様に2016年1月の値が正しくプロットされていないので誤り。

よって，正解は①である。

〔3〕　**28**　·· 　**正解** ②

幾何平均を計算する問題である。

幾何平均は，$\sqrt[3]{0.9292 \times 1.0455 \times 0.9613} = \sqrt[3]{0.93388} = 0.9775$である。

よって，正解は②である。

（参考）3乗根を求めるのではなく，選択肢の数値を3乗し，0.93388に近い値が正解である。②を3乗すると0.93401となり，0.93388に最も近い値になる。また，①は0.93388の2乗根，③は算術平均，④は4乗根，⑤は1以上なので不正解である。

統計検定　3級

問15

29 .... **正解** ①および⑤

適切な調査方法について問う問題である。

Ⅰ：下記（参考）を参照。

Ⅱ：誤り。全数名簿がなくとも標本抽出は行えるので誤り。

Ⅲ：誤り。時間的，経済的理由から全数調査を実施することが望ましいとはいえない場合もあるので誤り。

以上から，Ⅱ，Ⅲの記述は誤りである。正解は①および⑤とした。

（参考）母集団から何らかの興味ある値を知りたいとき，母集団が持つその値を真値といい，その値を求めるために母集団から得たデータを用いた結果の値を推定値という。真値と推定値の差を誤差という。

誤差は標本誤差と非標本誤差とに大きく分けることができる。標本誤差とは，標本調査から求められた値と真値との違いであり，標本の大きさが大きくなればこの誤差は小さくなる。つまり，理論上は全数調査では標本誤差はないため「Ⅰは正しい」となる。非標本誤差は，調査を拒否することや入力ミスなどで起こる誤差をいい，標本調査であっても全数調査であっても起こりうる誤差であるため「Ⅰは誤り」となる。このように本問は標本誤差と非標本誤差を明記しなかったことから，Ⅰの記述は「正しい」「誤り」のどちらでも正解とした。。

問16

30 .... **正解** ①

無作為標本抽出の方法を問う問題である。無作為抽出とは母集団に属するどの個体も選ばれる機会が同じということである。

①：正しい。選択肢に記載してある方法を用いれば，無作為抽出を行うことができるので正しい。

②：誤り。五十音順で並んでいる対象から，10番ごとという規則に従って抽出することになるため無作為抽出にならないので誤り。

③：誤り。五十音順で並んでいる対象から，最初の50名のみを対象とするため無作為抽出にならないので誤り。

④：誤り。希望する人のみを対象とし，かつ先着50名のみを対象とするため無作為抽出にならないので誤り。

⑤：誤り。各グループの中から希望者1名を対象とするため無作為抽出にならないので誤り。

よって，正解は①である。

PART 4

3級
2018年11月
問題／解説

2018年11月に実施された
統計検定3級で実際に出題された問題文を掲載します。
問題の趣旨やその考え方を理解できるように、
正解番号だけでなく解説を加えました。

問題········ 75
正解一覧········100
解説········101

統計検定　3級

問1　気象庁では毎年1月1日以降，最も早く発生した台風を第1号とし，以後台風の発生順に番号をつけている。また，台風番号とは，上2桁が西暦年の下2桁，下2桁がその年の台風として発生した順を示している。たとえば，2018年に発生した台風3号の台風番号は「1803」となる。台風に関する次の文中の (A)，(B)，(C) について，量的変数には○，質的変数には×をつけるとき，その組合せとして，下の①〜⑤のうちから最も適切なものを一つ選べ。　 **1**

よしこ：去年（2017年）はいくつの台風が日本に上陸したか知ってる？

やすお：たしか全部で(A) 4つだったかな。その中でも10月に上陸した台風番号(B)1721の台風が，1951年以降で3番目に上陸日時が遅い台風なんだって。

よしこ：その台風なら私も覚えてるわ。気象庁の記録では超大型の強い台風で，上陸時の中心気圧は(C)950hPaだったようね。

---

①　A：×，B：○，C：○　　　②　A：○，B：×，C：○
③　A：○，B：○，C：×　　　④　A：×，B：×，C：○
⑤　A：×，B：×，C：×

問2　袋の中に赤色のボールが7個，白色のボールが3個入っている。Aさんが1個のボールを取り出した後でボールは戻さずに，Bさんが1個のボールを取り出した。このとき，AさんとBさんの取り出したボールの色が同じになる確率はいくらか。次の①〜⑤のうちから適切なものを一つ選べ。　 **2**

①　$\dfrac{49}{100}$　　②　$\dfrac{29}{50}$　　③　$\dfrac{79}{100}$　　④　$\dfrac{7}{15}$　　⑤　$\dfrac{8}{15}$

問3　1から6の目が同じ確率で出るサイコロがある。このサイコロを5回投げたときに，6の目がちょうど3回出る確率はいくらか。次の①〜⑤のうちから最も適切なものを一つ選べ。　 **3**

①　0.003　　②　0.010　　③　0.016　　④　0.032　　⑤　0.161

問4　次のA〜Cのグラフは，総務省が発行している家計消費状況調査通信に掲載されたグラフである。

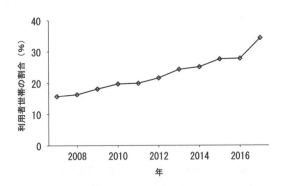

A．ネットショッピングの利用世帯の割合の推移（二人以上の世帯，2007〜2017年）

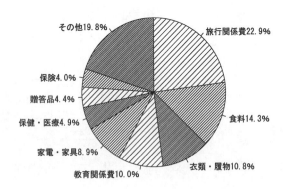

B．ネットショッピングの支出額に占める主な項目の支出割合
（二人以上の世帯，2017年）

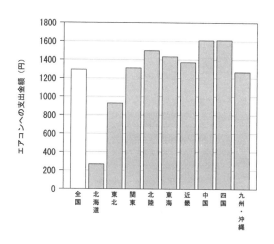

C．地方別に見た1世帯当たり1か月間のエアコンへの支出金額
（二人以上の世帯，2013～2015年平均）

資料：総務省「家計消費状況調査」

A，B，Cの各グラフから読み取れることとして，次のⅠ～Ⅲの記述を考えた。

> Ⅰ．Aから，二人以上の世帯のうちネットショッピングの利用世帯の割合が年々増えていることがわかる。つまり，実際の店舗でショッピングをする人は年々減っていることが読み取れる。
>
> Ⅱ．Bから，二人以上の世帯のうちネットショッピングを利用する世帯の中で，旅行関係費が最も多い世帯の割合は約23％であることが読み取れる。
>
> Ⅲ．Cから，二人以上の世帯のうち1世帯当たりの1か月間のエアコンへの支出金額について，北海道は他の地方に比べて最も少ないことが読み取れる。

この記述Ⅰ～Ⅲに関して，次の①～⑤のうちから最も適切なものを一つ選べ。

4

① Ⅰのみ正しい　　　② Ⅱのみ正しい
③ Ⅲのみ正しい　　　④ ⅠとⅡのみ正しい
⑤ ⅠとⅢのみ正しい

問5 次のヒストグラムは，都道府県庁所在市別の二人以上の世帯における世帯主の平均年齢（歳）の分布を表している。なお東京都区部は59.8歳，千葉市は63.5歳，さいたま市は59.9歳，横浜市は60.5歳，全国では59.6歳であった。

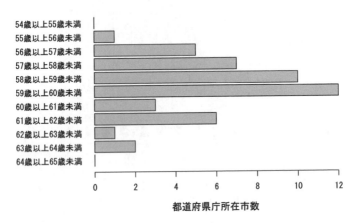

資料：総務省「2017年家計調査」

〔1〕 さいたま市の二人以上の世帯における世帯主の平均年齢が属する階級の階級値およびその相対度数はいくらか。次の①〜⑤のうちから適切なものを一つ選べ。 5

① 階級値：58.5，相対度数：0.213   ② 階級値：58.5，相対度数：0.489
③ 階級値：59.5，相対度数：0.213   ④ 階級値：59.5，相対度数：0.255
⑤ 階級値：59.5，相対度数：0.745

〔2〕 このデータにおける第1四分位数と中央値が含まれる階級の組合せとして，次の①〜⑤のうちから適切なものを一つ選べ。 6

① 第1四分位数：56歳以上57歳未満，中央値：58歳以上59歳未満
② 第1四分位数：57歳以上58歳未満，中央値：58歳以上59歳未満
③ 第1四分位数：57歳以上58歳未満，中央値：59歳以上60歳未満
④ 第1四分位数：58歳以上59歳未満，中央値：59歳以上60歳未満
⑤ 第1四分位数：58歳以上59歳未満，中央値：60歳以上61歳未満

統計検定　3級

〔3〕　このデータから読み取れることとして，次のⅠ～Ⅲの記述を考えた。

> Ⅰ．二人以上の世帯における世帯主の平均年齢が60歳未満である都道府県庁所在市は，約75％ある。
>
> Ⅱ．首都圏の一都三県（東京都，千葉県，埼玉県，神奈川県）の二人以上の世帯における世帯主の平均年齢は，60.9歳である。
>
> Ⅲ．二人以上の世帯における世帯主の平均年齢が60歳以上の都道府県庁所在市の中では，千葉市が最も世帯主の総数が多い。

この記述Ⅰ～Ⅲに関して，次の①～⑤のうちから最も適切なものを一つ選べ。
| 7 |

①　Ⅰのみ正しい　　　　②　Ⅱのみ正しい
③　Ⅲのみ正しい　　　　④　ⅠとⅡのみ正しい
⑤　ⅠとⅢのみ正しい

問6　ある学年の200人に100点満点の数学の試験を行ったところ，平均点が65点，標準偏差が10点となった。この試験について次のa～cのグラフを作成したところ，はずれ値と思われる得点の生徒が1人いた。その原因を調べたところ，その生徒は試験開始早々に体調不良で早退していた。

---

a.　点数の箱ひげ図

b.　点数のヒストグラム

c.　男女比の円グラフ

これらa～cのうちはずれ値を見つけることができるグラフとして，次の①～⑤のうちから最も適切なものを一つ選べ。　| 8 |

① aのみ正しい　　　　　② bのみ正しい
③ aとbのみ正しい　　　④ bとcのみ正しい
⑤ aとbとcはすべて正しい

統計検定　3級

問7　ある工場で製造された製品21個の長さを計測したデータがあり，その中の１つの値が他のものと明らかに異なるはずれ値であることがわかった。

〔1〕　はずれ値を含むデータについて，次のⅠ～Ⅲの記述を考えた。

> Ⅰ．データの中にはずれ値があった場合，分析結果に影響を与えてしまうので，はずれ値になる計測値は必ずデータから取り除く必要がある。
>
> Ⅱ．はずれ値の存在はデータの平均値の値に強い影響を与えてしまうことがあるため，平均値と中央値を比べるとその差が大きくなることがある。
>
> Ⅲ．四分位範囲ははずれ値によって強い影響を受けてしまうため，はずれ値が存在するデータでは範囲を用いてデータの散らばりを評価すべきである。

この記述Ⅰ～Ⅲに関して，次の①～⑤のうちから最も適切なものを一つ選べ。
9

① Ⅰのみ正しい　　　　　　② Ⅱのみ正しい
③ Ⅲのみ正しい　　　　　　④ ⅠとⅢのみ正しい
⑤ ⅠとⅡとⅢはすべて誤り

〔2〕　はずれ値を含むデータの平均値は5.00，分散は1.00であったが，このはずれ値は計測ミスによって発生したものであることが確認された。そこではずれ値を除外して平均値を求めると，その値は4.80であった。このとき，はずれ値を除外する前に比べて，はずれ値を除外した後での中央値と分散の変化に関する組合せとして，次の①～⑤のうちから最も適切なものを一つ選べ。**10**

① 中央値：減少しない，分散：減少する
② 中央値：増加しない，分散：減少する
③ 中央値：減少する，　分散：変化なし
④ 中央値：減少しない，分散：増加する
⑤ 中央値：増加しない，分散：増加する

2018年11月　問題

問8 次の表は，平成29年度の全国調査に基づく，11歳（小学6年生），14歳（中学3年生），17歳（高校3年生）の年齢別，男女別の身長，体重の平均値と標準偏差を表したものである。

		身長 (cm)		体重 (kg)	
		平均値	標準偏差	平均値	標準偏差
男	11歳	145.0	7.12	38.2	8.35
	14歳	165.3	6.68	53.9	9.83
	17歳	170.6	5.87	62.6	10.38
女	11歳	146.7	6.65	39.0	7.78
	14歳	156.5	5.34	50.0	7.45
	17歳	157.8	5.34	53.0	7.82

資料：文部科学省「学校保健統計調査（平成29年度）」

〔1〕 散らばりに関して，「11歳の男では身長と体重でどちらが散らばりが大きいか」，「女の身長の散らばりが一番大きいのは何歳か」などの問題を調べたい。これらの問題のように，単位が異なるデータや平均値が大きく異なるデータの散らばりの程度を相対的に比較するときには，「変動係数」と呼ばれる指標が用いられる。変動係数の算出の方法として，次の①〜⑤のうちから適当なものを一つ選べ。 **11**

① （標準偏差）^{2} ② 平均値＋標準偏差
③ 平均値×標準偏差 ④ 平均値÷標準偏差
⑤ 標準偏差÷平均値

統計検定　3級

〔2〕　このデータから読み取れることとして，次のⅠ～Ⅲの記述を考えた。

> Ⅰ．男の体重で，11歳と17歳を比較すると，標準偏差でも変動係数でも17歳
> の方が大きい。
>
> Ⅱ．男女とも，11歳，14歳，17歳では年齢が上がるほど身長の変動係数は小
> さくなる。
>
> Ⅲ．男女とも，体重の変動係数は身長の変動係数より大きい。

この記述Ⅰ～Ⅲに関して，次の①～⑤のうちから最も適切なものを一つ選べ。
12

① Ⅰのみ正しい　　　　　　　② Ⅱのみ正しい
③ ⅠとⅡのみ正しい　　　　　④ ⅡとⅢのみ正しい
⑤ ⅠとⅡとⅢはすべて正しい

2018年11月　問題

83

問9　次の散布図は，都道府県別の男性と女性の未婚率（25〜39歳）を示したものであり，グラフ中の○は全都道府県における男性と女性のそれぞれの未婚率の平均値，△は滋賀県における男性と女性の未婚率を示している。

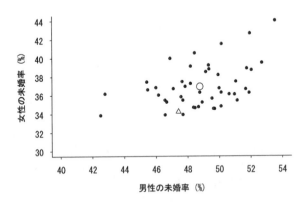

資料：総務省「平成27年国勢調査人口等基本集計」

〔1〕　滋賀県における未婚率から読み取れることとして，次の①〜⑤のうちから最も適切なものを一つ選べ。　13

① 滋賀県では，男性の未婚者よりも女性の未婚者が多い。
② 滋賀県では，今後も男性の未婚率が50%を越えることはない。
③ 滋賀県では，男性の未婚率と女性の未婚率の差は10%である。
④ 滋賀県では，男性，女性とも未婚率が全国平均よりも高い。
⑤ 滋賀県では，男性の未婚率よりも女性の未婚率が低い。

統計検定　3級

〔2〕　この図から読み取れることとして，次のⅠ～Ⅲの記述を考えた。

Ⅰ．すべての都道府県において，女性の未婚率は男性の未婚率より低い。

Ⅱ．未婚率が高い都道府県は人口の多い都道府県である。

Ⅲ．全都道府県のうち約半数では，男性の未婚率が50％より高い。

この記述Ⅰ～Ⅲに関して，次の①～⑤のうちから最も適切なものを一つ選べ。
　14

① 　Ⅰのみ正しい　　　② 　Ⅱのみ正しい
③ 　Ⅲのみ正しい　　　④ 　ⅠとⅡのみ正しい
⑤ 　ⅠとⅢのみ正しい

2018年11月　問題

問10 次の散布図は，プロ野球の広島東洋カープの2001年から2017年の年ごとの「チーム打率（以下，打率）とチーム防御率（以下，防御率）」を表したものである。

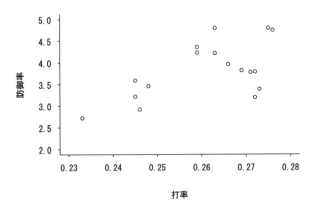

資料：一般社団法人日本野球機構「広島東洋カープ年度別成績」

〔1〕 上の散布図から読み取れることとして，次のⅠ～Ⅲの記述を考えた。

> Ⅰ．打率が高い年は，防御率も高い傾向にある。
>
> Ⅱ．年々，打率と防御率が高くなっている。
>
> Ⅲ．打率が一番高い年は，防御率も一番高い。

この記述Ⅰ～Ⅲに関して，次の①～⑤のうちから最も適切なものを一つ選べ。
| 15 |

① Ⅰのみ正しい　　　　② Ⅱのみ正しい
③ Ⅲのみ正しい　　　　④ ⅠとⅡのみ正しい
⑤ ⅠとⅡとⅢはすべて正しい

〔2〕 次の3つの折れ線グラフは，広島東洋カープの毎年の状況をさらに考察するために，2001年から2017年の年ごとの打率，防御率，勝率をそれぞれ表したものである。

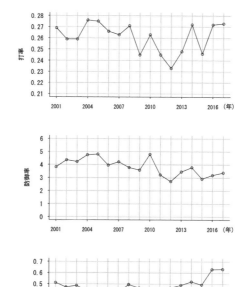

これらの折れ線グラフから読み取れることとして，次のⅠ～Ⅲの記述を考えた。

Ⅰ．防御率が一番低い年は，勝率が一番高い。

Ⅱ．勝率が一番高い年は，打率も一番高い。

Ⅲ．防御率が前年に比べて低くなると，勝率が前年に比べて高くなる。

この記述Ⅰ～Ⅲに関して，次の①～⑤のうちから最も適切なものを一つ選べ。
16

① Ⅰのみ正しい　　　　② Ⅱのみ正しい
③ Ⅲのみ正しい　　　　④ ⅠとⅡのみ正しい
⑤ ⅠとⅡとⅢはすべて誤り

問11 次の表は，情報通信メディアに関するアンケート調査において「スマートフォンでメールを見たり送ったりする」という設問に対する回答を所得別に集計したものである。

所得	している	していない	合計
200万円未満	91	73	164
200万〜400万円未満	236	150	386
400万〜600万円未満	279	91	370
600万〜800万円未満	204	62	266
800万〜1,000万円未満	96	27	123
1,000万円以上	78	22	100
合計	984	425	1,409

資料：総務省「平成28年情報通信メディアの利用時間と情報行動に関する調査」

この表から読み取れることとして，次のⅠ〜Ⅲの記述を考えた。

> Ⅰ．すべての所得層において，「している」と回答した人の割合は，50%以上である。
>
> Ⅱ．「している」と回答した人の割合は，所得の増加にともなって増加する向がある。
>
> Ⅲ．所得が多いことが，スマートフォン利用を促す原因となっている。

この記述Ⅰ〜Ⅲに関して，次の①〜⑤のうちから最も適切なものを一つ選べ。
17

① Ⅰのみ正しい   ② Ⅱのみ正しい

③ Ⅲのみ正しい   ④ ⅠとⅡのみ正しい

⑤ ⅠとⅢのみ正しい

統計検定　3級

問12　次の表は，20歳以上の日本在住者を対象として，「インターネット上では入手できない情報がある」という主張に対する意見を就業状況別に集計したものである。

	そう思う	そう思わない	わからない	合計
被雇用者（パート含む）	1,658	535	142	2,335
雇用主・自営業	354	80	41	475
無職	289	121	59	469
退職者	368	142	34	544
家事専業	671	299	122	1,092
生徒・学生	68	13	4	85
合計	3,408	1,190	402	5,000

資料：国立国会図書館
「図書館利用者の情報行動の傾向及び図書館に関する意識調査（2015年）」

また，次の表はこの集計結果について行和に対する割合を示したものである。

	そう思う	そう思わない	わからない	合計
被雇用者（パート含む）	71.0 %	22.9 %	6.1 %	100.0 %
雇用主・自営業	74.5 %	16.8 %	8.6 %	100.0 %
無職	61.6 %	25.8 %	12.6 %	100.0 %
退職者	67.6 %	26.1 %	6.3 %	100.0 %
家事専業	61.4 %	27.4 %	11.2 %	100.0 %
生徒・学生	80.0 %	15.3 %	4.7 %	100.0 %

これらの表から読み取れることとして，次のⅠ～Ⅲの記述を考えた。

> Ⅰ．「そう思わない」と答えた割合は，無職の人が最も大きい。
>
> Ⅱ．被雇用者（パート含む）では，「そう思う」と答えた人数は「そう思わない」と答えた人数の3.10倍なのに対し，雇用主・自営業では4.43倍と大きいので，雇用主・自営業の方が被雇用者（パート含む）よりも「そう思う」傾向が強いと考えられる。
>
> Ⅲ．「そう思う」と回答した割合が最も大きい就業状況は生徒・学生であるが，回答した生徒・学生の人数は少ないので，20歳以上の日本在住者すべてに質問をした場合でも生徒・学生が「そう思う」と回答する割合が一番大きいかどうかは判断を保留する必要がある。

この記述Ⅰ～Ⅲに関して，次の①～⑤のうちから最も適切なものを一つ選べ。

　18

① Ⅰのみ正しい　　　　② Ⅱのみ正しい
③ Ⅲのみ正しい　　　　④ ⅠとⅡのみ正しい
⑤ ⅡとⅢのみ正しい

問13 2つの変数 x, y について次のデータが得られた。

x	0	0	1	1	2	2
y	3	6	1	4	2	5

〔1〕 x と y の相関係数はいくらか。次の①〜⑤のうちから最も適切なものを一つ選べ。　**19**

① 0.85　　② 0.34　　③ 0.11　　④ -0.24　　⑤ -0.79

〔2〕 x および y の出現頻度に関して，次のⅠ〜Ⅲの記述を考えた。

Ⅰ．x の値は 0，1，2 が同じ頻度で出現した。

Ⅱ．y の値は 1，2，3 が 4，5，6 の 2 倍の頻度で出現した。

Ⅲ．x が 1 であったとき，y の値は 1 のみ出現した。

この記述Ⅰ〜Ⅲに関して，次の①〜⑤のうちから最も適切なものを一つ選べ。
20

① Ⅰのみ正しい　　　　　　　　② Ⅱのみ正しい
③ Ⅲのみ正しい　　　　　　　　④ ⅠとⅡのみ正しい
⑤ ⅠとⅡとⅢはすべて正しい

問14 ある中学校で，数学と理科の試験を行ったところ，数学と理科の得点の相関係数は0.24であった。各生徒の得点をそれぞれ 2 倍したとき，数学と理科の得点の相関係数は0.24の何倍になるか。次の①〜⑤のうちから適切なものを一つ選べ。　**21**

① $1/\sqrt{2}$　　② $\sqrt{2}$　　③ 1　　④ 2　　⑤ 4

問15 次の散布図は,あるクラスの数学と理科のテストの11人分の得点を表したものである。なお,得点はすべて整数である。

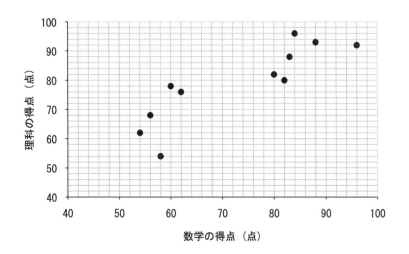

上のグラフから読み取れることとして,次の①〜⑤のうちから最も適切なものを一つ選べ。 22

① 数学と理科の得点の中央値は等しく,両科目の得点の範囲も等しい。また,両科目の得点間には正の相関がある。
② 数学と理科の得点の中央値は等しく,両科目の得点の範囲も等しい。また,両科目の得点間には負の相関がある。
③ 数学と理科の得点の平均値は等しく,両科目の得点の範囲も等しい。また,両科目の得点間には正の相関がある。
④ 数学と理科の得点の平均値は等しく,両科目の得点の範囲も等しい。また,両科目の得点間には負の相関がある。
⑤ 数学と理科の得点の中央値は等しく,両科目の得点の平均値も等しい。また,両科目の得点間には正の相関がある。

問16 次の表A，Bは，日本海側の金沢（石川県）と太平洋側の静岡（静岡県）の気候の違いを考察するために，2017年の月ごとの合計降水量（mm）と日平均気温の平均値（℃）について調べたものである。

表A：金沢

	1月	2月	3月	4月	5月	6月
合計降水量（mm）	240.5	154.0	98.5	136.0	52.0	85.0
日平均気温の平均値（℃）	4.5	4.4	7.2	13.6	18.9	20.3

	7月	8月	9月	10月	11月	12月
合計降水量（mm）	526.5	297.0	217.5	286.0	246.0	364.0
日平均気温の平均値（℃）	27.2	27.3	22.4	17.1	10.9	5.6

表B：静岡

	1月	2月	3月	4月	5月	6月
合計降水量（mm）	48.5	107.0	96.5	278.0	91.5	272.0
日平均気温の平均値（℃）	7.2	7.8	9.3	15.2	20.0	22.0

	7月	8月	9月	10月	11月	12月
合計降水量（mm）	272.5	61.5	237.5	563.5	49.5	30.0
日平均気温の平均値（℃）	27.5	27.8	24.1	19.1	13.9	7.7

資料：気象庁「過去の気象データ」

〔1〕 金沢と静岡の1月から12月までの降水量を表した箱ひげ図として，次の①〜④のうちから最も適切なものを一つ選べ。 23

①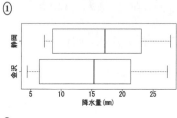

②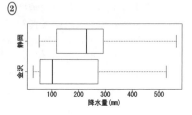

③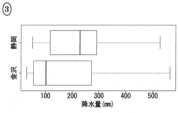

④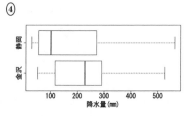

〔2〕 金沢の月ごとの記録を散布図に表し，月の順番（1月→2月→…→11月→12月→1月）に線で結んだ図として，次の①〜④のうちから最も適切なものを一つ選べ。24

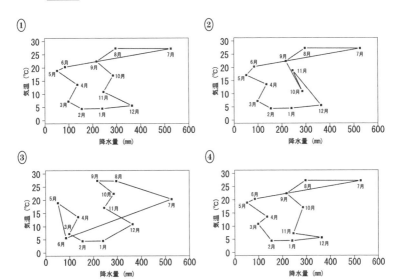

〔3〕 次の図は，金沢と静岡の降水量の散布図と気温の散布図である。

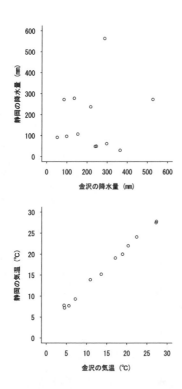

これらの散布図から読み取れることとして，次のⅠ～Ⅲの記述を考えた。

> Ⅰ．金沢の降水量と静岡の降水量の間には，強い相関があるとはいえない。
>
> Ⅱ．金沢の気温と静岡の気温の間には，強い正の相関がある。
>
> Ⅲ．金沢の気温が上がることによって，静岡の気温も上がる。

この記述Ⅰ～Ⅲに関して，次の①～⑤のうちから最も適切なものを一つ選べ。
| 25 |

① Ⅰのみ正しい　　　② Ⅱのみ正しい
③ Ⅲのみ正しい　　　④ ⅠとⅡのみ正しい
⑤ ⅠとⅢのみ正しい

統計検定　3級

問17　標準体重（kg）を

標準体重=0.6×身長-40

と定める。ここで身長の単位は cm とする。高校のあるクラスの男子生徒の身長を測ったところ，平均値は170cm，標準偏差は 6 cm であった。また，中央値は168cm であった。このクラスの各男子生徒の標準体重を上の式から算出したとき，このクラスにおける身長と算出された標準体重について，次の I ～ III の記述を考えた。

I．標準体重（kg）の平均値は身長（cm）の平均値の0.6倍になる。

II．標準体重（kg）の標準偏差は身長（cm）の標準偏差の0.6倍になる。

III．標準体重（kg）の中央値は身長（cm）の中央値の0.6倍になる。

この記述 I ～ III に関して，次の①～⑤のうちから最も適切なものを一つ選べ。

26

① I のみ正しい　　　　② II のみ正しい

③ III のみ正しい　　　④ I と II のみ正しい

⑤ II と III のみ正しい

2018年11月 問題

問18 次の図は，2012年4月から2018年3月までの月別携帯電話国内出荷台数（単位：千台）のグラフである。黒丸は携帯電話全体，白丸はそのうちのスマートフォンの出荷台数である。

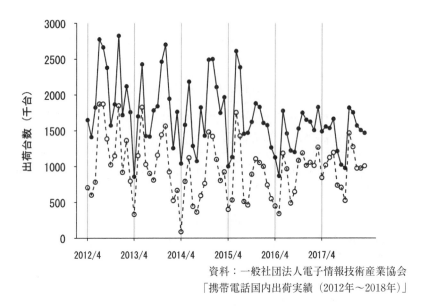

資料：一般社団法人電子情報技術産業協会
「携帯電話国内出荷実績（2012年〜2018年）」

〔1〕 この図から読み取れることとして，次のⅠ〜Ⅲの記述を考えた。

> Ⅰ．携帯電話全体とスマートフォンの出荷台数の挙動が似ているのは，スマートフォンを買う人がスマートフォンでない携帯電話も合わせて買うからである。
>
> Ⅱ．スマートフォンの折れ線が携帯電話全体の折れ線よりも上にあることはない。
>
> Ⅲ．2013年以降，4月は前月に比べて出荷台数が下がる傾向がある。

この記述Ⅰ〜Ⅲに関して，次の①〜⑤のうちから最も適切なものを一つ選べ。
27

① Ⅰのみ正しい　　② Ⅱのみ正しい
③ Ⅲのみ正しい　　④ ⅠとⅡのみ正しい
⑤ ⅡとⅢのみ正しい

〔2〕 次の折れ線グラフは，携帯電話国内出荷台数のうちスマートフォンの占める割合を示したグラフである。

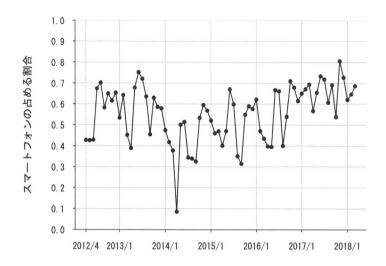

上の図から読み取れることとして，次のⅠ～Ⅲの記述を考えた。

> Ⅰ．スマートフォンの占める割合は，2017年1月以降は0.5を下回っていない。
>
> Ⅱ．スマートフォンの占める割合が，2015年1月頃から上昇傾向にあるのは，中高生のスマートフォン所有率が上昇したためである。
>
> Ⅲ．スマートフォンの占める割合は，一度0.1を下回った以外は，すべて0.4よりも大きい。

この記述Ⅰ～Ⅲに関して，次の①～⑤のうちから最も適切なものを一つ選べ。
28

① Ⅰのみ正しい　　　　　② Ⅱのみ正しい
③ Ⅲのみ正しい　　　　　④ ⅠとⅡのみ正しい
⑤ ⅠとⅡとⅢはすべて正しい

問19 ある高校において，直近のテストにおける成績と家庭学習の時間との関係を調べるために，家庭での学習時間に関するアンケート調査を行うこととした。

〔1〕 調査の方法について，次のⅠ～Ⅲの記述を考えた。

> Ⅰ．この高校の生徒の成績と家庭学習時間の関係性を検討するには，必ず生徒全員を調査しなければならない。
>
> Ⅱ．生徒を学習時間の短いグループと長いグループの2群に分けて調査を実施すべきである。
>
> Ⅲ．この調査は実験研究ではない。

この記述Ⅰ～Ⅲに関して，次の①～⑤のうちから最も適切なものを一つ選べ。
29

① Ⅰのみ正しい   ② Ⅱのみ正しい
③ Ⅲのみ正しい   ④ ⅠとⅡとⅢはすべて正しい
⑤ ⅠとⅡとⅢはすべて誤り

〔2〕 標本抽出方法について，次のⅠ～Ⅲの記述を考えた。

> Ⅰ．調査協力希望者の中からランダムに対象を選ぶ必要がある。
>
> Ⅱ．2年生のみを対象とすれば十分である。
>
> Ⅲ．学校全体からの単純無作為抽出では，各学年から同数の対象が選ばれる。

この記述Ⅰ～Ⅲに関して，次の①～⑤のうちから最も適切なものを一つ選べ。
30

① Ⅰのみ正しい   ② Ⅱのみ正しい
③ Ⅲのみ正しい   ④ ⅠとⅡとⅢはすべて正しい
⑤ ⅠとⅡとⅢはすべて誤り

統計検定　3級

2018年11月

問題

99

統計検定3級　2018年11月　正解一覧

次ページ以降に解説を掲載しています。問題の趣旨やその考え方を理解するために活用してください。

問		解答番号	正解
問1		1	②
問2		2	⑤
問3		3	④
問4		4	③
問5	〔1〕	5	④
	〔2〕	6	③
	〔3〕	7	①
問6		8	③
問7	〔1〕	9	②
	〔2〕	10	②
問8	〔1〕	11	⑤
	〔2〕	12	④
問9	〔1〕	13	⑤
	〔2〕	14	①
問10	〔1〕	15	①
	〔2〕	16	⑤

問		解答番号	正解
問11		17	④
問12		18	⑤
問13	〔1〕	19	④
	〔2〕	20	①
問14		21	③
問15		22	①
問16	〔1〕	23	④
	〔2〕	24	①
	〔3〕	25	④
問17		26	②
問18	〔1〕	27	⑤
	〔2〕	28	①
問19	〔1〕	29	③
	〔2〕	30	⑤

統計検定　3級

問1

1 ・・ **正解** ②

与えられた変数について量的変数か質的変数かを問う問題である。

A：2017年に発生した台風の個数（数量）なので，量的変数である。

B：4桁の数字であるが，固有の台風を識別する指標なので，質的変数である。

C：気圧は大気の圧力の強さを表す量なので，量的変数である。

　以上から，AとCが量的変数（○）であり，Bが質的変数（×）なので，正解は②である。

問2

2 ・・ **正解** ⑤

場合の数に基づいて確率を計算する問題である。

　Aさんが1個のボールを取り出した後でボールを戻さずに，Bさんが1個のボールを取り出す場合の数は，$10 \times 9 = 90$〔通り〕である。AさんとBさんの取り出したボールの色がともに赤色となる場合の数は，$7 \times 6 = 42$〔通り〕で，ともに白色となる場合の数は$3 \times 2 = 6$〔通り〕であるので，AさんとBさんの取り出したボールの色が同じになる確率は，$\dfrac{42+6}{90} = \dfrac{48}{90} = \dfrac{8}{15}$である。

　よって，正解は⑤である。

（別解）　Aさんが赤色のボールを取り出した後でボールを戻さずに，Bさんが赤色のボールを取り出す確率は$\dfrac{7}{10} \times \dfrac{6}{9}$である。また，Aさんが白色のボールを取り出した後でボールを戻さずに，Bさんが白色のボールを取り出す確率は$\dfrac{3}{10} \times \dfrac{2}{9}$である。

これらの和を求めると，$\dfrac{42+6}{90} = \dfrac{48}{90} = \dfrac{8}{15}$となる。

101

問3

3 .... **正解** ④

反復試行の確率を計算する問題である。

サイコロを5回投げたときに，6の目がちょうど3回出る確率は，

$$_5C_3 \times \left(\frac{1}{6}\right)^3 \times \left(\frac{5}{6}\right)^2 = \frac{5 \times 4 \times 3}{3 \times 2 \times 1} \times \frac{1}{6^3} \times \frac{5^2}{6^2} = \frac{5^3}{6^4 \times 3} \fallingdotseq 0.032$$

である。

よって，正解は④である。

問4

4 .... **正解** ③

与えられたグラフから情報を適切に読み取る問題である。

Ⅰ：誤り。Aのグラフから，二人以上の世帯のうちネットショッピングの利用世帯の割合が年々増えていることはわかるが，実際の店舗でショッピングをする人が年々減っているかどうかはこのグラフからわからないので誤り。

Ⅱ：誤り。Bのグラフでは，二人以上の世帯についてネットショッピングの総支出額に占める旅行関係費が約23％であることはわかるが，旅行関係費の支出が最も多い世帯の割合についてはこのグラフからわからないので誤り。

Ⅲ：正しい。Cのグラフから，二人以上の世帯のうち1世帯当たりの1か月間のエアコンへの支出金額について，北海道以外の各地域の支出金額は800円を超えているが，北海道の支出金額は300円を下回っており最も少ないので正しい。

以上から，正しい記述はⅢのみなので，正解は③である。

問5

〔1〕 **5** .... **正解** ④

与えられたデータの属する階級の階級値とその相対度数を問う問題である。

さいたま市の二人以上の世帯における世帯主の平均年齢は59.9歳なので，さいたま市が属する階級は59歳以上60歳未満であり，その階級値は階級の下限と上限の中点の59.5歳である。

また，この階級の度数は12であり，総数は47なので，その相対度数は$\frac{12}{47} \fallingdotseq 0.255$である。

よって，正解は④である。

102

統計検定　3級

〔2〕　**6**　··· 正解 ③

　与えられたヒストグラムから第1四分位数および中央値を読み取る問題である。
　47都道府県庁所在市のデータであることから，中央値は小さい方から24番目である。この場合，中央値の扱いによって第1四分位数の求め方は，
・「中央値を含めない小さい方の観測値の中央値」
・「中央値を含む小さい方の観測値の中央値」
の2通りであり，前者であれば12番目，後者であれば12番目と13番目の平均である。どちらの場合でも第1四分位数は57歳以上58歳未満の階級に含まれる。
　また，中央値については，59歳以上60歳未満の階級値に含まれる。
　よって，正解は③である。

〔3〕　**7**　··· 正解 ①

　与えられたヒストグラムから情報を適切に読み取る問題である。
Ⅰ：正しい。二人以上の世帯における世帯主の平均年齢が60歳未満である都道府県庁所在市は35市であり，その割合は$\frac{35}{47} \times 100 \fallingdotseq 74.5$%であるので正しい。
Ⅱ：誤り。首都圏の一都三県（東京都，千葉県，埼玉県，神奈川県）のうち，東京都区部，千葉市，さいたま市，横浜市それぞれの二人以上の世帯における世帯主の平均年齢しかわからず，それ以外の市の平均年齢は不明である。そのため，首都圏の一都三県全体の平均年齢はわからないので誤り。
Ⅲ：誤り。二人以上の世帯における世帯主の平均年齢が60歳以上の都道府県庁所在市の中にどの都市が含まれているかわからず，千葉市の世帯主の総数が最も多いかどうかわからないため誤り。
　以上から，正しい記述はⅠのみなので，正解は①である。

2018年11月

解説

103

問6

8 .... 正解 ③

はずれ値を見つけることができるグラフを選ぶ問題である。

a：できる。次の図のように，箱ひげ図には第1四分位数よりも四分位範囲の1.5倍以上小さいデータや，第3四分位数よりも四分位範囲の1.5倍以上大きいデータをはずれ値として表記する方法があるので，はずれ値を見つけることができる。

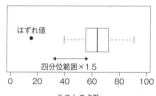

b：できる。ヒストグラムでは，他の観測値から（大きく）離れた観測値をはずれ値と考えることができるので，はずれ値を見つけることができる。

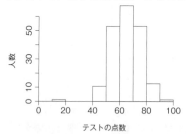

c：できない。男女比の円グラフでは男女の構成比しかわからず，テストの得点のはずれ値の情報は得られないので，はずれ値を見つけることができない。

以上から，はずれ値を見つけることができるグラフとして正しいのはaとbのみので，正解は③である。

問7

〔1〕 **9** .... 正解 ②

はずれ値の適切な取り扱い方法を問う問題である。

Ⅰ：誤り。はずれ値が発生した要因が観測ミスや記載ミスによる場合や，異なる種類のデータの混入による場合は取り除くことが好ましいが，データの特性上，はずれ値が発生しうる場合は必ずしも取り除くべきではないので誤り。

Ⅱ：正しい。極端に大きなはずれ値や極端に小さなはずれ値がある場合，データの

統計検定　3級

平均値が大きくなったり小さくなったりするが，サンプルサイズが極端に小さくなければ，中央値は最大値や最小値の影響を受けない。そのため，平均値と中央値の差が大きくなることがあるので正しい。

Ⅲ：誤り。サンプルサイズが極端に小さくなければ，四分位範囲は最大値や最小値の影響を受けない散らばりの尺度である。一方，範囲は最大値や最小値によって定まるので，はずれ値の影響を受ける散らばりの尺度である。よって，データにはずれ値が含まれる場合，散らばりの指標として範囲よりも四分位範囲の方が好ましいので誤り。

以上から，正しい記述はⅡのみなので，正解は②である。

〔2〕　**10**　……………………………………………………………… **正解** ②

はずれ値を除いた際の中央値と分散の変化に関する問題である。

製品21個の長さのデータの平均値が5.00であり，そこからはずれ値を除いた20個の長さのデータの平均値が4.80に減少するので，そのはずれ値は5.00より大きい最大値である。実際に，もとの21個の総和が$5.00 \times 21 = 105$，はずれ値以外の20個の総和が$4.80 \times 20 = 96$なので，はずれ値の値は9である。

はずれ値を含むデータは21個の観測値があるので，中央値は小さい方から11番目の値であり，はずれ値を含まないデータは20個の観測値となるので，中央値は小さい方から10番目と11番目の平均値である。よって，はずれ値を除外することで，10番目と11番目の値が等しければ中央値は変化せず，異なっていれば減少する。つまり，中央値は「増加しない」ことがわかる。

また，平均値と分散の間には次のような関係がある。

$$分散 = \frac{観測値の2乗和}{サンプルサイズ} - 平均値の2乗$$

ここで，はずれ値を含む21個の観測値の平均値が5.00，分散が1.00なので，21個の観測値の2乗和は$(1 + 5^2) \times 21 = 546$である。はずれ値の9を除いた20個の観測値の2乗和は$546 - 9^2 = 465$となり，それらの分散は$\frac{465}{20} - 4.8^2 = 0.21$である。つまり，分散は「減少する」ことがわかる。

よって，正解は②である。

105

問8

〔1〕　**11**　　　　　　　　　　　　　　　　　　　　　　　　　　　　　　**正解** ⑤

変動係数の定義を問う問題である。

変動係数は標準偏差を平均値で割った値である。

よって，正解は⑤である。

〔2〕　**12**　　　　　　　　　　　　　　　　　　　　　　　　　　　　　　**正解** ④

与えられたデータから情報を適切に読み取る問題である。

変動係数は標準偏差÷平均値なので，男女それぞれの身長と体重の変動係数は次のとおりである。

		身長の変動係数	体重の変動係数
男	11歳	0.049	0.219
	14歳	0.040	0.182
	17歳	0.034	0.166
女	11歳	0.045	0.199
	14歳	0.0341	0.149
	17歳	0.0338	0.148

Ⅰ：誤り。男の体重における11歳と17歳の変動係数はそれぞれ0.219と0.166である。17歳の方が変動係数は小さいので誤り。

Ⅱ：正しい。男女ともに年齢が上がるほど身長の変動係数は小さくなるので正しい。

Ⅲ：正しい。変動係数を計算するまでもなく，各性別，各年齢においては身長より体重の方が標準偏差は大きく，一方，身長より体重の方が平均値は小さい。よって，変動係数の定義から，体重の方が身長より変動係数は大きい。また，実際に変動係数を計算しても，男女とも各年齢において体重の変動係数は身長の変動係数より大きいので正しい。

以上から，正しい記述はⅡとⅢのみなので，正解は④である。

問9

与えられた散布図から，情報を適切に読み取る問題である。

〔1〕　**13**　　　　　　　　　　　　　　　　　　　　　　　　　　　　　　**正解** ⑤

①：誤り。滋賀県における男女の未婚率はわかるが，滋賀県における未婚者数については男性・女性とも人口が不明なため言及できないので誤り。

106

統計検定　3級

②：誤り。将来のことに関しては与えられたグラフからは言及できないので誤り。

③：誤り。滋賀県における男性の未婚率は約47％，女性の未婚率は約34％であり，その差は10％よりも大きいので誤り。

④：誤り。滋賀県では男性の未婚率は約47％，女性の未婚率は約34％であり，ともに未婚率が全国平均（男性の未婚率は約49％，女性の未婚率は約37％）よりも低いので誤り。

⑤：正しい。滋賀県では男性の未婚率（約47％）よりも女性の未婚率（約34％）が低いので正しい。

　　よって，正解は⑤である。

〔2〕　**14**　··· **正解** ①

Ⅰ：正しい。すべての都道府県において，女性の未婚率は男性の未婚率より低いので正しい。

Ⅱ：誤り。各都道府県の人口はこの図からわからないので誤り。

Ⅲ：誤り。男性の未婚率が50％より高い都道府県は約15都道府県であり，半数もないので誤り。

　　以上から，正しい記述はⅠのみなので，正解は①である。

問10

〔1〕　**15**　··· **正解** ①

与えられた散布図から，情報を適切に読み取る問題である。

Ⅰ：正しい。打率が高い年は防御率も高い「全体として右上がり」の傾向にあるので正しい。

Ⅱ：誤り。与えられた散布図からはどの点がどの年かわからないので誤り。

Ⅲ：誤り。打率が一番高い年の防御率は二番目に打率が高い年の防御率より低いので誤り。

　　以上から，正しい記述はⅠのみなので，正解は①である。

〔2〕　**16**　··· **正解** ⑤

与えられた折れ線グラフから，情報を適切に読み取る問題である。

Ⅰ：誤り。防御率が一番低い年は2012年だが，勝率が一番高いのは2017年なので誤り。

Ⅱ：誤り。勝率が一番高い年は2017年だが，打率が一番高いのは2004年なので誤り。

Ⅲ：誤り。たとえば，2015年は防御率が前年に比べて低くなっているが，勝率も前年に比べて低くなっているので誤り。

　　以上から，ⅠとⅡとⅢはすべて誤りなので，正解は⑤である。

107

問11

17 ··· **正解** ④

与えられた表から，情報を適切に読み取る問題である。

Ⅰ：正しい。各所得層における「している」と回答した人の割合は所属が低い層からそれぞれ，$\frac{91}{164} \times 100 \fallingdotseq 55.5\%$，$\frac{236}{386} \times 100 \fallingdotseq 61.1\%$，$\frac{279}{370} \times 100 \fallingdotseq 75.4\%$，$\frac{204}{266} \times 100 \fallingdotseq 76.7\%$，$\frac{96}{123} \times 100 \fallingdotseq 78.0\%$ および $\frac{78}{100} \times 100 = 78.0\%$ であり，すべての所得層において，「している」と回答した人の割合は50％以上なので正しい。

Ⅱ：正しい。Ⅰの計算結果より，所得の増加にともなって当該割合は増加する傾向にあるので正しい。

Ⅲ：誤り。所得が多いことがスマートフォン利用を促す原因となっているかは与えられたデータからはわからないので誤り。

以上から，正しい記述はⅠとⅡのみなので，正解は④である。

問12

18 ··· **正解** ⑤

与えられた表から，情報を適切に読み取る問題である。

Ⅰ：誤り。「そう思わない」と答えた割合は「家事専業」が最も大きいので誤り。

Ⅱ：正しい。被雇用者（パート含む）では「そう思う」と答えた人数は「そう思わない」と答えた人数の $\frac{1658}{535} \fallingdotseq 3.10$〔倍〕であり，雇用主・自営業では当該比率は $\frac{354}{80} \fallingdotseq 4.43$〔倍〕であるから，雇用主・自営業の方が被雇用者（パート含む）よりも「そう思う」傾向は強いと考えられるので正しい。

Ⅲ：正しい。「そう思う」と回答した割合が最も大きいのは80.0％で「生徒・学生」であるが，回答者数は85人と少ないので，20歳以上の日本在住者すべてに質問をした場合，「生徒・学生」で「そう思う」と回答する割合は80％から大きくずれる可能性がある。よって，"生徒・学生が「そう思う」と回答する割合が一番大きい"という判断を保留する必要があるので正しい。

以上から，正しい記述はⅡとⅢのみなので，正解は⑤である。

統計検定　3級

問13

〔1〕　**19**　・・・　**正解** ④

与えられたデータから相関係数を計算する問題である。

x の平均値は $\dfrac{1}{6} \times (0+0+1+1+2+2) = 1$

分散は $\dfrac{1}{6} \times \{(0-1)^2 \times 2 + (1-1)^2 \times 2 + (2-1)^2 \times 2\} = \dfrac{2}{3}$

y の平均値は $\dfrac{1}{6} \times (3+6+\cdots+5) = \dfrac{7}{2}$

分散は $\dfrac{1}{6} \times \left(\left(3-\dfrac{7}{2}\right)^2 + \left(6-\dfrac{7}{2}\right)^2 + \left(1-\dfrac{7}{2}\right)^2 + \left(4-\dfrac{7}{2}\right)^2 + \left(2-\dfrac{7}{2}\right)^2 + \left(5-\dfrac{7}{2}\right)^2 \right) = \dfrac{35}{12}$

x と y の積の平均値は $\dfrac{1}{6} \times (0\times3 + 0\times6 + 1\times1 + 1\times4 + 2\times2 + 2\times5) = \dfrac{19}{6}$ より，求

める相関係数は，

$$\frac{\dfrac{19}{6} - 1 \times \dfrac{7}{2}}{\sqrt{\dfrac{2}{3} \times \dfrac{35}{12}}} \fallingdotseq -0.239$$

である。

よって，正解は④である。

〔2〕　**20**　・・・　**正解** ①

与えられたデータから，情報を適切に読み取る問題である。

Ⅰ：正しい。x の値は 0，1，2 が同じ頻度（各 2 回）で出現しているので正しい。

Ⅱ：誤り。y の値は 1，2，3 が出現した頻度と 4，5，6 が出現した頻度は各 1 回
　　で等しいので誤り。

Ⅲ：誤り。x の値が 1 であったとき，y の値は 1 または 4 が出現しているので誤り。

以上から，正しい記述はⅠのみなので，正解は①である。

問14

21　・・・　**正解** ③

相関係数の性質を問う問題である。

相関係数は変数間の直線関係の強さを表すものであり，片方または両方の数値を
2 倍しても相関係数の値は変わらない。

よって，正解は③である。

問15

22 .... **正解** ①

与えられた散布図から，情報を適切に読み取る問題である。

中央値：11人なので得点順に並べて6番目の人の得点が中央値となる。理科の得点の中央値も数学の得点の中央値もともに80点である。

平均値：数学と理科の得点を比較したとき，点（40，40）と点（100，100）を結ぶ直線を引くと，左上にある点が多い。つまり，理科の得点の方が高い傾向にあるので，数学よりも理科の平均値の方が高い。実際，数学の平均値は73点，理科の平均値は79点である。

範囲：数学の得点の範囲は $96-54=42$ であり，理科の範囲は $96-54=42$ なので等しい。

相関：また，散布図から，数学の得点が増えたときに理科の得点も増える傾向にあるので，正の相関があることが読み取れる。

これらをもとに選択肢を検討する。

①：正しい。数学，理科の得点の中央値はともに80点で等しく，両科目の得点の範囲もともに42で等しい。また，正の相関があるので正しい。

②：誤り。両科目の得点間には正の相関があるので誤り。

③：誤り。数学よりも理科の平均値の方が高いので誤り。

④：誤り。数学よりも理科の平均値の方が高い。また，両科目の得点間には正の相関があるので誤り。

⑤：誤り。数学よりも理科の平均値の方が高いので誤り。

よって，正解は①である。

問16

〔1〕 **23** .... **正解** ④

与えられた表から，適切な箱ひげ図を選択する問題である。

静岡の合計降水量を小さい順に並べると，

30.0　48.5　49.5　61.5　91.5　96.5　107.0　237.5　272.0　272.5　278.0　563.5

である。よって，

最小値は30.0

第1四分位数は $(49.5+61.5)/2=55.5$

中央値は $(96.5+107.0)/2=101.75$

第3四分位数は $(272.0+272.5)/2=272.25$

最大値は563.5

である。また，

110

金沢の合計降水量を小さい順に並べると，

52.0　85.0　98.5　136.0　154.0　217.5　240.5　246.0　286.0　297.0　364.0　526.5

である。よって，

最小値は52.0，

第1四分位数は　$(98.5+136.0)/2=117.25$

中央値は　$(217.5+240.5)/2=229$

第3四分位数は　$(286.0+297.0)/2=291.5$

最大値は526.5

である。

①：誤り。気温の箱ひげ図であるので誤り。

②：誤り。静岡，金沢ともに，最大値以外はすべて異なるので誤り。これは，最大値以外の値が静岡と金沢が逆の箱ひげ図である。

③：誤り。たとえば，静岡と金沢の最大値が逆になっているので誤り。これは，静岡と金沢が逆の箱ひげ図である。

④：正しい。静岡，金沢ともに，最小値，第1四分位数，中央値，第3四分位数，最大値がすべて合っているので正しい。

　よって，正解は④である。

〔2〕　**24**　‥‥‥‥‥‥‥‥‥‥‥‥‥‥‥‥‥‥‥‥‥‥‥‥‥‥‥‥‥‥‥‥‥‥‥‥　**正解** ①

与えられた表から，適切なグラフを選択する問題である。

①：正しい。降水量，気温ともに合っているので正しい。

②：誤り。10月，11月の気温が間違っているので誤り。

③：誤り。6月，7月と9月から12月の気温が間違っているので誤り。

④：誤り。3月，11月の気温が間違っているので誤り。

　よって，正解は①である。

〔3〕　**25**　‥‥‥‥‥‥‥‥‥‥‥‥‥‥‥‥‥‥‥‥‥‥‥‥‥‥‥‥‥‥‥‥‥‥‥‥　**正解** ④

与えられた散布図から，情報を適切に読み取る問題である。

Ⅰ：正しい。降水量の散布図から強い相関があるとはいえないので正しい。

Ⅱ：正しい。気温の散布図から金沢と静岡の気温はほぼ一直線に並んでおり強い正の相関があるので正しい。

Ⅲ：誤り。静岡と金沢の気温の相関は強いが，金沢の気温が上がることが原因で，静岡の気温が上がっているとはいえないので誤り。

　以上から，正しい記述はⅠとⅡのみなので，正解は④である。

問17

26　　　　　　　　　　　　　　　　　　　　　　　正解 ②

平均値，標準偏差，中央値の性質を問う問題である。

クラスの男子生徒の身長を $x_1, \cdots, x_n$ し，その平均値を $\bar{x}\left(=\dfrac{1}{n}\sum_{i=1}^{n}x_i\right)$，標準偏差を $s\left(=\sqrt{\dfrac{1}{n}\sum_{i=1}^{n}(x_i-\bar{x})^2}\right)$ とする。

Ⅰ：誤り。標準体重の平均値は，$\dfrac{1}{n}\sum_{i=1}^{n}(0.6\times x_i-40)=0.6\bar{x}-40$ となるので誤り。

Ⅱ：正しい。標準体重の標準偏差は，
$$\sqrt{\dfrac{1}{n}\sum_{i=1}^{n}\{(0.6x_i-40)-(0.6\bar{x}-40)\}^2}=\sqrt{\dfrac{1}{n}\sum_{i=1}^{n}\{0.6(x_i-\bar{x})\}^2}=0.6s$$
となるので正しい。

Ⅲ：誤り。標準体重の中央値は $0.6\times$(身長の中央値)-40 となるので誤り。

以上から，正しい記述はⅡのみなので，正解は②である。

問18

〔1〕**27**　　　　　　　　　　　　　　　　　　　　正解 ⑤

与えられた折れ線グラフから，情報を適切に読み取る問題である。

Ⅰ：誤り。スマートフォンを買う人がスマートフォンでない携帯電話も合わせて買っていることはこのグラフから読み取れないので誤り。

Ⅱ：正しい。黒丸は携帯電話全体，白丸は「そのうちの」スマートフォンの出荷台数であり，白丸は必ず黒丸よりも下にあるので正しい。

Ⅲ：正しい。2013年以降の連続する3月と4月の出荷台数を比べると，4月は3月よりも出荷台数が下がっているので正しい。

以上から，正しい記述はⅡとⅢのみなので，正解は⑤である。

〔2〕**28**　　　　　　　　　　　　　　　　　　　　正解 ①

与えられた折れ線グラフから，情報を適切に読み取る問題である。

Ⅰ：正しい。2017年1月以降，0.5を下回っている月はないので正しい。

Ⅱ：誤り。このグラフから中高生のスマートフォン所有率はわからないので誤り。

Ⅲ：誤り。たとえば2014年7～9月は0.3と0.4の間にあるので誤り。

以上から，正しい記述はⅠのみなので，正解は①である。

統計検定　3級

問19

〔1〕　**29**　……………………………………………………………………………… **正解** ③

適切な調査方法について問う問題である。

Ⅰ：誤り。必ずしも生徒全員を調査する必要はないので誤り。

Ⅱ：誤り。必ずしも学習時間の長さに応じて2つのグループに分けなくても，学習時間と成績を調べればよいので誤り。

Ⅲ：正しい。すでに終わっている直近のテストの成績と家庭学習の時間を調べており，実験研究ではないので正しい。なお，統計的な実験と調査は，実験研究と観察研究があり，実験研究は研究者の介入があるが，観察研究は研究者の介入がない点が2つの研究の違いである。

以上から，正しい記述はⅢのみなので，正解は③である。

〔2〕　**30**　……………………………………………………………………………… **正解** ⑤

標本抽出方法について問う問題である。

Ⅰ：誤り。調査協力希望者の中から対象を選ぶと，その中からのランダム抽出（無作為抽出）であっても希望者であるという時点で標本に偏りが生じるので誤り。

Ⅱ：誤り。2年生のみを対象とすると，1年生や3年生と異なる状況がありうるため，標本に偏りが生じるので誤り。

Ⅲ：誤り。単純無作為抽出では各学年が同数になるとは限らないので誤り。同数になるように抽出するには，各学年からの無作為抽出を計画する必要がある。

以上から，ⅠとⅡとⅢはすべて誤りなので，正解は⑤である。

2018年11月

解説

113

PART 5

3級
2018年6月
問題／解説

2018年6月に実施された
統計検定3級で実際に出題された問題文を掲載します。
問題の趣旨やその考え方を理解できるように、
正解番号だけでなく解説を加えました。

問題⋯⋯⋯117
正解一覧⋯⋯⋯138
解説⋯⋯⋯139

統計検定　3級

問1　選挙が実施されると様々な情報が公開される。次の a ～ c の情報のうち量的変数はどれか。正しい組合せとして，下の①～⑤のうちから適切なものを一つ選べ。

　　　1

> a．候補者の得票数
>
> b．選挙区の投票者数
>
> c．比例代表制で最も多くの票を獲得した政党名

① 　a のみ　　　　　　　　　② 　b のみ
③ 　a と b のみ　　　　　　　④ 　b と c のみ
⑤ 　a と b と c

問2　ある高校の 2 年生250人に10点満点の小テストを実施したところ，次のような結果となった。

点数	0	1	2	3	4	5	6	7	8	9	10
度数	2	4	15	20	22	51	40	35	25	20	16

このデータから読み取れることとして，次の I ～ III の記述を考えた。

> I．中央値は 6 点である。
>
> II．3 点以上を取った人は全体の75％以下である。
>
> III．平均点は5.0点である。

この記述 I ～ III に関して，次の①～⑤のうちから最も適切なものを一つ選べ。

　　　2

① 　I のみ正しい　　　　　　② 　II のみ正しい
③ 　III のみ正しい　　　　　④ 　I と II のみ正しい
⑤ 　I と III のみ正しい

2018年6月　問題

117

問3 ある商店街では，集めると景品と交換できるシールを買い物の金額に応じて配布している。次の図は，Aさんの友人20名の各世帯で保有するシール枚数の累積相対度数分布のグラフである。たとえば，この図では保有するシール枚数が0枚の世帯は3世帯であることを示している。

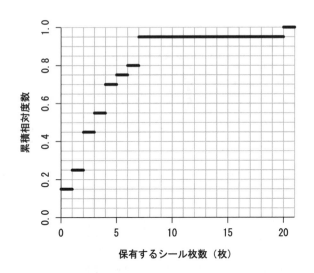

〔1〕 保有するシール枚数の中央値はいくらか。次の①～⑤のうちから適切なものを一つ選べ。 3

① 2.5   ② 3   ③ 3.5   ④ 4   ⑤ 5

〔2〕 Aさんの友人世帯が保有するシール枚数について分かることとして，次の①～⑤のうちから適切でないものを一つ選べ。 4

① シールを2枚保有している世帯が最も多かった。
② シールを1枚保有している世帯数とシールを3枚保有している世帯数は等しかった。
③ シールを5枚以上保有している世帯は，半数より少なかった。
④ 最も多くシールを保有している世帯は，7枚保有していた。
⑤ シールを7枚保有している世帯は3世帯であった。

統計検定　3級

問4　袋の中に赤色のボールが4個，白色のボールが6個入っている。袋からボールを1個取り出し，それが赤色のボールならそのボールを袋に戻さず，白色のボールなら袋にボールを戻す。その後，再度ボールを1個取り出す。

〔1〕　1回目に取り出したボールが赤色であるという条件の下で，2回目に取り出したボールが白色である条件付き確率はいくらか。次の①〜⑤のうちから最も適切なものを一つ選べ。　$\boxed{5}$

①　0.2　　　②　0.27　　　③　0.6　　　④　0.66　　　⑤　0.8

〔2〕　2回ボールを取り出し，赤色と白色が1回ずつとなる確率はいくらか。次の①〜⑤のうちから最も適切なものを一つ選べ。　$\boxed{6}$

①　0.27　　　②　0.51　　　③　0.54　　　④　0.66　　　⑤　1

問5　1から6の目が書かれたサイコロを1回投げ，出た目の数が得点となるゲームを考える。ただし，このサイコロはそれぞれの目の出る確率が異なり，1から6の目が出る確率は順に

$$\frac{1}{21}, \frac{2}{21}, \frac{3}{21}, \frac{4}{21}, \frac{5}{21}, \frac{6}{21}$$

である。このゲームを2回行ったときの合計得点が4以下となる確率はいくらか。次の①〜⑤のうちから最も適切なものを一つ選べ。　$\boxed{7}$

①　0.023　　　②　0.030　　　③　0.034　　　④　0.038　　　⑤　0.045

問6　次の箱ひげ図は，2016年の47都道府県別，百貨店・スーパーの1店舗あたりの年間販売額を示したものである。

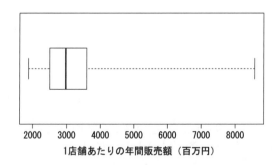

資料：経済産業省「商業動態統計調査」

この箱ひげ図から読み取れることとして，次のⅠ～Ⅲの記述を考えた。

　Ⅰ．平均値はおよそ3000（百万円）である。

　Ⅱ．四分位範囲はおよそ1000（百万円）である。

　Ⅲ．年間販売額が最も高いのは東京都である。

この記述Ⅰ～Ⅲに関して，次の①～⑤のうちから最も適切なものを一つ選べ。　8

① Ⅰのみ正しい　　　　② Ⅱのみ正しい
③ Ⅲのみ正しい　　　　④ ⅠとⅡのみ正しい
⑤ ⅠとⅢのみ正しい

問7　次のヒストグラムは，平成29年の47都道府県別の人口を示したものである。ただし，人口が階級の境界（100万人，200万人，…）である都道府県は存在していない。

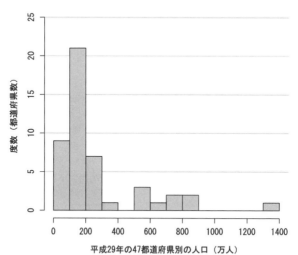

資料：総務省「平成29年住民基本台帳」

このヒストグラムから読み取れることとして，次のⅠ～Ⅲの記述を考えた。

> Ⅰ．人口が100万人以下の都道府県の人口をすべて合わせても1000万人を超える1つの都道府県の人口よりも少ない。
>
> Ⅱ．都道府県別の人口の中央値は100～200万人の間にある。
>
> Ⅲ．都道府県別の人口の平均値は100～200万人の間にある。

この記述Ⅰ～Ⅲに関して，次の①～⑤のうちから最も適切なものを一つ選べ。　9

① Ⅰのみ正しい　　　② Ⅱのみ正しい
③ Ⅲのみ正しい　　　④ ⅠとⅡのみ正しい
⑤ ⅠとⅢのみ正しい

問8　次の表は，ある高校で100点満点の数学の試験を実施した結果である。

クラス	平均点	標準偏差
A組	70	10
B組	72	8
C組	68	10

〔1〕　A組のある生徒の得点は83点であった。この生徒のA組内での偏差値はいくらか。次の①～⑤のうちから適切なものを一つ選べ。　**10**

① 53　　　② 61　　　③ 63　　　④ 65　　　⑤ 69

〔2〕　B組のある生徒とC組のある生徒のそれぞれの組内での偏差値が等しかった。B組のこの生徒の得点が88点であるとすると，C組のこの生徒の得点はいくらか。次の①～⑤のうちから適切なものを一つ選べ。　**11**

① 80　　　② 84　　　③ 88　　　④ 92　　　⑤ 96

問9　たかし君が通う高校は，普通科と特進科の2クラスに分かれており，たかし君の学年では普通科が40人，特進科が20人である。次のヒストグラムは，両方のクラスを合わせた数学の期末試験の結果について示したものである。ただし，ヒストグラムの階級はそれぞれ，20点以上30点未満，30点以上40点未満，…，80点以上90点未満，90点以上100点以下のように区切られている。

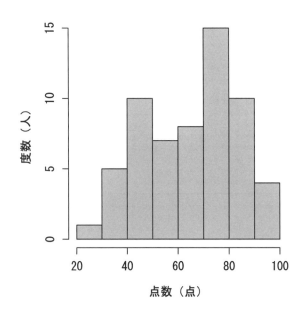

また，次の表は2つのクラスの試験結果の平均値と標準偏差である。

	平均値	標準偏差
普通科	58.7	16.30
特進科	80.1	7.64

このグラフと表から読み取れることとして，次の①～⑤のうちから最も適切なものを一つ選べ。　12

① 普通科のクラスの最高得点よりも特進科のクラスの最低得点の方が高い。
② 最低点の生徒は普通科クラスである。
③ 学年全体の平均値は69.4点である。
④ 学年全体の標準偏差は7.64点である。
⑤ 英語の試験についても2つの峰を持つヒストグラムとなる。

問10 ある都市で政策立案のために施策Aと施策Bのどちらがよいかについて1200人にアンケート調査が行われた。ただし，このアンケートの対象者はこの都市の有権者であり，18〜30歳，31〜40歳，41〜50歳，51〜60歳，61〜70歳，71歳以上の各年齢層に対し，200人ずつアンケートを実施した。次の表は，その結果である。

(単位：人)

年齢	施策A	施策B	分からない	無回答	合計
18 〜 30 歳	20	60	90	30	200
31 〜 40 歳	60	90	30	20	200
41 〜 50 歳	70	100	5	25	200
51 〜 60 歳	90	100	5	5	200
61 〜 70 歳	90	90	10	10	200
71 歳以上	150	30	10	10	200
合計	480	470	150	100	1200

〔1〕 このアンケート結果から読み取れることとして，次のⅠ〜Ⅲの記述を考えた。

> Ⅰ．年齢層が上がるにつれて施策Aの方が好まれる傾向がある。
>
> Ⅱ．これらの施策について分からないと答えた割合は，18〜30歳が最も大きかった。
>
> Ⅲ．施策Aと施策Bを選んだ人の数は拮抗しているが，71歳以上を除けば施策Bの方がよいと答えた人が多いので，施策Bを選択するべきである。

この記述Ⅰ〜Ⅲに関して，次の①〜⑤のうちから最も適切なものを一つ選べ。 **13**

① Ⅰのみ正しい　　　　　　　② Ⅱのみ正しい

③ Ⅲのみ正しい　　　　　　　④ ⅠとⅡのみ正しい

⑤ ⅠとⅡとⅢはすべて正しい

〔2〕 この都市では，18〜30歳，31〜40歳，41〜50歳，51〜60歳，61〜70歳，71歳以上の各年齢層の人口構成比はそれぞれ10％，10％，15％，15％，20％，30％であった。このとき，この都市での施策Aの選択率はいくらと考えられるか。次の①〜⑤のうちから最も適切なものを一つ選べ。 **14**

① 0.17　　　② 0.33　　　③ 0.40　　　④ 0.48　　　⑤ 0.55

統計検定　3級

問11　ある街の140人を対象として，前日にコーヒーや紅茶を飲んだかをアンケート調査した。調査の結果，およそ63％の人はコーヒーを飲んだと答え，およそ37％の人は紅茶を飲んだと答えた。また，全体のうち115人は，少なくともコーヒーか紅茶のどちらかを飲んでいたことが判明した。この調査のクロス集計表として，次の①〜⑤のうちから最も適切なものを一つ選べ。　15

①

		コーヒー		合計
		飲んだ	飲まなかった	
紅茶	飲んだ	0	52	52
	飲まなかった	88	0	88
	合計	88	52	140

②

		コーヒー		合計
		飲んだ	飲まなかった	
紅茶	飲んだ	40	37	77
	飲まなかった	63	0	63
	合計	103	37	140

③

		コーヒー		合計
		飲んだ	飲まなかった	
紅茶	飲んだ	115	0	115
	飲まなかった	0	25	25
	合計	115	25	140

④

		コーヒー		合計
		飲んだ	飲まなかった	
紅茶	飲んだ	25	27	52
	飲まなかった	63	25	88
	合計	88	52	140

⑤

		コーヒー		合計
		飲んだ	飲まなかった	
紅茶	飲んだ	25	63	88
	飲まなかった	27	25	52
	合計	52	88	140

2018年6月

問題

125

問12 あるメーカーでは，商品XについてA，B，C，Dの4種類を販売している。それらの売上げ割合の時間変化を確認することとなり，2013年から2017年にかけて売上げ割合を集計した。次の表は，その結果である。

2013年から2017年における商品Xの売上げ割合

	2013年	2014年	2015年	2016年	2017年
A	0.60	0.56	0.54	0.52	0.50
B	0.20	0.21	0.21	0.23	0.24
C	0.10	0.11	0.12	0.13	0.20
D	0.10	0.12	0.13	0.12	0.06

〔1〕 次のⅠ～Ⅲのグラフは，商品Xの2013年から2017年にかけての売上げ割合の時間変化を表したものである。

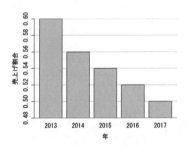

Ⅰ．2013年から2017年におけるAの売上げ割合の変化

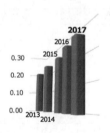

Ⅱ．2013年から2017年におけるBの売上げ割合の変化

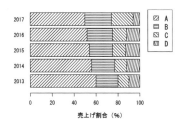

Ⅲ．2013年から2017年における商品Xの売上げ割合

売上げ割合の時間変化を表すグラフとして，次の①〜⑤のうちから最も適切なものを一つ選べ。 16

① Ⅰのみ正しい
② Ⅱのみ正しい
③ Ⅲのみ正しい
④ ⅠとⅡのみ正しい
⑤ ⅠとⅡとⅢはすべて正しい

〔2〕 このデータから読み取れることとして，次のⅠ〜Ⅲの記述を考えた。

> Ⅰ．商品Xの売上げのうち，Aの占める割合は年々小さくなっている。
>
> Ⅱ．2018年の販売戦略を考えるうえで，2013年から2017年にかけて10％ポイント低下しているAに着目し，2018年はAの販売を取りやめるべきである。
>
> Ⅲ．Dは2016年から2017年にかけて売上げ割合が小さくなっているため，2018年はさらに売上げ割合が小さくなる。

この記述Ⅰ〜Ⅲに関して，次の①〜⑤のうちから最も適切なものを一つ選べ。 17

① Ⅰのみ正しい
② Ⅱのみ正しい
③ Ⅲのみ正しい
④ ⅠとⅢのみ正しい
⑤ ⅠとⅡとⅢはすべて正しい

問13 A高校とB高校において，一週間の家庭学習の時間を把握するために各高校でアンケート調査を実施した。次の表は，その結果である。

(単位：人)

	1時間未満	1時間以上 2時間未満	2時間以上 8時間未満	8時間以上 16時間未満	16時間以上	合計
A高校	6	70	54	12	2	144
B高校	5	41	16	1	0	63
合計	11	111	70	13	2	207

〔1〕 A高校のうち，家庭学習の時間が2時間未満である生徒の割合はいくらか。次の①〜⑤のうちから最も適切なものを一つ選べ。 **18**

① 0.04　　② 0.34　　③ 0.37　　④ 0.49　　⑤ 0.53

〔2〕 このデータから読み取れることとして，次のⅠ〜Ⅲの記述を考えた。

Ⅰ．A高校の方がB高校よりも家庭学習の時間が1時間以上2時間未満の生徒の割合が大きい。

Ⅱ．A高校，B高校ともに，家庭学習の時間が1時間未満の生徒の割合は1割未満である。

Ⅲ．A高校とB高校を合わせたデータについて，家庭学習の時間が8時間以上の生徒の割合は，A高校の家庭学習の時間が8時間以上の生徒の割合より小さい。

この記述Ⅰ〜Ⅲに関して，次の①〜⑤のうちから最も適切なものを一つ選べ。
19

① Ⅰのみ正しい　　　　　　　② Ⅱのみ正しい
③ Ⅲのみ正しい　　　　　　　④ ⅡとⅢのみ正しい
⑤ ⅠとⅡとⅢはすべて正しい

統計検定　3級

問14 ある地域において，単身世帯の男女別の年間収入と年齢についての調査を行った。この調査結果に基づき，次のⅠ～Ⅲの分析および判断を行った。

> Ⅰ．男女を合わせたデータについて，年齢と年間収入の散布図を作成したところ，正の相関があった。このことから，このデータで最も年齢が高い人が最も年間収入が高いことが分かる。
>
> Ⅱ．男性のデータについて，年齢と年間収入の相関係数を計算したところ，男女を合わせたデータにおける年齢と年間収入の相関係数よりも大きかった。しかし，この2つの相関係数だけでは女性のデータについて，年齢と年間収入の相関係数は分からない。
>
> Ⅲ．男女別のデータについて，年齢と年間収入の層別散布図を作成したところ，男女ともに正の相関があり，女性よりも男性の方が相関が強いことが分かった。このことから，女性よりも男性の方が年齢の増加とともに年間収入がより多く増加することが分かる。

それぞれの分析に基づく判断Ⅰ～Ⅲに関して，次の①～⑤のうちから最も適切なものを一つ選べ。　**20**

① Ⅰのみ正しい　　　　　② Ⅱのみ正しい
③ Ⅲのみ正しい　　　　　④ ⅠとⅡのみ正しい
⑤ ⅡとⅢのみ正しい

問15 次の表は，2016年の生活時間に関する第1次活動（睡眠，食事など生理的に必要な活動），第2次活動（仕事，家事など社会生活を営む上で義務的な性格の強い活動），第3次活動（各人が自由に使える時間における活動）の一人1日あたりの平均行動時間の都道府県別データである。また，表の下にある平均値，分散，共分散はそれぞれの活動についてまとめたものである。

(単位：分)

都道府県	第1次活動	第2次活動	第3次活動	都道府県	第1次活動	第2次活動	第3次活動
北海道	645	391	404	京都府	647	410	383
青森県	658	399	382	大阪府	639	406	395
岩手県	661	407	372	兵庫県	639	417	384
宮城県	646	415	379	奈良県	640	413	386
秋田県	669	383	388	和歌山県	645	396	399
山形県	655	408	376	鳥取県	642	413	385
福島県	645	416	379	島根県	661	403	376
茨城県	641	417	381	岡山県	644	414	381
栃木県	647	410	383	広島県	644	415	381
群馬県	648	427	365	山口県	642	398	400
埼玉県	637	427	376	徳島県	649	403	387
千葉県	637	426	377	香川県	641	415	384
東京都	643	426	372	愛媛県	644	393	403
神奈川県	637	430	374	高知県	656	388	395
新潟県	648	416	376	福岡県	635	424	381
富山県	639	421	380	佐賀県	643	421	376
石川県	634	426	380	長崎県	635	409	397
福井県	648	425	367	熊本県	640	420	380
山梨県	644	419	377	大分県	640	409	391
長野県	651	421	368	宮崎県	651	397	392
岐阜県	633	422	385	鹿児島県	650	405	385
静岡県	638	409	393	沖縄県	636	431	373
愛知県	630	424	385				
三重県	638	415	388				
滋賀県	645	418	377				

資料：総務省「2016年社会生活基本調査」

第1次活動：平均値644.26　分散61.85
第2次活動：平均値412.72　分散131.05
第3次活動：平均値382.94　分散82.23
第1次活動と第3次活動の共分散：－7.77
第2次活動と第3次活動の共分散：－74.68

〔1〕 全国的に仕事，家事など社会生活を営む上で義務的な性格の強い活動が増えることで，各人が自由に使える時間における活動が減る傾向があると考え，第2次活動と第3次活動の関係を考えることにした。第2次活動を横軸，第3次活動を縦軸にとった散布図として，次の①〜⑤のうちから最も適切なものを一つ選べ。21

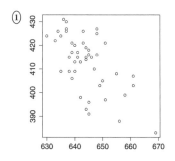
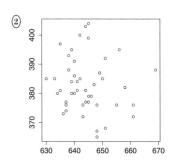
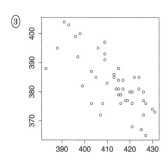
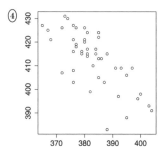
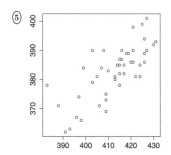

〔2〕 このデータの第1次活動と第3次活動, 第2次活動と第3次活動の関係を調べるために相関係数を求めた。このとき, これらの相関のうちどちらの相関が強いか, またその相関係数はいくらになるか。次の①〜⑤のうちから最も適切なものを一つ選べ。 **22**

① 第1次活動と第3次活動の相関関係が強く, その相関係数は − 0.7である。
② 第1次活動と第3次活動の相関関係が強く, その相関係数は − 0.1である。
③ 第2次活動と第3次活動の相関関係が強く, その相関係数は0.7である。
④ 第2次活動と第3次活動の相関関係が強く, その相関係数は − 0.1である。
⑤ 第2次活動と第3次活動の相関関係が強く, その相関係数は − 0.7である。

〔3〕 第2次活動と第3次活動の散布図によると, 秋田県は第2次活動の時間に対し, 第3次活動の時間が比較的少ないと考えられる。ここで, 秋田県の第2次活動の時間は変わらず, 第3次活動の時間が仮に400分であった場合, 第3次活動の分散, 第2次活動と第3次活動の相関係数はどうなるか。次の①〜⑤のうちから最も適切なものを一つ選べ。 **23**

① 第3次活動の分散は大きくなり, 第2次活動と第3次活動の相関係数の絶対値も大きくなる。
② 第3次活動の分散は小さくなり, 第2次活動と第3次活動の相関係数の絶対値は大きくなる。
③ 第3次活動の分散は変わらず, 第2次活動と第3次活動の相関係数の絶対値は大きくなる。
④ 第3次活動の分散は大きくなり, 第2次活動と第3次活動の相関係数の絶対値は小さくなる。
⑤ 第3次活動の分散は小さくなり, 第2次活動と第3次活動の相関係数の絶対値も小さくなる。

統計検定　3級

〔4〕　このデータの単位を「分」から「時間」に変えたとき，値が変わらないものはどれか。次の①〜⑤のうちから適切なものを一つ選べ。　24

① 第3次活動の平均値　　　　　　② 第3次活動の分散
③ 第3次活動の範囲　　　　　　　④ 第2次活動と第3次活動の相関係数
⑤ 第2次活動と第3次活動の共分散

〔5〕　このデータから読み取れることとして，次のⅠ〜Ⅲの記述を考えた。

Ⅰ．第2次活動と第3次活動の散布図と相関係数について，やや強い相関がみられることから，第3次活動の時間が少なくなる原因は第1次活動の時間の増加であると言える。

Ⅱ．各都道府県の第3次活動の分布をみると，特に大きくはずれた値はみられず，自由に使える時間が極端に多い，または少ない都道府県はなかった。

Ⅲ．東京周辺の一都三県（東京，神奈川，埼玉，千葉）は第2次活動の時間が他地域よりも比較的多く，仕事，家事など社会生活を営む上で義務的な性格の強い活動が多い傾向がみられた。

この記述Ⅰ〜Ⅲに関して，次の①〜⑤のうちから最も適切なものを一つ選べ。
25

① Ⅰのみ正しい　　　　　② Ⅲのみ正しい
③ ⅠとⅡのみ正しい　　　④ ⅠとⅢのみ正しい
⑤ ⅡとⅢのみ正しい

133

問16 全国のコンビニエンスストアに関する2011年と2016年の比較を行うために，この2年の全店における月ごとの売上高，店舗数，客数，客単価を調べた。

〔1〕 次の折れ線グラフは，全店における客数について，2011年と2016年の各月の数値をそれぞれの年の1月の数値で割った値を示したものである。

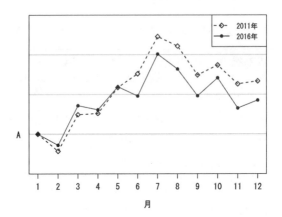

資料：一般社団法人日本フランチャイズチェーン協会
「コンビニエンスストア統計調査月報」

次の文章は，この図についての説明である。

『この図は各月の客数を1月の客数で割った値を示したものであるため，Aの目盛は（ア）である。2月は2011年も2016年も数値が（ア）未満であるため，各年とも2月の客数は1月の客数より（イ）。』

この文章内の（ア），（イ）に入る数値または文章の組合せとして，次の①〜⑤のうちから最も適切なものを一つ選べ。 26

① （ア）0   （イ）多かった
② （ア）0   （イ）少なかった
③ （ア）1   （イ）多かった
④ （ア）1   （イ）少なかった
⑤ （ア）100 （イ）多かった

〔2〕 次の記述は，2011年と2016年の全店における月ごとの売上高，店舗数，客単価について正しく説明したものである。

- 全店の売上高は年間を通じて2016年が2011年よりも高い。また，各年とも3月，7月は前後の月と比較して少し高くなっている。
- 全店の店舗数は年間を通じて2016年が2011年よりも高く，2011年は3月を除き，毎月増加している。
- 全店の客単価は2011年3月が2016年3月よりも高くなっており，それ以外は2016年が2011年よりも高い。

また，次の折れ線グラフA～Cは，売上高，店舗数，客単価のいずれかの推移を表しているグラフである。ただし，縦軸の単位は省略している。

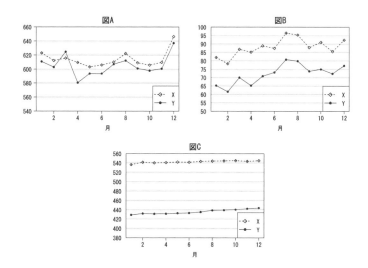

各図が表しているものおよび各凡例が表している年の組合せとして，次の①～⑤のうちから最も適切なものを一つ選べ。 27

① 図A：客単価　図B：店舗数　図C：売上高　凡例X：2011年　凡例Y：2016年
② 図A：客単価　図B：売上高　図C：店舗数　凡例X：2016年　凡例Y：2011年
③ 図A：売上高　図B：客単価　図C：店舗数　凡例X：2016年　凡例Y：2011年
④ 図A：店舗数　図B：売上高　図C：客単価　凡例X：2011年　凡例Y：2016年
⑤ 図A：売上高　図B：店舗数　図C：客単価　凡例X：2011年　凡例Y：2016年

問17 高校生を対象に，ある勉強法AとBの違いを調べるため，グループAの人には勉強法A，グループBの人には勉強法Bを行ってもらい，その勉強法を行う前後でのテストの点数の差を調べることとした。次のⅠ～ⅢはグループAとグループBの人を選ぶ方法についての記述である。

Ⅰ．グループAとグループBの人たちの能力差を小さくするため，事前に試験を行い，点数に応じていくつかの群に分け，各群ごとにランダムにグループAとグループBに分けた。

Ⅱ．様々な人を対象とするために，グループAについては3年生を対象とし，グループBについては1，2年生を対象とした。

Ⅲ．グループA，グループBそれぞれの成績のばらつきを小さくするため，グループAについてはA高校を対象とし，グループBについてはB高校を対象とした。

この記述Ⅰ～Ⅲに関して，次の①～⑤のうちから最も適切なものを一つ選べ。 $\boxed{28}$

① Ⅰのみ正しい　　　② Ⅱのみ正しい
③ Ⅲのみ正しい　　　④ ⅠとⅢのみ正しい
⑤ ⅡとⅢのみ正しい

問18 全数調査と標本調査に関する記述について，次の①～⑤のうちから適切でないものを一つ選べ。 $\boxed{29}$

① 全数調査は調査結果の整理や分析に時間がかかるため，速報性が重視される場合には標本調査が採用されることが多い。
② 国勢調査は国が実施する全数調査である。
③ 標本調査を実施するためには，母集団を設定する必要がある。
④ インターネット調査は回答者がインターネット利用者に限定されるため，標本に偏りがあるおそれがある。
⑤ 標本調査では，特徴や傾向などを知りたい集団全体を標本といい，標本に含まれる人数やものの数を標本数という。

136

統計検定　3級

問19　ある高校でスマートフォンの利用状況を調べるために標本調査を行うこととした。このとき，無作為抽出に近い抽出法として，次の①～⑤のうちから最も適切なものを一つ選べ。　30

①　全校生徒に調査への協力を呼びかけ，応募してきた生徒を全員対象とする。
②　全校生徒に調査への協力を呼びかけ，応募してきた生徒のうち，応募順に5人おきを対象とする。
③　1年生から3年生の全クラスから1つのクラスを調査者が選び，そのクラスに属する生徒全員を対象とする。
④　1年生から3年生の全クラスから1つのクラスをくじびきで選んで，そのクラスに属する生徒全員を対象とする。
⑤　朝，校門で待ち，登校順に番号順の紙を渡す。その後，5の倍数の生徒全員を対象とする。

2018年6月

問題

統計検定3級　2018年6月　正解一覧

次ページ以降に解説を掲載しています。問題の趣旨やその考え方を理解するために活用してください。

問		解答番号	正解
問1		1	③
問2		2	①
問3	〔1〕	3	②
	〔2〕	4	④
問4	〔1〕	5	④
	〔2〕	6	②
問5		7	③
問6		8	②
問7		9	④
問8	〔1〕	10	③
	〔2〕	11	③
問9		12	②
問10	〔1〕	13	②と④
	〔2〕	14	④
問11		15	④

問		解答番号	正解
問12	〔1〕	16	③
	〔2〕	17	①
問13	〔1〕	18	⑤
	〔2〕	19	④
問14		20	②
問15	〔1〕	21	③
	〔2〕	22	⑤
	〔3〕	23	①
	〔4〕	24	④
	〔5〕	25	⑤
問16	〔1〕	26	④
	〔2〕	27	②
問17		28	①
問18		29	⑤
問19		30	⑤

統計検定　3級

問1

1　　　　　　　　　　　　　　　　　　　　　　　　　**正解** ③

与えられた項目から量的変数を選ぶ問題である。

a：**量的変数**である。得票数は0票以上の数えられる数なので，量的変数である。

b：**量的変数**である。投票者数は0人以上の数えられる数なので，量的変数である。

c：量的変数ではない。政党名は政党を表す質的変数であるので，量的変数ではない。

以上から，aとbのみが量的変数なので，正解は③である。

問2

2　　　　　　　　　　　　　　　　　　　　　　　　　**正解** ①

与えられたデータから代表値等を読み取る問題である。

Ⅰ：正しい。点数の低い生徒から順に並べたとき125番目と126番目の平均が中央値となる。データから125番目および126番目の点数はともに6点であることが分かるので，中央値は6点となり正しい。

Ⅱ：誤り。2点以下を取った人は合計21人であり，その割合は$\frac{21}{250} \times 100 = 8.4$〔％〕

である。よって3点以上を取った人の割合は91.6％となるので誤り。

Ⅲ：誤り。4点，3点，2点，1点，0点の人数よりそれぞれ，6点，7点，8点，9点，10点の人数の方が多いので，平均点は5点にはなりえない。実際に平均点を計算すると，

$$\frac{(0 \times 2 + 1 \times 4 + 2 \times 15 + 3 \times 20 + 4 \times 22 + 5 \times 51 + 6 \times 40 + 7 \times 35 + 8 \times 25 + 9 \times 20 + 10 \times 16)}{250}$$

$$= 5.848 〔点〕$$

となり誤り。

以上から，正しい記述はⅠのみなので，正解は①である。

問3

与えられた累積相対度数分布のグラフから，情報を適切に読み取る問題である。

〔1〕**3**　　　　　　　　　　　　　　　　　　　　　　　**正解** ②

累積相対度数が0.5となるのはシール枚数が3枚のときなので，中央値は3枚である。

よって，正解は②である。

2018年6月

解説

139

〔2〕 **4** ··· 正解 ④

①：正しい。シールを2枚保有している世帯は4世帯であり，これが一番多いので正しい。

②：正しい。シールを1枚保有している世帯は2世帯であり，3枚保有している世帯も2世帯なので正しい。

③：正しい。シール保有枚数が4枚までの累積相対度数は0.7で0.5を超えていることから，5枚以上保有している世帯数は半数より少ないので正しい。

④：誤り。最も多くシールを保有している世帯は20枚保有しているので誤り。

⑤：正しい。シールを7枚保有している世帯は3世帯なので正しい。

　よって，正解は④である。

問4

与えられた状況から確率を計算する問題である。

〔1〕 **5** ··· 正解 ④

1回目に取り出したボールが赤色である確率は，$\frac{4}{10}\left(=\frac{2}{5}\right)$である。

1回目に赤色のボール，2回目に白色のボールを取り出す確率は，$\frac{4}{10} \times \frac{6}{9} = \frac{4}{15}$である。

したがって，求める条件付き確率は，$\frac{4}{15} \div \frac{2}{5} = \frac{2}{3} \fallingdotseq 0.66$である。

　よって，正解は④である。

〔2〕 **6** ··· 正解 ②

1回目に赤色，2回目に白色が出る場合と，1回目に白色，2回目に赤色が出る場合とに分けて計算する。

1回目に赤色，2回目に白色が出る確率は〔1〕の途中計算で求めた$\frac{4}{15}$である。

1回目に白色，2回目に赤色が出る確率は，$\frac{6}{10} \times \frac{4}{10} = \frac{6}{25}$である。

したがって，求める確率は，$\frac{4}{15} + \frac{6}{25} = \frac{38}{75} \fallingdotseq 0.51$である。

　よって，正解は②である。

統計検定　3級

問5

7 .... 正解 ③

与えられた状況から確率を計算する問題である。

ゲームを2回行って合計得点が4点以下となるサイコロの目の出方は，

（1回目に出た目，2回目に出た目）＝

（1，1），（1，2），（1，3），（2，1），（2，2），（3，1）

である。サイコロの目が（1，1）となる確率は$\frac{1}{21} \times \frac{1}{21}$である。同様に，（1，2）

または（2，1）となる確率は$\frac{1}{21} \times \frac{2}{21}$，（1，3）または（3，1）となる確率

は$\frac{1}{21} \times \frac{3}{21}$，（2，2）となる確率は$\frac{2}{21} \times \frac{2}{21}$である。したがって，求める確率は，

$$\frac{1}{21^2} \times \{1 \times 1 + 2 \times (1 \times 2) + 2 \times (1 \times 3) + 2 \times 2\} \fallingdotseq 0.034$$

である。

よって，正解は③である。

問6

8 .... 正解 ②

与えられた箱ひげ図から，情報を適切に読み取る問題である。

Ⅰ：誤り。箱ひげ図より中央値はおよそ3000（百万円）であることが分かるが，箱ひげ図から平均値は読み取れないので誤り。

Ⅱ：正しい。四分位範囲は「第3四分位数−第1四分位数」で求められる。図から第3四分位数はおよそ3500（百万円），第1四分位数はおよそ2500（百万円）であり，四分位範囲はおよそ1000（百万円）と分かるので正しい。

Ⅲ：誤り。どの都道府県で年間販売額が最も高いかはこの図からは読み取れないので誤り。

以上から，正しい記述はⅡのみなので，正解は②である。

問7

9 .... 正解 ④

与えられたヒストグラムから，代表値等を読み取る問題である。

Ⅰ：正しい。人口が100万人以下の都道府県の度数は10未満であるので，その総人口は1000万人に満たないことが分かる。したがって1000万人を超える1つの都

141

道府県の人口よりも少ないので正しい。

Ⅱ：正しい。中央値は人口が少ない方から24番目の都道府県の人口であり，これは100～200万人の間にあるので正しい。

Ⅲ：誤り。ヒストグラムは100～200万人を中心に左右対称ではなく，右に裾を引いた形状をしているので平均値は100～200万人より大きな値をとると考えられるので誤り。

以上から，正しい記述はⅠとⅡのみなので，正解は④である。

問8

与えられたデータから偏差値を求める問題である。

〔1〕 **10** ·· **正解** ③

A組の平均値は70，標準偏差は10なので，83点の生徒の標準得点は，$\dfrac{83-70}{10}=$ 1.3となる。したがって，偏差値は，$50+1.3\times10=63$である。

よって，正解は③である。

〔2〕 **11** ·· **正解** ③

B組の平均値は72，標準偏差は8なので，88点の生徒の標準得点は，$\dfrac{88-72}{8}=$ 2となり，偏差値は$50+2\times10=70$である。

求めるC組の生徒も同じ偏差値70であるので，その生徒の標準得点は2であることが分かる。C組の平均値は68，標準偏差は10なので，この生徒の得点は，$2\times10+68=88$である。

よって，正解は③である。

問9

12 ·· **正解** ②

与えられたヒストグラムからデータの特徴を読み取る問題である。

①：誤り。平均値から標準偏差以上離れた点数（普通科で58.7＋16.3＝75〔点〕以上，特進科で80.1－7.64＝72.46〔点〕以下）を取る人がいることは十分にありうることで，与えられた情報から普通科のクラスの最高得点よりも特進科のクラスの最低得点の方が高いとはいえないので誤り。

②：正しい。ヒストグラムから最低点は29点以下であることが分かる。もし，最低点の生徒が特進科クラスだとすると，特進科の分散が，

142

統計検定　3級

$$\frac{1}{20}\sum_{i=1}^{20}(x_i-80.1)^2 \geqq \frac{1}{20}(29-80.1)^2 = 130.6$$

より130.6以上となるので，分散の正の平方根である標準偏差は7.64とならない（x_1，$\cdots$，x_{20}を特進科の点数とする）。よって，最低点の生徒は普通科クラスであり正しい。

③：誤り。普通科全員の合計点は58.7×40=2348〔点〕，特進科全員の合計点は80.1×20=1602〔点〕であり，学年全体の平均値は$\frac{2348+1602}{60}=65.8$であるので誤り。

④：誤り。特進科と普通科の平均点と標準偏差から，特進科は高得点の部分に集まっており，普通科は特進科よりも低い点数に集まっていることが分かる。よって，学年全体で見ると，特進科だけのときより散らばりが大きくなる。一般に，グループAとグループBの人数の割合をp_1，p_2とし，グループAの平均点を$\bar{x}_A$を，分散をS_A^2，グループBの平均点を$\bar{x}_B$，分散をS_B^2，全体の平均点を$\bar{x}$とすると，全体の分散は，

$$p_1\{S_A^2+(\bar{x}_A-\bar{x})^2\}+p_2\{S_B^2+(\bar{x}_B-\bar{x})^2\}$$

である。本問のケースでは，

$$\frac{1}{3}\{7.64^2+(80.1-65.8)^2\}+\frac{2}{3}\{16.3^2+(58.7-65.8)^2\}=298.4$$

であり，標準偏差は17.3となるので誤り。

⑤：誤り。この表からは英語の試験の情報は分からないので誤り。

　よって，正解は②である。

問10

〔1〕　**13**　..　**正解** ②と④

　与えられた表から情報を適切に読み取る問題である。この表では，各年齢層の合計が等しいので，回答数の大小で割合の大小を判断できる。

Ⅰ：年齢層が上がるにつれて「施策A」と答えた人が多くなり，また割合も大きくなっているので，年齢が上がるにつれて「施策A」の方が好まれる傾向があることは正しいと考えられる。一方，絶対数で見ると「施策A」が「施策B」を上回るのは71歳以上のみであるため，正しいとはいえないとも考えられる。

　　このように2種類の判断ができるとのことから，Ⅰについてはどちらでもよいとした。

Ⅱ：正しい。分からないと答えた割合（人数）が最も大きいのは18〜30歳なので正しい。

Ⅲ：誤り。一部のデータを切り捨てて，都合よく（恣意的に）データを解釈してはならないので誤り。

143

以上から，正しい記述はⅡのみ，またはⅠとⅡのみなので，正解は②および④である。

〔2〕 **14** ··· 正解 ④

与えられた標本から母集団の特徴を読み取る問題である。

この都市での年齢層ごとの人口構成比と施策Aの選択率は次の表のとおりであると考えられる。

年齢層	18～30歳	31～40歳	41～50歳	51～60歳	61～70歳	71歳以上
人口構成比	0.1	0.1	0.15	0.15	0.2	0.3
施策A選択率	0.1	0.3	0.35	0.45	0.45	0.75

これより，この都市での施策Aの選択率は，
$$0.1 \times 0.1 + 0.1 \times 0.3 + 0.15 \times 0.35 + 0.15 \times 0.45 + 0.2 \times 0.45 + 0.3 \times 0.75 = 0.475$$
である。

よって，正解は④である。

問11

15 ··· 正解 ④

与えられたデータの情報から，適切なクロス集計表を選ぶ問題である。

文章より，コーヒーを飲んだ人は140×0.63≒88〔人〕，紅茶を飲んだ人は140×0.37≒52〔人〕である。また，少なくともコーヒーか紅茶のどちらかを飲んでいた人が115人なので，どちらも飲まなかった人は140－115＝25〔人〕，どちらも飲んだ人は140－88－52＋25＝25〔人〕である。このことが示されている表を選べばよい。

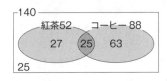

①：誤り。たとえば，どちらも飲んだ人，飲まなかった人が0人なので誤り。
②：誤り。たとえば，どちらも飲まなかった人が0人なので誤り。
③：誤り。たとえば，コーヒーを飲んだ人が115人なので誤り。
④：正しい。コーヒーを飲んだ人（88人），紅茶を飲んだ人（52人），少なくともコーヒーか紅茶のどちらかを飲んでいた人（115人）ともに一致しているので正しい。

統計検定　3級

⑤：誤り。たとえば，コーヒーを飲んだ人が52人なので誤り。
　　よって，正解は④である。

問12

〔1〕　**16**　…………………………………………………………………… **正解** ③

分析の目的を踏まえて，適切な統計グラフを選ぶ問題である。

Ⅰ：誤り。売上げ割合を比較するには種類B，C，Dの割合も必要である。また，
　　時間変化を調べるためには棒グラフよりも折れ線グラフの方が適切であるので
　　誤り（棒グラフの使い方としても，縦軸が0からとなっていないので不適切で
　　ある）。

Ⅱ：誤り。売上げ割合を比較するには種類A，C，Dの割合も必要である。また，
　　3Dグラフは見る人を錯覚させ，数値を正しく比較することができず，使用は
　　避けるべきなので誤り。

Ⅲ：正しい。商品Xについて4種類A，B，C，Dの異なる年の売上割合を比較す
　　るには，帯グラフが適切であるので正しい。

　　以上から，適切なグラフはⅢのみなので，正解は③である。

〔2〕　**17**　…………………………………………………………………… **正解** ①

与えられた表から情報を適切に読み取る問題である。

Ⅰ：正しい。商品Xの売上げのうち，Aの占める割合は0.60，0.56，0.54，0.52，
　　0.50と年々小さくなっているので正しい。

Ⅱ：誤り。2013年から2017年にかけてAの占める割合は10％ポイント低下している
　　が，それでも全体の半分を占めている。また，この表からは販売数自体が減っ
　　ているかどうかも分からず，この表の情報だけからではAの販売を取りやめる
　　べきかどうかは判断できないので誤り。

Ⅲ：誤り。この表からは2018年の情報は分からないので誤り。

　　以上から，正しい記述はⅠのみなので，正解は①である。

問13

〔1〕　**18**　…………………………………………………………………… **正解** ⑤

与えられた表から特定の条件を満たす人の割合を計算する問題である。

A高校のうち，家庭学習の時間が2時間未満である生徒の割合は，$\dfrac{6+70}{144}=0.53$

である。

　　よって，正解は⑤である。

145

〔2〕 **19** .... **正解** ④

与えられた表から情報を適切に読み取る問題である。

Ⅰ：誤り。家庭学習の時間が1時間以上2時間未満の生徒の割合は，A高校では $\frac{70}{144} \fallingdotseq 0.49$，B高校では $\frac{41}{63} \fallingdotseq 0.65$ であり，B高校の方が割合が大きいので誤り。

Ⅱ：正しい。家庭学習の時間が1時間未満の生徒の割合は，A高校では $\frac{6}{144} \fallingdotseq 0.04$，B高校では $\frac{5}{63} \fallingdotseq 0.08$ であり，ともに1割未満であるので正しい。

Ⅲ：正しい。家庭学習の時間が8時間以上の生徒の割合は，A高校では $\frac{12+2}{144} \fallingdotseq 0.10$，A高校とB高校を合わせると $\frac{13+2}{207} \fallingdotseq 0.07$ であり，A高校とB高校を合わせた方が割合が小さいので正しい。

以上から，正しい記述はⅡとⅢのみなので，正解は④である。

問14

20 .... **正解** ②

相関についての理解を問う問題である。

Ⅰ：誤り。相関係数が1であれば最も年齢が高い人が最も年収が高いことが分かるが，正の相関があるというだけではそのようなことはいえないので誤り。

Ⅱ：正しい。男性のデータの相関係数と，男女を合わせたデータの相関係数が分かったとしても，女性のデータの相関係数は分からないので正しい。

Ⅲ：誤り。相関の強さ（直線的傾向の強さ）と，年齢の増加に対する年間収入の増加量（直線の傾き）には関係がないので誤り。

以上から，正しい記述はⅡのみなので，正解は②である。

問15

〔1〕 **21** .... **正解** ③

表から作成される適切な散布図を選択する問題である。

①：誤り。表より，どの都道府県も第2次活動は600を超えていないが，散布図の横軸で600を超えている点があるので誤り。

②：誤り。①と同様に散布図の横軸で600を超えている点があるので誤り。

③：正しい。各都道府県の第2次活動と第3次活動が正しく表されているので正しい。

④：誤り。表より，ほとんどの都道府県の第2次活動は400を超えているが，散布

図の横軸で400を超えているのは数点なので誤り。
⑤：誤り。表より、第2次活動、第3次活動ともに400を超える都道府県は存在しないが、散布図では第2次活動、第3次活動ともに400を超えている点があるので誤り。また、共分散の値が負であることからも適切でないことが分かる。
よって、正解は③である。

〔2〕 **22** .... 正解 ⑤

相関係数を理解しているかを問う問題である。
XとYの相関係数は、

$$\frac{X と Y の共分散}{X の標準偏差 \times Y の標準偏差}$$

によって計算される。よって、第1次活動と第3次活動の相関係数は、

$$\frac{-7.77}{\sqrt{61.85 \times 82.23}} \fallingdotseq -0.1$$

であり、第2次活動と第3次活動の相関係数は、

$$\frac{-74.68}{\sqrt{131.05 \times 82.23}} \fallingdotseq -0.7$$

である。これらの相関係数より、第2次活動と第3次活動の相関の方が絶対値が1に近いので、第1次活動と第3次活動の相関の方がより強い。
よって、正解は⑤である。

〔3〕 **23** .... 正解 ①

分散および相関係数がどのように変化するかを散布図から判断する問題である。
秋田県の第3次活動が388から400へ変化するということは平均からさらに離れることになるので、**分散は大きくなる**（82.23から87.81に増加する）。

また、散布図を見ると第3次活動が400へ変化することで他の都道府県の傾向に近づくと考えられるので、**相関係数の絶対値は大きくなる**と考えられる。厳密には、相関係数は基準化したデータの共分散であり、もともと秋田県の残差の積は（第3次活動が平均に近いため）0に近いが、第3次活動が388から400へ変化することで、絶対値が大きい負の値となるので、相関係数の絶対値が大きくなる（−0.72から−0.77に変化する）。

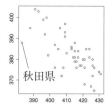

よって、正解は①である。

〔4〕　**24**　⋯⋯⋯⋯⋯⋯⋯⋯⋯⋯⋯⋯⋯⋯⋯⋯⋯⋯⋯⋯⋯⋯⋯⋯⋯⋯⋯⋯⋯⋯⋯　**正解**▶④

　単位の変化と代表値等の関係を問う問題である。

　データの単位を「分」から「時間」に変えたとき，平均値，範囲は60分の1，分散，共分散は3600分の1となるが，相関係数は無単位の値であるため，値は変化しない。

　よって，正解は④である。

〔5〕　**25**　⋯⋯⋯⋯⋯⋯⋯⋯⋯⋯⋯⋯⋯⋯⋯⋯⋯⋯⋯⋯⋯⋯⋯⋯⋯⋯⋯⋯⋯⋯⋯　**正解**▶⑤

　データから読み取れることを適切に判断できるかを問う問題である。

Ⅰ：誤り。第2次活動と第3次活動の相関から，第3次活動が少なくなることの原因が第1次活動であるとは断定できないので誤り。

Ⅱ：正しい。第3次活動において，全体の傾向から大きくはずれた値はないので正しい。

Ⅲ：正しい。東京，神奈川，埼玉，千葉の第2次活動の時間はそれぞれ47都道府県中，5位，2位，3位，5位であり比較的多いので正しい。

　以上から，正しい記述はⅡとⅢのみなので，正解は⑤である。

問16

〔1〕　**26**　⋯⋯⋯⋯⋯⋯⋯⋯⋯⋯⋯⋯⋯⋯⋯⋯⋯⋯⋯⋯⋯⋯⋯⋯⋯⋯⋯⋯⋯⋯⋯　**正解**▶④

　与えられた折れ線グラフからデータの変化について適切に読み取れるかを問う問題である。

ア：1月の客数で割るので，1月の数値は「1」となる。

イ：2月は1未満の値であるので，2月の客数は1月の客数より「少なかった」ことが分かる。

　よって，正解は④である。

〔2〕　**27**　⋯⋯⋯⋯⋯⋯⋯⋯⋯⋯⋯⋯⋯⋯⋯⋯⋯⋯⋯⋯⋯⋯⋯⋯⋯⋯⋯⋯⋯⋯⋯　**正解**▶②

　与えられた情報から正しいグラフを選ぶ問題である。

　売上高についての説明では年間を通じて2016年の方が高いとあり，図Aではないことが分かる。また3月，7月が前後の月と比較して高くなっているので，**売上高を表しているのは図B**であることが分かる。

　ここから，**凡例Xは2016年，凡例Yは2011年**であることも分かる。

　店舗数についての説明では年間を通じての記述から図Aではないことが分かる。また，2011年（凡例Y）は3月以外では増加とあることから，**店舗数を表しているのは図C**であることが分かる。

　客単価についての説明では3月に関する記述で該当するのは図Aしかないので，

統計検定　3級

客単価を表しているのは図Aであることが分かる。

以上から，図A：客単価，図B：売上高，図C：店舗数，凡例X：2016年，凡例Y：2011年となるので，正解は②である。

問17

28　　　　　　　　　　　　　　　　　　　　　　　　　　　　　　　　　　　**正解** ①

サンプリングの方法として適切な方法を選ぶ問題である。

Ⅰ：正しい。能力差の影響を少なくすることで勉強法の違いを調べることが出来るので正しい。

Ⅱ：誤り。グループAとグループBの差に，勉強法以外に学年という違いも含まれてしまうので誤り。

Ⅲ：誤り。グループAとグループBの差に，勉強法以外に高校の違いも含まれてしまうので誤り。

以上から，正しい記述はⅠのみなので，正解は①である。

問18

29　　　　　　　　　　　　　　　　　　　　　　　　　　　　　　　　　　　**正解** ⑤

全数調査と標本調査に関して適切でないものを選ぶ問題である。

①：正しい。全数調査と比較して標本調査は時間がかからないので，速報性が重視されるときは標本調査が採用される。

②：正しい。国勢調査は5年ごとに総務省が実施する国の全数調査である。

③：正しい。調査のための母集団を設定する。

④：正しい。インターネット調査はインターネット利用者に限定されるため標本に偏りがあるおそれがある。インターネットを利用しない者の意見や意識などは反映されないので，結果には偏りがあると考えられる。

⑤：誤り。記述にある特徴や傾向などを知りたい集団全体は母集団であり，標本に含まれる人数などは「標本の大きさ」という。

よって，正解は⑤である。

2018年6月

解説

149

問19

30 .... **正解** ⑤

無作為抽出について，適切な方法を選ぶ問題である。

①：誤り。応募してきた生徒のみが対象となることで偏りが生じる可能性があるので誤り。

②：誤り。①と同様の理由で偏りが生じる可能性があるので誤り。

③：誤り。選ばれたクラスがその高校全体の特徴を表しているとは限らないので誤り。また，クラスを調査者が選ぶという点でも適切ではない。

④：誤り。③と同様の理由で，誤り。

⑤：正しい。登校時間が近い生徒の登校順はほとんどランダムと考えられる。その順番が5の倍数を選ぶと無作為に近いと考えられるので正しい。

よって，正解は⑤である。

PART 6

3級
2017年11月
問題／解説

2017年11月に実施された
統計検定3級で実際に出題された問題文を掲載します。
問題の趣旨やその考え方を理解できるように、
正解番号だけでなく解説を加えました。

問題………153
正解一覧………174
解説………175

統計検定　3級

問1　次のアンケート項目は，あるデパートの顧客アンケート調査の一部である。

> Q1. あなたの性別は？　　　　　　　□男性　　　□女性
>
> Q2. あなたの年齢は？
> 　　1．20代以下　　2．30代　　3．40代　　4．50代　　5．60代以上
>
> Q3. あなたは何人家族ですか？　　　　　（　　　　　）人
>
> Q4. ペットを飼っていますか？　　　□はい　　　□いいえ
>
> Q5. あなたの住まいからこのデパートまでどれくらいかかりますか？
> 　　　　　　　　　　　　　　　　　　　　約（　　　　　）分

このアンケートの各項目を分析するとき，どの質問の回答が量的変数となるか。次の①～⑤のうちから最も適切なものを一つ選べ。 **1**

① Q1とQ2とQ3のみ　　　　　② Q3とQ5のみ
③ Q2とQ5のみ　　　　　　　④ Q5のみ
⑤ すべて量的変数

問2　100人の学生がいるクラスで，ドイツ語とフランス語の履修状況を調査した。その結果，ドイツ語を履修している学生は34人，ドイツ語もフランス語も履修していない学生は27人であった。この学校ではドイツ語とフランス語の両方を履修することも可能である。このクラスでフランス語を履修している学生は何人以上何人以下か。次の①～⑤のうちから適切なものを一つ選べ。 **2**

① 34人以上66人以下　　　　② 61人以上73人以下
③ 39人以上66人以下　　　　④ 39人以上73人以下
⑤ 34人以上39人以下

問3　10本のくじからなるくじ引きで，当たりくじは2本入っているとする。まずAさんがくじを1本引き，それを戻さずに，次にBさんが残り9本のうちから1本引くとき，Bさんが当たりくじを引く確率はいくらか。次の①～⑤のうちから適切なものを一つ選べ。 **3**

① $\dfrac{1}{9}$　　　② $\dfrac{2}{9}$　　　③ $\dfrac{1}{6}$　　　④ $\dfrac{1}{5}$　　　⑤ $\dfrac{1}{3}$

2017年11月　問題

153

問4 ある会社では，従業員の健康を管理する上で「移動機能の低下」が起こっていないかどうか確認するためのロコモ度テストを毎年実施している。ロコモ度テストのうち，2ステップテストは次の手順のように行い，2ステップ値と呼ばれる数値を算出している。

手順1 スタートラインを決め，両足のつま先を合わせる。
手順2 できる限り大股で2歩歩き，両足を揃える。（バランスをくずした場合は失敗とし，もう一度やり直す。）
手順3 2歩分の歩幅(最初に立ったラインから，着地点のつま先まで)を測る。
手順4 2回行って，良かった方の記録を2歩幅として採用する。
手順5 次の計算式で2ステップ値を算出する。

2ステップ値＝2歩幅(cm)÷身長(cm)

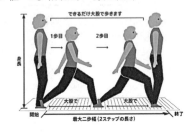

資料：ロコモチャレンジ！推進協議会「ロコモ度テスト-2ステップテスト」

この2ステップ値から，移動機能の低下について以下の基準で判定する。

移動機能の判定基準

1.3 以上	問題なし
1.1 以上 1.3 未満	移動機能の低下が始まっている状態
1.1 未満	移動機能の低下が進行している状態

例えば，身長172cmであるAさんの2歩幅が220cmならば，2ステップ値は

220÷172=1.279…

となり，約1.28となる。判定基準から，Aさんは「移動機能の低下」が始まっている状態と判定される。

2ステップテストを受けた男性81名（営業部の41名，企画部の20名，総務部の20名）について，2ステップ値を計算して小数点以下3位を四捨五入したあとのデータを使い，部署ごとに5数要約を求めたところ，次のようになった。

	営業部	企画部	総務部
最小値	1.19	1.25	1.11
第1四分位数	1.38	1.49	1.29
中央値	1.52	1.57	1.54
第3四分位数	1.60	1.72	1.63
最大値	1.79	1.81	1.77

〔1〕3つの部署の箱ひげ図として，次の①～⑤のうちから最も適切なものを一つ選べ。 | 4 |

①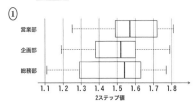

②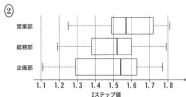

③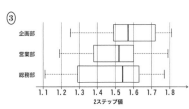

④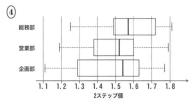

⑤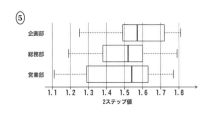

〔2〕従業員の「移動機能の低下」の有無について2ステップ値の5数要約から読み取れることとして，次の①～⑤のうちから適切でないものを一つ選べ。 | 5 |

① 営業部は企画部よりも2ステップ値が1.3未満の人数が多い。
② 総務部で2ステップ値が1.3未満の人は25％以上いる。
③ 総務部は企画部よりも2ステップ値が1.3未満の人数が多い。
④ 営業部で2ステップ値が1.3以上の人は75％以上いる。
⑤ 営業部，企画部，総務部それぞれに2ステップ値が1.3未満の人がいる。

問5　次の点数は，ある5人の学級で実施した試験における各生徒の成績である。

$$68,\ 60,\ 76,\ 82,\ 64\ （点）$$

82点の生徒の偏差値はいくらか。次の①～⑤のうちから適切なものを一つ選べ。
　6　

　①　15　　　②　52.9　　　③　58　　　④　65　　　⑤　70

問6　次の図は，対になっている2つの変量X，Yについてのヒストグラムである。

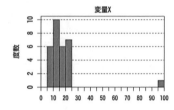 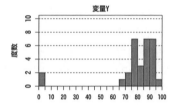

また次の図は，変量Yから変量Xを引いた変量Zのヒストグラムである。

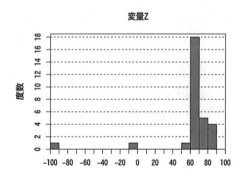

このとき，横軸がX，縦軸がYである散布図として，次の①～⑤のうちから適切なものを一つ選べ。　7

統計検定 3級

①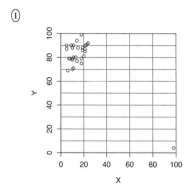

②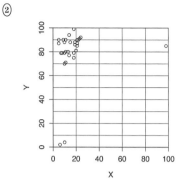

③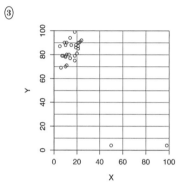

④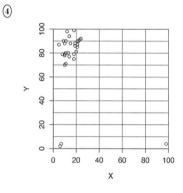

⑤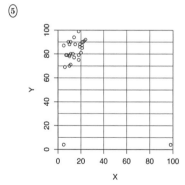

2017年11月 問題

157

問7 次の表は，ある学校の同一学年の学生に対して100点満点の数学のテストを実施した結果の5数要約を表したものである。

最小値	10点
第1四分位数	23点
中央値	55点
第3四分位数	69点
最大値	88点

〔1〕このデータにおける四分位範囲はいくらか。次の①～⑤のうちから適切なものを一つ選べ。 **8**

① 14　　② 22　　③ 23　　④ 39　　⑤ 46

〔2〕この表から読み取れることとして，次のⅠ～Ⅲの記述を考えた。

> Ⅰ．この学年の生徒の約半数以上が23～69点の間にいる。
>
> Ⅱ．このテストの最頻値は55点である。
>
> Ⅲ．同じテストを別の学校の同じ学年で実施したところ，中央値が55点となった。

この記述Ⅰ～Ⅲに関して，次の①～⑤のうちから最も適切なものを一つ選べ。
9

① Ⅰのみ正しい　　　　　　② Ⅱのみ正しい
③ Ⅲのみ正しい　　　　　　④ ⅠとⅡのみ正しい
⑤ ⅠとⅢのみ正しい

問8 次のグラフは，ある学校で同じ科目の100点満点のテストを2回実施したときの，各テストの点数の累積相対度数分布を表したものである。

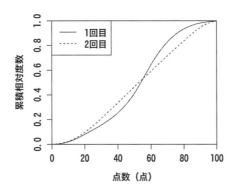

このグラフから読み取れることとして，次のⅠ～Ⅲの記述を考えた。

> Ⅰ．得点が上位の生徒にとっては2回目の方が点数が取りにくかった。
>
> Ⅱ．1回目よりも2回目の方が第1四分位数は小さいが第3四分位数は大きい。
>
> Ⅲ．1回目の方が2回目よりも標準偏差が小さい。

この記述Ⅰ～Ⅲに関して，次の①～⑤のうちから最も適切なものを一つ選べ。
10

① Ⅰのみ正しい   ② Ⅱのみ正しい
③ Ⅲのみ正しい   ④ ⅠとⅡのみ正しい
⑤ ⅡとⅢのみ正しい

問9 ある学校で100点満点の数学のテストを実施したところ，その結果は平均値46（点），標準偏差9（点）であった。

〔1〕このテストの点数の分散はいくらか。次の①～⑤のうちから適切なものを一つ選べ。　**11**

① 　3　　　　　② 　18　　　　③ 　46　　　　④ 　81　　　　⑤ 　91

〔2〕このテストの全員の点数に5点を加えることとした。その際，100点を超えた人はいないものとする。このときの平均値と標準偏差の正しい組合せとして，次の①～⑤のうちから適切なものを一つ選べ。　**12**

① 　平均値：46　　　標準偏差：11.5
② 　平均値：51　　　標準偏差：14
③ 　平均値：46　　　標準偏差：14
④ 　平均値：51　　　標準偏差：9
⑤ 　平均値：51　　　標準偏差：11.5

問10 ある統計データについて，ヒストグラムを作成したところ次のようになった。ただし，このヒストグラムは単位や目盛等が非表示となっている。

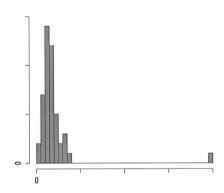

ある統計データとは何か。次の①～⑤のうちから最も適切なものを一つ選べ。
13

① 日本人全員の誕生月
② 1から6の目が公平に出るサイコロを600回振ったときの出た目
③ 47都道府県の面積
④ 2016年の日経平均株価の毎営業日の終値
⑤ 2016年度のセンター試験受験者の国語の偏差値

問11 次の表は，2017年2月24日（金）から実施されたプレミアムフライデー（各月の最終金曜日に普段より早く退社をする試み）について，プレミアムフライデー実施前と実施後の印象をアンケート調査し，両方の調査に回答した人の結果である。この調査において，実施前，実施後ともに回答した人は1329人である。

（単位：%）

	事前調査	事後調査
肯定的な印象	16.6	6.1
どちらかというと肯定的な印象	24.9	18.7
どちらともいえない	38.1	42.4
どちらかというと否定的な印象	13.1	19.0
否定的な印象	7.3	13.8

資料：インテージ「『プレミアムフライデー』事後調査2017年2月調査」

〔1〕この表から読み取れることとして，次の①〜⑤のうちから最も適切なものを一つ選べ。 14

① 事前調査で否定的な印象を持つ人は，事後調査でも否定的な印象を持っている。

② 事前調査，事後調査ともに，肯定的な印象を持つ人より，否定的な印象を持つ人の方が多い。

③ 事後調査で否定的な印象またはどちらかというと否定的な印象を持つ人は全体の3分の1以上である。

④ 事前調査の方が事後調査よりも肯定的な印象またはどちらかというと肯定的な印象を持つ人が多い。

⑤ プレミアムフライデーの印象は毎月悪くなっている。

162

統計検定　3級

〔2〕次の表は，事後調査について，プレミアムフライデーで早く帰った人，プレミアムフライデーで早く帰らなかった人，プレミアムフライデーが実施・奨励されなかった人に分けた表である。

（単位：％）

	プレミアムフライデーで早く帰った人 (73人)	プレミアムフライデーで早く帰らなかった人 (126人)	プレミアムフライデーが実施・奨励されなかった人 (1130人)
肯定的な印象	32.1	5.6	4.5
どちらかというと肯定的な印象	31.5	33.5	16.2
どちらともいえない	28.4	41.6	43.4
どちらかというと否定的な印象	8.0	9.8	20.8
否定的な印象	0.0	9.3	15.2

資料：インテージ「『プレミアムフライデー』事後調査2017年2月調査」

上記2つの表から読み取れることとして，次の①～⑤のうちから最も適切なものを一つ選べ。　15

① 事前調査よりも事後調査の方が否定的な人が多い要因の一つとして，プレミアムフライデーが実施・奨励されなかった人が多かったことが考えられる。

② 事後調査で肯定的な印象を持った人の割合は，(32.1＋5.6＋4.5)/3によって求められる。

③ プレミアムフライデーが実施・推奨されなかった人のうち，肯定的な印象を持つ人の数は，プレミアムフライデーで早く帰らなかった人のうち，肯定的な印象を持つ人の数よりも少ない。

④ プレミアムフライデーで早く帰った人は，全員印象が改善された。

⑤ このアンケートにおいて，プレミアムフライデーで早く帰った人のうち，否定的な印象を持つ人が0人かどうかはわからない。

2017年11月問題

163

問12 コインを投げて，表が出たら数直線上の点Aを右に1，裏が出たら左に1動かすとする。コインの表と裏が出る確率がそれぞれ1/2であるとし，最初に点Aが原点にあったとするとき，10回コインを投げた後に点Aが原点にある確率はいくらか。次の①～⑤のうちから最も適切なものを一つ選べ。 16

① 0.1   ② 0.15   ③ 0.2   ④ 0.25   ⑤ 0.5

問13 あるクラスで実施された数学と理科の試験の点数の相関係数を調べたところ0.7となった。しかし，数学の試験において誰も点数を取れなかった問題があったため，見直したところその問題が間違いであることがわかった。そこで，この問題は全員正解とし，3点増やすこととなった。修正された点数の相関係数について，次の①～⑤のうちから適切なものを一つ選べ。 17

① 0.7より小さい   ② 0.7
③ 0.7より大きい   ④ －0.7
⑤ 個々の点数によるためわからない

問14 2変数データの分析において，各変数の関連性を数値で見ることとした。各変数の関連性を表す指標である共分散と相関係数に関することとして，次のⅠ～Ⅲの記述を考えた。

> Ⅰ．共分散は2つの変数の関係性の強さを測っており，2つの変数間に強い相関があるときに限り，共分散の値は大きくなる。
>
> Ⅱ．2つの変数の相関係数と，その2つの変数をそれぞれ基準化した変数の共分散は一致する。
>
> Ⅲ．2つの変数の一方のみ，単位を変更する（たとえば，身長と体重の相関関係を考える際に，身長の単位をmからcmに変更，など）とき，この2つの変数の共分散の値は変わるが相関係数の値は変わらない。

この記述Ⅰ～Ⅲに関して，次の①～⑤のうちから最も適切なものを一つ選べ。
18

① Ⅰのみ正しい   ② ⅠとⅡのみ正しい
③ ⅡとⅢのみ正しい   ④ ⅠとⅢのみ正しい
⑤ ⅠとⅡとⅢはすべて正しい

問15 次のモザイク図は，高校生に対し，高校卒業後の進路の第一志望の分野（文系，理系，どちらでもない，まだ決まっていない）と，将来就きたい職業が決まっているかどうか（a：具体的に就きたい職業が決まっている，b：職業までは決まっていないが働きたい業界・分野のイメージはある，c：就きたい職業も働きたい業界・分野も決まっていない，d：そもそも働くイメージがない）を調査した結果である。

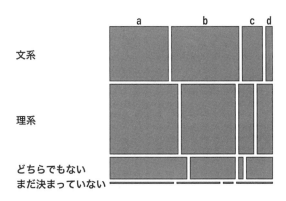

資料：マイナビ進学「高校生のライフスタイル・興味関心調査」

このモザイク図から読み取れることとして，次のⅠ～Ⅲの記述を考えた。

> Ⅰ．高校卒業後の進路の第一志望のどの分野（文系，理系，どちらでもない，まだ決まっていない）でも，具体的に就きたい職業が決まっている人が最も多い。
>
> Ⅱ．そもそも働くイメージがない人のうち，高校卒業後の進路の第一志望の分野で最も多いのは理系である。
>
> Ⅲ．文系よりも理系を第一志望の分野とする人の方が多い。

この記述Ⅰ～Ⅲに関して，次の①～⑤のうちから最も適切なものを一つ選べ。
19

① Ⅰのみ正しい　　　　　　　② Ⅱのみ正しい
③ Ⅲのみ正しい　　　　　　　④ ⅠとⅡのみ正しい
⑤ ⅡとⅢのみ正しい

問16 次の積み上げ棒グラフは，平成27年のテレビ（リアルタイム）視聴およびネット利用の平均時間を年代ごとに集計した結果である。

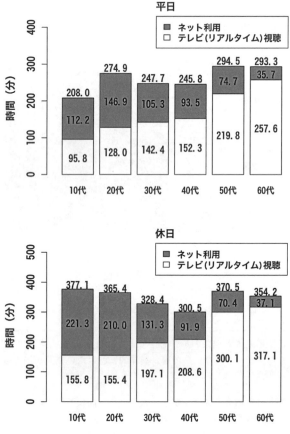

資料：総務省「平成27年情報通信メディアの利用時間と情報行動に関する調査」

この積み上げ棒グラフから読み取れることとして，次のⅠ～Ⅲの記述を考えた。

> Ⅰ．10代，20代それぞれにおいて，テレビ（リアルタイム）視聴時間よりもネット利用時間の方が長く，30代から60代の各年代において，ネット利用時間よりもテレビ（リアルタイム）視聴時間の方が長い。
>
> Ⅱ．全ての年代において，平日よりも休日の方がテレビ（リアルタイム）視聴時間，ネット利用時間ともに長くなっている。
>
> Ⅲ．10代のテレビ（リアルタイム）視聴時間は年々短くなっている。

この記述Ⅰ～Ⅲに関して，次の①～⑤のうちから最も適切なものを一つ選べ。

| 20 |

① Ⅰのみ正しい　　　　　　② Ⅱのみ正しい
③ Ⅲのみ正しい　　　　　　④ ⅠとⅡのみ正しい
⑤ ⅠとⅢのみ正しい

問17 次の折れ線グラフは，美術館Aと美術館Bの企画展における平成18年度から平成27年度までの年間入館者数の推移を表したものである。

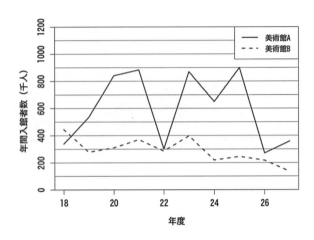

資料：国立美術館「国立美術館業務実績報告書」

〔1〕 この折れ線グラフから読み取れることとして，次のⅠ～Ⅲの記述を考えた。

> Ⅰ．美術館Aでは平成22年度に年間入館者数が減少している。その理由は前年度に世界遺産への登録が認められなかったことである。
>
> Ⅱ．どちらの美術館も，グラフの期間中の年間入館者数の最大値が最小値の2倍以上である。
>
> Ⅲ．グラフの期間中，常に美術館Aの方が年間入館者数が多い。

この記述Ⅰ～Ⅲに関して，次の①～⑤のうちから最も適切なものを一つ選べ。
21

① Ⅰのみ正しい　　　　　② Ⅱのみ正しい
③ Ⅲのみ正しい　　　　　④ ⅠとⅡのみ正しい
⑤ ⅡとⅢのみ正しい

[2] 年間入館者数の前年度比の折れ線グラフとして，次の①〜⑤のうちから最も適切なものを一つ選べ。 22

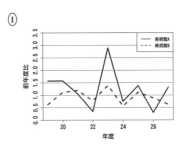
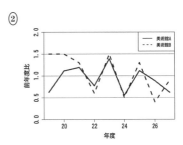
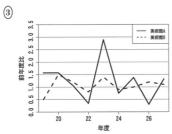
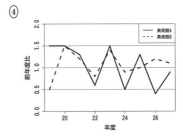
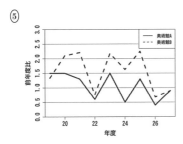

問18 次のクロス集計表は，平成28年度の大学入学者の男女，国公立，私立，文系（人文科学，社会科学），理系（理学，工学，農学，保健），その他の人数を集計したものである。

	国公立	私立	合計
男	75,691	262,065	337,756
女	55,762	224,905	280,667
合計	131,453	486,970	618,423

	文系	理系	その他	合計
男	160,961	120,954	55,841	337,756
女	129,081	70,202	81,384	280,667
合計	290,042	191,156	137,225	618,423

	文系	理系	その他	合計
国公立	34,979	62,703	33,771	131,453
私立	255,063	128,453	103,454	486,970
合計	290,042	191,156	137,225	618,423

資料：文部科学省「学校基本調査」

〔1〕 国公立に入学した人のうち，理系を選んだ人の割合はいくらか。次の①〜⑤のうちから最も適切なものを一つ選べ。 **23**

① 0.10   ② 0.31   ③ 0.33   ④ 0.48   ⑤ 0.64

〔2〕 これらのクロス集計表から読み取れることとして，次の①〜⑤のうちから最も適切なものを一つ選べ。 **24**

① 私立の文系に入学した男性は，125,982人以上である。
② 国公立の理系に入学した女性は，28,457人である。
③ 文系に入学した人は男性より女性の方が多い。
④ 国公立に入学した人のうち文系に入学した人の割合は，私立に入学した人のうち文系に入学した人の割合より大きい。
⑤ 私立に入学した人数は国公立に入学した人数のおよそ5倍である。

統計検定　3級

問19　共学の高校Aの2年生は10クラスあり，各クラスには40人ずつ，合計400人（男250人，女150人）の生徒がいる。高校Aの2年生でアルバイトをしている生徒の比率を調べるために，この学年において大きさ40の標本を抽出して調査する。

〔1〕標本抽出の方法について，次の①～⑤のうちから最も適切なものを一つ選べ。
　　　 25

　①　この学年の全生徒に1～400の番号をつけたあと，1～400の中から異なる乱数を40個発生させ，その番号の生徒を選び調査を行う。
　②　各クラス名を記載した紙を用意し，くじ引きで1枚引く。それに該当するクラス全員に調査する。
　③　各クラスの担任が推薦した男女2人ずつを選び，その生徒に調査を行う。
　④　たまたま部員数が40人のクラブがあるので，そのクラブの生徒に調査を行う。
　⑤　1人をくじ引きで選び，その友人を紹介してもらう。この操作を続け，40人の生徒を選び，調査を行う。

〔2〕　適切な方法で抽出した40人に調査したところ，アルバイトをしている生徒は16人であった。この標本に関する内容として，次の①～⑤のうちから適切なものを一つ選べ。**26**

　①　標本から標本比率を推定したい。なお，調査結果から標本比率は0.4である。
　②　標本から母比率を推定したい。なお，調査結果から標本比率は0.4である。
　③　標本から標本比率を推定したい。なお，調査結果から母比率は0.04である。
　④　標本から母比率を推定したい。なお，調査結果から母比率は0.04である。
　⑤　標本から母比率を推定したい。なお，調査結果から母比率は0.4である。

2017年11月　問題

171

問20 次の調査研究に関する実験研究と観察研究の組合せとして，下の①〜⑤のうちから最も適切なものを一つ選べ。 **27**

> Ⅰ．ある中学校の卒業生を対象に，私立の高校へ行った人と公立の高校へ行った人のその後の進路を調査した。
>
> Ⅱ．ある病院の肺がん患者に対し，過去にたばこを吸ったことがあるかどうかを調査した。
>
> Ⅲ．あるトクホ（特定保健用食品）飲料の効果を調べるため，調査協力者100人をランダムに50人ずつのグループに分け，一方のグループにそのトクホ飲料を飲んでもらい，もう一方のグループにはトクホではない飲料を飲んでもらい，それぞれの効果を調査した。

① Ⅰ：観察研究　　Ⅱ：観察研究　　Ⅲ：観察研究
② Ⅰ：観察研究　　Ⅱ：観察研究　　Ⅲ：実験研究
③ Ⅰ：観察研究　　Ⅱ：実験研究　　Ⅲ：実験研究
④ Ⅰ：実験研究　　Ⅱ：観察研究　　Ⅲ：実験研究
⑤ Ⅰ：実験研究　　Ⅱ：実験研究　　Ⅲ：実験研究

問21 日本国内の人口・世帯等の実態を把握するため，数年に一度国勢調査が実施されている。国勢調査に関する記述について，次の①〜⑤のうちから最も適切なものを一つ選べ。 **28**

① 4年に一度，夏季オリンピックが開催される年に実施される。
② 標本調査である。
③ 回答方法は調査票の郵送のみである。
④ 国勢調査は回答する義務がある。
⑤ 国勢調査の結果は公開されていない。

統計検定　3級

問22 ある会社が，自社製品が好まれる状況の地域差を調べるために，A市とB町でアンケート調査を実施することとした。

〔1〕 調査票を用いた調査について，次のⅠ～Ⅲの記述を考えた。

> Ⅰ．調査票の質問には，個人情報に関わることを含めてはならない。
>
> Ⅱ．調査票の質問文は，専門用語を避けて誰にでもわかりやすい文章とする。
>
> Ⅲ．調査票の選択肢には，必ず「わからない」を含めるべきである。

この記述Ⅰ～Ⅲに関して，次の①～⑤のうちから最も適切なものを一つ選べ。
29

① Ⅰのみ正しい　　　　　　② Ⅱのみ正しい
③ Ⅲのみ正しい　　　　　　④ ⅠとⅡのみ正しい
⑤ ⅠとⅡとⅢはすべて正しい

〔2〕 調査方法について，次のⅠ～Ⅲの記述を考えた。

> Ⅰ．A市とB町それぞれで，必ず人口に比例した人数に調査しなければならない。
>
> Ⅱ．A市とB町では，異なる製品について調査した方がよい。
>
> Ⅲ．A市で郵送調査とするならば，B町も郵送調査とすべきである。

この記述Ⅰ～Ⅲに関して，次の①～⑤のうちから最も適切なものを一つ選べ。
30

① Ⅰのみ正しい　　　　　　② Ⅱのみ正しい
③ Ⅲのみ正しい　　　　　　④ ⅠとⅢのみ正しい
⑤ ⅡとⅢのみ正しい

2017年11月　問題

173

統計検定3級　2017年11月　正解一覧

　次ページ以降に解説を掲載しています。問題の趣旨やその考え方を理解するために活用してください。

問		解答番号	正解
問1		1	②
問2		2	④
問3		3	④
問4	〔1〕	4	③
	〔2〕	5	①
問5		6	④
問6		7	⑤
問7	〔1〕	8	⑤
	〔2〕	9	①
問8		10	⑤
問9	〔1〕	11	④
	〔2〕	12	④
問10		13	③
問11	〔1〕	14	④
	〔2〕	15	①

問		解答番号	正解
問12		16	④
問13		17	②
問14		18	③
問15		19	⑤
問16		20	①
問17	〔1〕	21	②
	〔2〕	22	①
問18	〔1〕	23	④
	〔2〕	24	①
問19	〔1〕	25	①
	〔2〕	26	②
問20		27	②
問21		28	④
問22	〔1〕	29	②
	〔2〕	30	③

問1

1 .... **正解** ②

与えられた項目から量的変数を選ぶ問題である。

Q1：量的変数ではない。性別は，男性，女性を示す質的変数であるので，量的変数ではない。

Q2：量的変数ではない。当該アンケートにおいて年齢は，「1. 20代以下」「2. 30代」等とカテゴリの選択肢から選択するようになっているため，量的変数ではない。

Q3：**量的変数**である。家族の人数は1人以上の数えられる数なので，量的変数である。

Q4：量的変数ではない。「ペットを飼っていますか？」という質問の回答であるので，「はい」「いいえ」のいずれかを示す質的変数であり，量的変数ではない。

Q5：**量的変数**である。質問の時間については，0分以上の計量できる値であるため，量的変数である。

以上から，Q3とQ5の回答のみが量的変数なので，正解は②である。

問2

2 .... **正解** ④

条件に合う集合の人数を計算する問題である。

ドイツ語を履修している学生が34人，ドイツ語もフランス語も履修していない学生が27人である。フランス語を履修している人数が最小となるのは，次の図のように全く重なりがなく，ドイツ語とフランス語の両方を履修している学生がいない場合であり，その人数は，100－34－27＝39〔人〕となる。

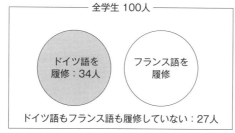

また，フランス語を履修している人数が最大となるのは，次の図のようにドイツ語の履修がフランス語の履修の真部分集合となり，ドイツ語を履修している人がすべてフランス語も履修している場合であり，その人数は100－27＝73〔人〕となる。

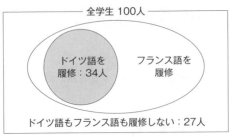

以上から，フランス語の履修者は39人以上73人以下となる。
よって，正解は④である。

問3

3 .... 正解 ④

与えられた状況から確率を計算する問題である。

Aさんが1本目に引いたくじが当たりの場合とはずれ（当たりではない）の場合に分けて計算する。1本目にAさんが引いたくじが当たりの場合，2本目にBさんが当たりを引く確率は，$\frac{2}{10} \times \frac{1}{9} = \frac{2}{90}$である。また，1本目にAさんが引いたくじがはずれの場合，2本目にBさんが当たりを引く確率は，$\frac{8}{10} \times \frac{2}{9} = \frac{16}{90}$である。したがって，求める確率は，$\frac{2}{90} + \frac{16}{90} = \frac{18}{90} = \frac{1}{5}$である。

よって，正解は④である。

問4

〔1〕 **4** .... 正解 ③

与えられた5数要約から適切な箱ひげ図を選択する問題である。

選択肢の箱ひげ図はすべて同じ図であるが，部署の順番が異なっている。与えられた5数要約のうち，最小値に着目すると小さい順に総務部，営業部，企画部であり，選択肢の箱ひげ図うち，下から総務部，営業部，企画部の順になっている選択肢を探す。なお，最大値あるいは中央値でも同様に比較すると正解がわかる。

よって，正解は③である。

〔2〕 **5** .... 正解 ①

与えられた5数要約および箱ひげ図から，データの性質を読み取る問題である。

①：誤り。営業部も企画部も第1四分位数が1.3よりも大きいので，1.3未満の人数が25％以下であることはわかるが，正確な人数はわからないので誤り。

②：正しい。総務部では第1四分位数が1.29であり1.3未満である。よって，1.3未満の人は25％以上いるため正しい。

③：正しい。総務部と企画部はともに20名である。総務部の第1四分位数は1.29なので，1.30未満の人数は5人以上である。一方で企画部の第1四分位数は1.49なので，1.30未満の人数は5人以下であることがわかる。もし，企画部で下位5人全てが1.30未満だとすると，第1四分位数が1.49となるには下位の6番目の人の値は1.68より大きくなくてはならず（下の表を参照），中央値が1.57であることに反する。つまり，1.30未満の人数は5人未満（4人以下）となる。

順位	1	2	3	4	5	6
総務部	1.11	○	○	○	1.29以下	1.29以上
企画部	1.25	○	○	○	1.30未満	1.68より大きい

④：正しい。営業部の第1四分位数は1.38なので，1.3以上の人数は75％以上であり正しい。

⑤：正しい。それぞれの部署において最小値が1.3未満である。よって，1.3未満の値をとる人はいるので正しい。

よって，正解は①である。

問5

6 　　　　　　　　　　　　　　　　　　　　　　　　　　　　　　　　　**正解** ④

与えられたデータから偏差値を求める問題である。

平均値は，$\dfrac{68+60+76+82+64}{5}=70$，分散は

$$\dfrac{(68-70)^2+(60-70)^2+(76-70)^2+(82-70)^2+(64-70)^2}{5}=64，標準偏差は\sqrt{64}=8$$

となり，82点の生徒の標準得点は，$\dfrac{82-70}{8}=1.5$となる。したがって，偏差値は

$50+1.5\times10=65$となる。

よって，正解は④である。

問6

7 　　　　　　　　　　　　　　　　　　　　　　　　　　　　　　　　　**正解** ⑤

与えられたヒストグラムから，適切な散布図を選ぶ問題である。

①：誤り。Y が 5 以下の点が 1 つしかないので誤り。

②：誤り。Z が 0 に近い点は 1 つだけだが，X と Y がともに 0 に近い点が 2 つあるため誤り。

③：誤り。X が50に近い点があるので誤り。

④：誤り。Y が 5 以下の点が 3 つあるので誤り。

⑤：正しい。散布図が X, Y および Z のヒストグラムの分布に当てはまっているので正しい。

　よって，正解は⑤である。

問7

与えられた 5 数要約から四分位範囲を読み取る問題である。

〔1〕　**8**　..　正解 ⑤

　与えられた 5 数要約のうち，第 1 四分位数は23，第 3 四分位数は69なので，四分位範囲は，$69 - 23 = 46$である。

　よって，正解は⑤である。

〔2〕　**9**　..　正解 ①

Ⅰ：正しい。四分位範囲である23〜69の間に半数以上（四分位数の計算方法によっては，半数 − 1 以上）の生徒がいるので正しい。

　　たとえば，12人の得点が10, 18, 22, 24, 24, 55, 55, 58, 68, 70, 75, 88のとき，これらの 5 数要約は問題で示したものと同じになり，23〜69の間に 6 人（半数）がいる。12人の得点が10, 18, 23, 23, 23, 55, 55, 58, 69, 69, 75, 88のとき，23〜69の間に 8 人 (2/3) がいる。このように，23点と69点に複数の生徒がいると半数以上になることがある。生徒の人数が12人でなくても，同様のことが見てとれる。

Ⅱ：誤り。 5 数要約からは最頻値はわからないので誤り。

Ⅲ：誤り。同じ学年でも別の学校での実施結果についてはこのデータからはわからないので誤り。

　以上から，正しい記述はⅠのみなので，正解は①である。

問8

10　..　正解 ⑤

与えられた累積相対度数分布から代表値等を読み取る問題である。

Ⅰ：誤り。 1 回目のテストと 2 回目のテストの対応については累積相対度数分布か

統計検定　3級

らはわからないので誤り。

Ⅱ：正しい。グラフより，累積相対度数が0.25に対応する点数は，1回目が約40点，2回目が約30点であり，第1四分位数は2回目の方が小さい。また，累積相対度数が0.75に対応する点数は，1回目が約60点，2回目が約70点であり，第3四分位数は2回目の方が大きい。よって，この記述は正しい。

Ⅲ：正しい。グラフより1回目は2回目に比べて，中央付近で傾きが大きくなっているため，比較的中央（平均）付近に点数が集中している。よって，1回目の方が標準偏差が小さくなるので正しい。

以上から，正しい記述はⅡとⅢのみなので，正解は⑤である。

問9

〔1〕　**11**　　　　　　　　　　　　　　　　　　　　　　　　　　**正解** ④

与えられた標準偏差から分散を計算する問題である。

標準偏差と分散の関係は，分散＝（標準偏差）^{2}であるので，分散＝9^2＝81である。

よって，正解は④である。

〔2〕　**12**　　　　　　　　　　　　　　　　　　　　　　　　　　**正解** ④

変数に一定の値を加えた場合に，与えられた平均，標準偏差がどのように変換されるかを問う問題である。

全員の点数 $x_1, \cdots, x_n$ に対する平均点を $\bar{x}\left(=\dfrac{1}{n}\displaystyle\sum_{i=1}^{n}x_i\right)$，標準偏差を $s\left(=\sqrt{\dfrac{1}{n}\displaystyle\sum_{i=1}^{n}(x_i-\bar{x})^2}\right)$

とする。全員の点数に5点を加えると，その平均は $\dfrac{1}{n}\displaystyle\sum_{i=1}^{n}(x_i+5)=\bar{x}+5$ と5点増加する。一方，標準偏差は $\sqrt{\dfrac{1}{n}\displaystyle\sum_{i=1}^{n}\{(x_i+5)-(\bar{x}+5)\}^2}=s$ となり変化しない。したがって，平均値は46＋5＝51，標準偏差は9となる。

よって，正解は④である。

問10

13　　　　　　　　　　　　　　　　　　　　　　　　　　　　**正解** ③

与えられたヒストグラムに応じた適切なデータを選ぶ問題である。

①：誤り。誕生月のヒストグラムでは階級の数は12以下となるが，このヒストグラムでは40の階級があるため誤り。

②：誤り。サイコロを振ったときの出た目のヒストグラムでは階級の数は6以下となるが，このヒストグラムでは40の階級があるため誤り。

2017年11月　解説

③：正しい。47都道府県の面積は，北海道が他都府県と比べとびぬけて広く，残りの46都府県が固まって分布しているので正しい。

④：誤り。日経平均株価の毎営業日の終値は急激な変化をすることは少なく，連続的な分布となると考えられる。一方，このヒストグラムは最大の階級と次の階級が4倍以上離れているので誤り（2016年の日経平均株価の毎営業日の終値のヒストグラムは次のようになる）。

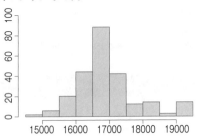

⑤：誤り。センター試験のように多くの人が受験する試験の点数は，単峰かつ連続で左右対称な分布になりやすい。また，過去にこのヒストグラムのように平均点と最高点が8倍以上も離れたことはないので誤り（2016年度大学入試センター試験の国語の平均点は129.39点，最高点は200点である）。

よって，正解は③である。

問11

〔1〕 **14** ……………………………………………………………… **正解** ④

与えられた表から情報を適切に読み取る問題である。

①：誤り。この表からは事前調査で否定的な印象を持っていた人が，事後調査でも否定的な印象であったかどうかわからないので誤り。

②：誤り。事前調査では否定的な印象を持っていた人（7.3%）よりも肯定的な印象を持っていた人（16.6%）の方が多いので誤り。

③：誤り。事後調査で否定的な印象またはどちらかというと否定的な印象を持つ人は，19.0＋13.8＝32.8〔％〕であり，3分の1より少ないので誤り。

④：正しい。肯定的な印象またはどちらかというと肯定的な印象を持つ人は，事前調査では16.6＋24.9＝41.5〔％〕，事後調査では6.1＋18.7＝24.8〔％〕であり，事前調査の方が事後調査よりも多いので正しい。

⑤：誤り。この表からは2月以外の情報はわからないので誤り。

よって，正解は④である。

〔2〕　**15** ──────────────────────────────────── **正解** ①

与えられた2つの表から情報を適切に読み取る問題である。

①：正しい。2つ目の表より，プレミアムフライデーで早く帰った人，プレミアムフライデーで早く帰らなかった人，プレミアムフライデーが実施・奨励されなかった人のうち，否定的な印象を持つ割合が最も大きいのはプレミアムフライデーが実施・奨励されなかった人であることがわかる。また，プレミアムフライデーが実施・推奨されなかった人は全体の約85%であることもわかる。これらのことから，事前調査よりも事後調査の方が否定的な人が多い要因の一つに，プレミアムフライデーが実施・推奨されなかった人が多かったことがあると考えられる。

②：誤り。事後調査で肯定的な印象を持った人の割合は，

$32.1 \times \dfrac{73}{1329} + 5.6 \times \dfrac{126}{1329} + 4.5 \times \dfrac{1130}{1329} \fallingdotseq 6.1$ 〔%〕であるので誤り。

③：誤り。プレミアムフライデーが実施・推奨されなかった人のうち，肯定的な印象を持つ人の数は $1130 \times 0.045 = 51$ 〔人〕であり，プレミアムフライデーで早く帰らなかった人のうち，肯定的な印象を持つ人は，$126 \times 0.056 = 7$ 〔人〕であるので，誤り。

④：誤り。プレミアムフライデーで早く帰った人全員の印象が改善されたかどうかは，これら2つの表からは読み取れないので誤り。

⑤：誤り。もし，プレミアムフライデーで早く帰った人のうち，否定的な印象を持つ人が1人であった場合，その割合は $1/73 \times 100 = 1.4$ 〔%〕となるので，否定的な印象を持つ人は0人であり，誤り。

よって，正解は①である。

問12

16 ──────────────────────────────────── **正解** ④

反復試行の確率を計算する問題である。

10回コインを投げた後に点Aが原点にあるためには，右に5，左に5動かす必要がある。つまり，その確率は10回コインを投げ，表が5回出る確率と一致するので，

その値は，${}_{10}C_5 \left(\dfrac{1}{2}\right)^5 \left(\dfrac{1}{2}\right)^5 = \dfrac{10 \times 9 \times 8 \times 7 \times 6}{5 \times 4 \times 3 \times 2 \times 1} \cdot \dfrac{1}{2^5} \cdot \dfrac{1}{2^5} = \dfrac{252}{2^{10}} \fallingdotseq 0.246$ となる。

よって，正解は④である。

問13

17 　　　　　　　　　　　　　　　　　　　　　　　　正解 ②

相関係数に関する知識を問う問題である。

2つのデータ $x_1, \cdots, x_n$ と $y_1, \cdots, y_n$ の相関係数 r は次の式で求められる。

$$r = \frac{\frac{1}{n}\sum_{i=1}^{n}(x_i-\bar{x})(y_i-\bar{y})}{\sqrt{\frac{1}{n}\sum_{i=1}^{n}(x_i-\bar{x})^2}\sqrt{\frac{1}{n}\sum_{i=1}^{n}(y_i-\bar{y})^2}} = \frac{s_{xy}}{s_x s_y}$$

ここで s_x, s_y はそれぞれ x と y の標準偏差，s_{xy} は 2 変数の共分散である。

すべての x_i が 3 点増えた場合，それに応じて $\bar{x}$ も 3 点増える。したがって，$x_i - \bar{x}$ の値は変わらず，相関係数の値は変わらない。

よって，正解は②である。

問14

18 　　　　　　　　　　　　　　　　　　　　　　　　正解 ③

共分散と相関係数に関する知識を問う問題である。

Ⅰ：誤り。2 つの変数間の相関が弱くても，各変数の分散が大きいときに共分散の値も大きくなることがあるので誤り。

Ⅱ：正しい。x と y を基準化して，それぞれ，$\tilde{x}_i = \frac{x_i - \bar{x}}{s_x}$, $\tilde{y}_i = \frac{y_i - \bar{y}}{s_y}$ $(i = 1, 2, \cdots, n)$

と表すと，$\tilde{x}$ と $\tilde{y}$ の共分散は次のようになる。

$$\frac{1}{n}\sum_{i=1}^{n}\left(\frac{x_i-\bar{x}}{s_x}\right)\left(\frac{y_i-\bar{y}}{s_y}\right) = \frac{s_{xy}}{s_x s_y}$$

ここで，s_x, s_y はそれぞれ x と y の標準偏差，s_{xy} は 2 変数の共分散である。これは，x と y の相関係数と一致するので正しい。

Ⅲ：正しい。2 つの変数の一方のみ単位を変更することで，たとえば数値が 100 倍となると，共分散の値も 100 倍となる。一方，基準化した変数は単位の影響を受けず，Ⅱより相関係数の値は変わらないので正しい。

以上から，正しい記述はⅡとⅢのみなので，正解は③である。

問15

19 　　　　　　　　　　　　　　　　　　　　　　　　正解 ⑤

与えられたモザイク図から情報を適切に読み取る問題である。

Ⅰ：誤り。高校卒業後の進路の第一志望の分野が文系の人は，職業までは決まって

統計検定　3級

いないが働きたい業界・分野のイメージはある人が最も多いので誤り。
Ⅱ：正しい。そもそも働くイメージがない人のうち，高校卒業後の進路の第一志望の分野ごとの面積を比較すると，理系の面積が最も大きいので正しい。
Ⅲ：正しい。文系と理系のモザイク図の高さを比較すると，理系の方が高いので正しい。
以上から，正しい記述はⅡとⅢのみなので，正解は⑤である。

問16

20 ……………………………………………………………… 正解 ①

与えられた積み上げ棒グラフから情報を適切に読み取る問題である。
Ⅰ：正しい。各年代でテレビ（リアルタイム）視聴時間とネット利用時間を比較すると，平日，休日ともに，10代，20代はネット利用時間の方が長く，30代から60代の各年代はテレビ（リアルタイム）視聴時間の方が長いので正しい。
Ⅱ：誤り。各年代ともテレビ（リアルタイム）視聴時間は休日の方が長いが，40代，50代において，ネット利用時間が休日より平日の方が長いので誤り。
Ⅲ：誤り。与えられた積み上げ棒グラフからは，平成27年以外の情報はわからないので誤り。
以上から，正しい記述はⅠのみなので，正解は①である。

問17

〔1〕 **21** ……………………………………………………………… 正解 ②

与えられた折れ線グラフから情報を読み取る問題である。
Ⅰ：誤り。このグラフからは年間入館者数が減少している理由は読み取れないので誤り。
Ⅱ：正しい。美術館Aでは最大値は約900（千人），最小値は約270（千人），美術館Bでは最大値は約450（千人），最小値は約140（千人）である。両美術館とも最大値が最小値の2倍以上であるので正しい。
Ⅲ：誤り。美術館Aより美術館Bの方が平成18年度の年間入館者数が多いので誤り。
以上から，正しい記述はⅡのみなので，正解は②である。

〔2〕 **22** ……………………………………………………………… 正解 ①

与えられた折れ線グラフから適切な指数のグラフを選択する問題である。
前年度より増加した場合は前年度比が1.0より大きく，減少した場合は1.0より小さい。このことに注意してそれぞれの値を検討するとよい。
①：正しい。与えられた折れ線グラフに基づく指数を適切に表しているので正しい。

②：誤り。たとえば，平成18年度から平成19年度にかけて美術館Aの年間入館者数は約340（千人）から約530（千人）に増加しているが，平成19年度の前年度比が約0.6となっており減少を示しているので誤り。

③：誤り。たとえば，平成26年度から平成27年度にかけて美術館Bの年間入館者数は約220（千人）から約140（千人）に減少しているが，平成27年度の前年度比が約1.1となっており増加を示しているので誤り。

④：誤り。たとえば，③と同様に，美術館Bの平成27年度の前年度比が約1.1となっているので誤り。

⑤：誤り。たとえば，平成18年度から平成19年度にかけて美術館Bの年間入館者数は約440（千人）から約290（千人）に減少しているが，平成19年度の前年度比が約1.3となっており増加を示しているので誤り。

よって，正解は①である。

問18

与えられたクロス集計表から情報を適切に読み取る問題である。

〔1〕　**23**　·· 正解 ④

3つ目のクロス集計表から，国公立に入学した人が131,453人で，そのうち理系を選んだ人が62,703人であることがわかる。したがって，その割合を計算すると，$62703 \div 131453 \fallingdotseq 0.48$となる。

よって，正解は④である。

〔2〕　**24**　·· 正解 ①

①：正しい。2つ目の表から文系に入学した男性は160,961人である。また，3つ目の表から国公立で文系に入学した人は34,979人である。私立の文系に入学した男性が最も少ないケースは，国公立の文系に入学した34,979人が全て男性である場合であり，そのときの私立の文系に入学した男性は$160961 - 34979 = 125982$〔人〕なので正しい。

②：誤り。これらのクロス集計表からは，国公立の理系に入学した女性の人数はわからないので誤り。

③：誤り。文系に入学した女性は129,081人であり，文系に入学した男性160,961人より少ないので誤り。

④：誤り。国公立に入学した人のうち文系に入学した人の割合は$34979 \div 131453 \fallingdotseq 0.266$であり，私立に入学した人のうち文系に入学した人の割合$255063 \div 486970 \fallingdotseq 0.524$より小さいので誤り。

⑤：誤り。私立に入学した人は国立に入学した人のおよそ3.7倍（$486970 \div 131453$

184

統計検定　3級

≒3.70）なので誤り。

　　よって，正解は①である。

問19

〔1〕　**25**　・・・　**正解▶①**

標本抽出についての理解を問う問題である。

①：正しい。単純無作為抽出法による標本抽出なので正しい。

②：誤り。この方法はクラスター抽出法と呼ばれる方法であり，各クラスに大きな違いがなければ問題はない。しかし一般に，高校のクラスは文系クラスや理系クラス，特進クラス等，クラスによって大きな違いがある場合が多く，そのようなケースではこの抽出法は適切でないので誤り。

③：誤り。担任の推薦では，生徒の選択に恣意的な要素が入ってしまうので誤り。

④：誤り。クラブによって大きな違いがある場合があるので誤り。

⑤：誤り。友人を紹介する点に恣意的な要素が入ってしまうので誤り。

　　よって，正解は①である。

〔2〕　**26**　・・・　**正解▶②**

母集団と標本の理解を問う問題である。

　調査の目的は，標本の中でアルバイトをしている割合（標本比率）に基づき，母集団の中でアルバイトをしている未知の割合（母比率）を推定することである。調査結果から標本比率は0.4であり，母比率は0.4に近いことが期待される。したがって，①と③は前半の文が誤りであり，③と④と⑤は後半の「なお」以降の文が誤りである。

　　よって，正解は②である。

問20

27　・・　**正解▶②**

　調査研究には実験研究と観察研究があり，これらの理解を問う問題である。実験研究は研究者の介入があるが観察研究は研究者の介入がない点が2つの研究の違いである。

Ⅰ：観察研究である。高校卒業後の進路調査であり，高校の進路への介入はせずに経過を調べているので観察研究である。

Ⅱ：観察研究である。過去に喫煙していたかどうかの聴き取り調査をしており，喫煙行動への介入はしていないため観察研究である。

Ⅲ：実験研究である。効果の検証のために協力者を2つのグループにランダムに分

2017年11月

解説

け，飲んでもらう飲み物に介入をしているので実験研究である。

以上から，正解は②である。

問21

28 .... **正解** ④

国勢調査に関する理解を問う問題である。

①：誤り。国勢調査は5年に一度（西暦の一ケタが0と5の年に）行われるので誤り。

②：誤り。日本に住んでいるすべての人および世帯を対象として行われる全数調査なので誤り。

③：誤り。回答方法は調査票を調査員に直接提出する方法のほか，郵送による回答およびインターネットによる回答があるので誤り。

④：正しい。法律（統計法）で回答を義務付けられているので正しい。

⑤：誤り。結果はインターネット等で公開されているので誤り。

　　よって，正解は④である。

問22

〔1〕 **29** .... **正解** ②

調査票について問う問題である。

Ⅰ：誤り。個人情報に関わることを含めてはならないということはないので誤り。

Ⅱ：正しい。調査対象は一般の住民であり，誰にでもわかりやすい文章にすべきであるので正しい。

Ⅲ：誤り。必ずしも「わからない」を含める必要はないので誤り。

　　以上から，正しい記述はⅡのみなので，正解は②である。

〔2〕 **30** .... **正解** ③

調査の方法について問う問題である。

Ⅰ：誤り。必ずしも人口に比例する必要はないので誤り。

Ⅱ：誤り。A市とB町で比較をする際に，製品まで異なってしまっては比較をすることができないので誤り。

Ⅲ：正しい。調査方法を変えると結果が変わってしまう事があるため，同じ調査方法とするべきであり，正しい。

　　以上から，正しい記述はⅢのみなので，正解は③である。

186

PART 7

3級
2017年6月
問題／解説

2017年6月に実施された
統計検定3級で実際に出題された問題文を掲載します。
問題の趣旨やその考え方を理解できるように、
正解番号だけでなく解説を加えました。

問題………188
正解一覧………206
解説………207

問1　次の図は，ある電力会社の「電気ご使用量のお知らせ」である。

```
電気ご使用量のお知らせ      いつもご利用いただきありがとうございます。

平成29年   ご使用期間:5月11日～6月8日  ご契約者様氏名    ケンテイ タロウ 様
6月分      ご使用日数:  28日
           今回検針日:6月9日
           次回検針日:7月14日
(ご契約種別)ファミリータイプ

ご請求予定額(税込)    8,340円 | 電気ご使用量      360kWh

 基本料金
 ・・・・
 ・・・・


 振替予定日  6月20日  再振替日  7月4日  お支払期日  7月10日
                          ○○電力会社  △△営業所
                     TEL(コールセンター) 0120-○○○-○○○
                          検針者  統計 花子
```

この電力会社では，平成29年6月の契約者の情報についてまとめることとなった。このお知らせに印字されていた次の項目のうち，量的変数はどれか。次の①～⑤のうちから最も適切なものを一つ選べ。　　1

① 電気ご使用量　　　② 振替予定日　　　③ ご使用期間
④ ご契約種別　　　　⑤ ご契約者様氏名

問2　ある学級で生徒の通学方法について調査したところ，全生徒数40人のうち，鉄道を利用しているのは28人，バスを利用しているのは25人，どちらも利用していないのは8人であった。このとき，鉄道を利用していない生徒のうちバスを利用している生徒の割合はいくらか。次の①～⑤のうちから適切なものを一つ選べ。
　　2

① $\dfrac{1}{7}$　　　② $\dfrac{1}{3}$　　　③ $\dfrac{11}{18}$　　　④ $\dfrac{2}{3}$　　　⑤ $\dfrac{25}{28}$

問3　1から6の目が同じ確率で出る赤白2つのサイコロがある。この2つのサイコロを投げたとき，赤色のサイコロの目の数が白色のサイコロの目の数で割り切れる確率はいくらか。次の①～⑤のうちから適切なものを一つ選べ。　　3

① $\dfrac{1}{6}$　　　② $\dfrac{2}{9}$　　　③ $\dfrac{13}{36}$　　　④ $\dfrac{7}{18}$　　　⑤ $\dfrac{5}{12}$

問4 次の積み上げ棒グラフは，平成26年に行われた国民健康・栄養調査をもとに，性別・年齢階級別の野菜摂取量（g/日）の平均値を表したものである。

男性

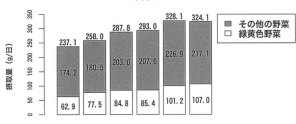

女性

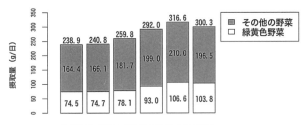

資料：厚生労働省「平成26年国民健康・栄養調査報告」

この積み上げ棒グラフから読み取れることとして，次のⅠ～Ⅲの記述を考えた。

> Ⅰ．男性は年齢階級が上がるごとに野菜摂取量に対する緑黄色野菜の摂取量の割合が上昇している傾向にある。
>
> Ⅱ．女性は50～59歳の階級で急激に緑黄色野菜の摂取量が上昇していることから，女性はこの年代から健康に対する意識が向上すると考えられる。
>
> Ⅲ．どの年齢階級においても女性の方が男性よりも野菜摂取量に対する緑黄色野菜の摂取量の割合は高い。

この記述Ⅰ～Ⅲに関して，次の①～⑤のうちから最も適切なものを一つ選べ。

4

① Ⅰのみ正しい　　　　② Ⅱのみ正しい
③ Ⅲのみ正しい　　　　④ ⅠとⅡのみ正しい
⑤ ⅠとⅢのみ正しい

問5 次の図は，平成27年の47都道府県の自殺死亡率のヒストグラムである。ただし，自殺死亡率とは，人口10万人当たりの自殺者数である。また，ヒストグラムの各階級は，例えば20以上21未満のように，下限値を含み上限値は含まないものとする。

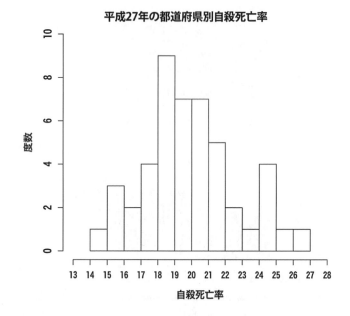

資料：厚生労働省「平成27年中における自殺の状況」

このヒストグラムから読み取れることとして，次のⅠ～Ⅲの記述を考えた。

> Ⅰ．最も度数が多い階級は18以上19未満の階級である。
> Ⅱ．自殺死亡率が24以上の都道府県の割合は10%以上である。
> Ⅲ．自殺死亡率の中央値は18以上19未満である。

この記述Ⅰ～Ⅲに関して，次の①～⑤のうちから最も適切なものを一つ選べ。
5

① Ⅰのみ正しい　　② Ⅱのみ正しい
③ Ⅲのみ正しい　　④ ⅠとⅡのみ正しい
⑤ ⅠとⅢのみ正しい

統計検定　3級

問6　あるクラスの100点満点の数学の試験の結果を幹葉図で表すと次のようになった。
幹葉図では，例えば60点台の結果が，61点，62点，64点，65点，66点，66点，68点，
69点であった場合，十の位に6を書き，一の位にそれぞれ1，2，4，5，6，6，
8，9と書くこととする。

十の位	一の位
6	1 2 4 5 6 6 8 9
7	0 1 1 1 1 1 1 3 5 7 7 9
8	
9	3

〔1〕　このクラスの数学の試験の結果の平均値はいくらか。次の①〜⑤のうちから
適切なものを一つ選べ。 **6**

①　67　　　②　69　　　③　71　　　④　73　　　⑤　75

〔2〕　このクラスの数学の試験の結果の中央値はいくらか。次の①〜⑤のうちから適
切なものを一つ選べ。 **7**

①　67　　　②　69　　　③　71　　　④　73　　　⑤　75

2017年6月

問題

191

問7 次の表は，あるクラスの英語の試験結果を度数分布表に集計したものである。

試験結果	人数（人）
0 点以上　30 点未満	3
30 点以上　40 点未満	6
40 点以上　50 点未満	9
50 点以上　60 点未満	10
60 点以上　70 点未満	7
70 点以上　80 点未満	3
80 点以上 100 点以下	2
合計	40

この試験において，30点未満の生徒と80点以上の生徒が少ないことから，それぞれまとめて集計をしている。この度数分布表のヒストグラムとして，次の①〜⑤のうちから最も適切なものを一つ選べ。　8

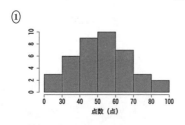

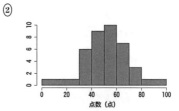

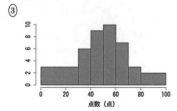

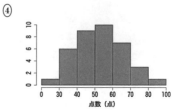

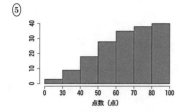

統計検定　3級

問8　次の（ア）～（ウ）のそれぞれを調べるためのグラフの組合せとして，下の①～⑤のうちから最も適切なものを一つ選べ。　**9**

> （ア）　ある市町村の過去20年間の選挙の投票率の推移
>
> （イ）　あるコンビニ店での1時間ごとの顧客の年齢層の比較
>
> （ウ）　あるクラスの生徒の50m走のタイム

① （ア）棒グラフ　　　　（イ）箱ひげ図　　　　（ウ）棒グラフ
② （ア）折れ線グラフ　　（イ）帯グラフ　　　　（ウ）ヒストグラム
③ （ア）棒グラフ　　　　（イ）折れ線グラフ　　（ウ）積み上げ棒グラフ
④ （ア）折れ線グラフ　　（イ）散布図　　　　　（ウ）ヒストグラム
⑤ （ア）棒グラフ　　　　（イ）帯グラフ　　　　（ウ）折れ線グラフ

問9　次のクロス集計表は，男女200名を対象に，1日に摂取するサプリメントの種類数についてアンケート調査した結果である。

	摂取なし	1種類	2種類	3種類以上	合計
女性	45	18	24	18	105
男性	65	18	10	2	95
合計	110	36	34	20	200

〔1〕　このアンケートにおいて，1日に少なくとも1種類以上のサプリメントを摂取する人に占める女性の割合を計算する式として，次の①～⑤のうちから適切なものを一つ選べ。　**10**

① $1 - \dfrac{45}{110}$　　　② $\dfrac{18+24+18}{115}$　　　③ $\dfrac{18+24+18}{200}$

④ $\dfrac{18+24+18}{36+34+20}$　　　⑤ $\dfrac{18}{36} + \dfrac{24}{34} + \dfrac{18}{20}$

〔2〕　サプリメントの摂取種類数の男女別の構成割合を比較するためのグラフとして，次の①～⑤のうちから最も適切なものを一つ選べ。　**11**

① 棒グラフ　　　② 折れ線グラフ　　　③ 箱ひげ図
④ 散布図　　　　⑤ 帯グラフ

2017年6月

問題

193

問10 次のグラフは，非営利教育団体によりA国とB国である年に実施された英語のテストの結果をもとに作成した箱ひげ図である。

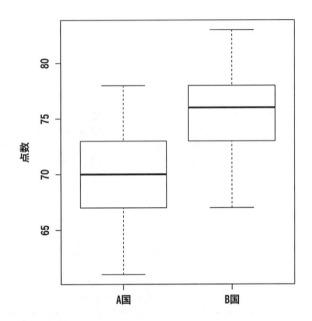

この箱ひげ図から読み取れることとして，次のⅠ～Ⅲの記述を考えた。

> Ⅰ．A国とB国の分布はいずれも単峰（山が一つ）である。
>
> Ⅱ．A国よりもB国の方が数学の能力も高い。
>
> Ⅲ．A国の第1四分位数とB国の第3四分位数はほぼ同じである。

この記述Ⅰ～Ⅲに関して，次の①～⑤のうちから最も適切なものを一つ選べ。
12

① Ⅰのみ正しい　　　　② Ⅱのみ正しい
③ Ⅲのみ正しい　　　　④ ⅠとⅡとⅢはすべて正しい
⑤ ⅠとⅡとⅢはすべて誤り

問11 次の表は，あるクラスの32人の身長を度数分布表に集計したものである。

身長	度数（人）
153cm 以上 156cm 未満	7
156cm 以上 159cm 未満	8
159cm 以上 162cm 未満	5
162cm 以上 165cm 未満	8
165cm 以上 168cm 未満	3
168cm 以上 171cm 未満	1

〔1〕この度数分布表から読み取れることとして，次のⅠ～Ⅲの記述を考えた。

> Ⅰ．四分位範囲は10cm以上である。
>
> Ⅱ．平均値は162cm以上165cm未満である。
>
> Ⅲ．クラスの半数以上は162cm以下である。

この記述Ⅰ～Ⅲに関して，次の①～⑤のうちから最も適切なものを一つ選べ。 13

① Ⅰのみ正しい   ② Ⅱのみ正しい
③ Ⅲのみ正しい   ④ ⅠとⅡのみ正しい
⑤ ⅠとⅢのみ正しい

〔2〕次のA～Cの箱ひげ図のうち上の度数分布表と矛盾しないものはどれか。下の①～⑤のうちから最も適切なものを一つ選べ。 14

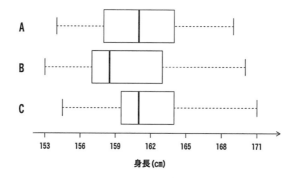

① Aのみ矛盾しない   ② Bのみ矛盾しない
③ Cのみ矛盾しない   ④ AとBのみ矛盾しない
⑤ AとBとCのすべて矛盾しない

問12 あるクラスにおいて，理科Aと理科Bの2科目のマークシート方式の試験（それぞれ100点満点）が行われた。C君は理科Aと理科Bのマークシートを取り違えてしまい，その結果として理科Aは30点であった。

〔1〕 はずれ値があるか否かを発見することができるグラフとして，次の①～⑤のうちから適切でないものを一つ選べ。　15

① 理科Aの幹葉図　　　　　　　② 理科Aのヒストグラム
③ 理科Aの円グラフ　　　　　　④ 理科Aの箱ひげ図
⑤ 理科Aと理科Bの散布図

〔2〕 このクラスの理科Aの平均は80点，標準偏差は10点であった。このクラスの理科Aの偏差値についての次のⅠ～Ⅲの記述に関して，下の①～⑤のうちから最も適切なものを一つ選べ。　16

> Ⅰ．C君の理科Aの偏差値は0であった。
>
> Ⅱ．理科Aの試験において，偏差値が100を超える生徒がいた。
>
> Ⅲ．理科Aの試験において，ほとんどすべての生徒の偏差値は50未満であった。

① Ⅰのみ正しい　　　　　　　② Ⅱのみ正しい
③ Ⅲのみ正しい　　　　　　　④ ⅠとⅡのみ正しい
⑤ ⅡとⅢのみ正しい

統計検定　3級

問13　あるクラスで英語のテストを実施し，平均値，中央値，標準偏差，四分位範囲を計算した。このデータには，はずれ値が含まれていることがわかっている。

〔1〕平均値，中央値，標準偏差，四分位範囲のうち，このテストの結果の代表値と散らばりを表す指標の組合せとして，次の①〜⑤のうちから最も適切なものを一つ選べ。　**17**

① 代表値：平均値　　　　　散らばり：中央値
② 代表値：標準偏差　　　　散らばり：四分位範囲
③ 代表値：標準偏差　　　　散らばり：平均値
④ 代表値：四分位範囲　　　散らばり：中央値
⑤ 代表値：中央値　　　　　散らばり：四分位範囲

〔2〕このテストの平均値は571点，標準偏差は167点であった。その後，すべての受験生の得点を一律に1.1倍することになった。ただし，このときに小数の得点も認めることとする。このときの平均値と標準偏差として，次の①〜⑤のうちから最も適切なものを一つ選べ。　**18**

① 平均値：571　　　標準偏差：167
② 平均値：571　　　標準偏差：183.7
③ 平均値：628.1　　標準偏差：167
④ 平均値：628.1　　標準偏差：183.7
⑤ 平均値：628.1　　標準偏差：202.07

2017年6月

問題

197

問14 相関係数に関する次のⅠ～Ⅲの記述がある。

> Ⅰ. ある店舗の1日の売上高（万円）と1日の客数（人）の相関係数を求めたが，客数の中に誤って売上高に関係のない従業員が含まれていることがわかり，この人数を除いた。1日当たりの従業員数は毎日一定であり，この従業員数を除いた上で改めて計算し直した1日の売上高（万円）と従業員数を除いた1日の客数（人）の相関係数を求めた。
>
> Ⅱ. ある会社の健康診断で，従業員の身長（cm）と体重（kg）の相関係数を求めたが，BMIを求めるために身長の単位を（m）に変更し，身長（m）と体重（kg）の相関係数を求めた。
>
> Ⅲ. 各都道府県で登録されている自動車数（台数）とスピード違反検挙数（件）の相関係数を求めたが，各都道府県の人口の違いが登録されている自動車数に影響すると考え，登録されている自動車数を人口1千人当たりの台数に変更し，各都道府県で登録されている自動車数（人口1千人当たりの台数）とスピード違反検挙数（件）の相関係数を求めた。

この記述Ⅰ～Ⅲに関して，データの変更前と変更後の相関係数の値が変化しないものはどれか。次の①～⑤のうちから最も適切なものを一つ選べ。 **19**

① Ⅰのみ変化しない　　　　　② Ⅱのみ変化しない
③ ⅠとⅡのみ変化しない　　　④ ⅠとⅢのみ変化しない
⑤ ⅡとⅢのみ変化しない

問15 ある中学校で，中学1年のクラス全員の平均睡眠時間X（時間）と身長Y（cm）を調べて相関係数rを計算した。また，起きている平均時間と身長の相関係数を計算するため，$X' = 24 - X$とし，X'とYの相関係数を計算しようとしたところ，身長の単位を誤って$Y' = Y/100$（m）としてX'とY'の相関係数r'を計算した。このとき，2つの相関係数rとr'の関係について，次の①～⑤のうちから適切なものを一つ選べ。 **20**

① r'は$r/100$と等しい　　　　② r'は$-r/100$と等しい
③ r'はrと等しい　　　　　　④ r'は$-r$と等しい
⑤ r'は$100r$と等しい

問16 次の散布図は，大相撲で昭和35年以降に横綱になった力士26名の幕内における勝ち数と負け数を表したものである。

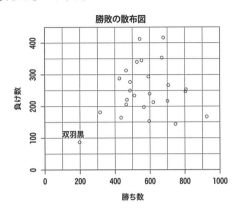

資料：相撲レファレンス「横綱一覧表」

この散布図から読み取れることとして，次のⅠ～Ⅲの記述を考えた。

> Ⅰ．勝ち数と負け数の相関係数は負であるが，左下の双羽黒の1点を取り除くと相関係数は正になる。
>
> Ⅱ．横軸を勝率（＝勝ち数/出場数）に変えても，横軸目盛りの数値が変わる以外に散布図の変化はない。ただし，出場数は勝ち数と負け数の和である。
>
> Ⅲ．勝ち数の中央値はおよそ560，負け数の中央値はおよそ240である。

この記述Ⅰ～Ⅲに関して，次の①～⑤のうちから最も適切なものを一つ選べ。
21

① Ⅰのみ正しい 　　　　② Ⅱのみ正しい
③ Ⅲのみ正しい 　　　　④ ⅠとⅡのみ正しい
⑤ ⅠとⅢのみ正しい

問17 次の折れ線グラフは，1993年から2016年の日本プロサッカーリーグ（Jリーグ，1999年以降はディビジョン1のみとする），日本プロ野球セントラル・リーグ（セ・リーグ）とパシフィック・リーグ（パ・リーグ）の年間入場者数（単位：万人）の推移を表したものである。

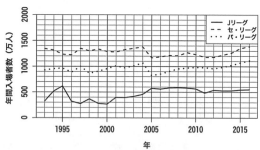

資料：Jリーグ.jp「年度別入場者数推移」，NPB.jp「各年度入場者数」

〔1〕 この折れ線グラフから読み取れることとして，次のⅠ～Ⅲの記述を考えた。

> Ⅰ．1993年から2016年のうち，セ・リーグの年間入場者が常に最多であるのは，セ・リーグのファンサービスがパ・リーグやJリーグのファンサービスよりも充実しているからである。
>
> Ⅱ．グラフの期間中，プロ野球パ・リーグの年間入場者数に対するセ・リーグの年間入場者数の比は，常に1.1から1.6の間である。
>
> Ⅲ．セ・リーグの年間入場者数とJリーグの年間入場者数の差が最小であるのは2005年であり，その差はおよそ250万人である。

この記述Ⅰ～Ⅲに関して，次の①～⑤のうちから最も適切なものを一つ選べ。 22

① Ⅰのみ正しい　　　　② Ⅱのみ正しい
③ Ⅲのみ正しい　　　　④ ⅠとⅡのみ正しい
⑤ ⅡとⅢのみ正しい

〔2〕 次の図は，1993年の年間入場者数を100としたときの各年の年間入場者数の指数である。

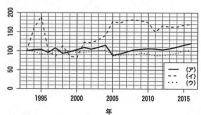

統計検定　3級

グラフ中の（ア）〜（ウ）の組合せとして，次の①〜⑤のうちから最も適切なものを一つ選べ。 23

① （ア）Jリーグ　　　（イ）セ・リーグ　　（ウ）パ・リーグ
② （ア）セ・リーグ　　（イ）パ・リーグ　　（ウ）Jリーグ
③ （ア）セ・リーグ　　（イ）Jリーグ　　　（ウ）パ・リーグ
④ （ア）パ・リーグ　　（イ）セ・リーグ　　（ウ）Jリーグ
⑤ （ア）パ・リーグ　　（イ）Jリーグ　　　（ウ）セ・リーグ

〔3〕セ・リーグとパ・リーグの各年の年間入場者数の散布図として，次の①〜⑤のうちから最も適切なものを一つ選べ。 24

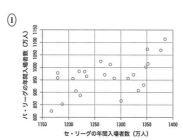

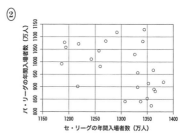

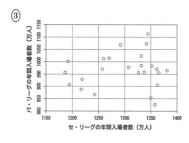

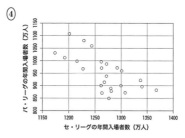

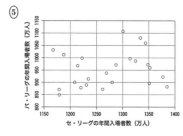

問18 次の折れ線グラフは，2016年11月1日からの営業日における日経平均株価（円）の変化を表したものである。

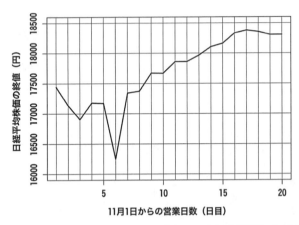

資料：日本経済新聞社「日経平均株価」

この図の6日目のように，他の測定値と比較して大きく変化することがある場合には，当該日およびその前後の測定値から算出した「移動平均値」を使う場合がある。移動平均値は，当該日および前後数日の測定値から平均値を算出したものであり，n項移動平均とは，nが奇数の場合，当該日およびその前の $(n-1)/2$日とその後の $(n-1)/2$日を加えたn日分の平均値のことである。

〔1〕 営業日数が11日目の9項移動平均値として，次の①～⑤のうちから最も適切なものを一つ選べ。 25

① 17,000   ② 17,250   ③ 17,500   ④ 17,750   ⑤ 18,000

〔2〕 当該日および前後の1日を加え，3日分の平均値（3項移動平均値）を求めることとする。この移動平均値の折れ線グラフとして，次の①〜⑤のうちから最も適切なものを一つ選べ。 26

①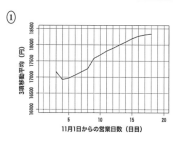

②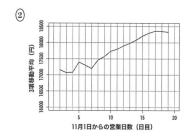

③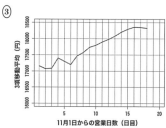

④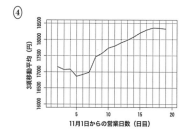

⑤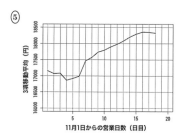

問19 次の記述は実験，調査に関する記述である。次の①〜⑤のうちから適切でないものを一つ選べ。 27

① ある高校の学力を調査するために，全校生徒に対して実力テストを行い，その得点を集計した。

② ある政策についての賛否を問うために，繁華街での街頭アンケートを行った。なるべく回答数を増やすため，アンケート協力者から友人を紹介してもらい，その友人にもアンケートについて答えてもらった。

③ 日本国内の航空機を利用している旅客の出発空港，到着空港，利用目的などを調べるために，調査の実施日のすべての航空旅客に対してアンケートを行った。

④ 音楽が学習に与える効果を調査するために，協力を依頼した学生50名を２つのグループに分けて，それぞれ音楽が流れる部屋と無音の部屋で，他の条件は共通にして勉強してもらい，その後行ったテストの得点を集計した。

⑤ ある市の政策についての賛否を問うために，その市に住む人の中から無作為に200人を選び，政策についての賛否を聞いた。

問20 新しく開発された肥料の効果を調べるために，農場を２つの区画に分け，片方の区画の植物に新しい肥料を，もう片方の区画の植物にこれまでに開発されていた肥料を使用し，その成長具合を比較する実験を行うことを考えた。この実験を行う際の注意点として，次のⅠ〜Ⅲの記述を考えた。

> Ⅰ．人の手による介入を避けるため，２つの区画の土壌や日射量などの環境が異なっていたとしてもそのままにしておく。
>
> Ⅱ．植物の成長は種類によって大きく異なるため，２つの区画では同じ植物を用意する。
>
> Ⅲ．植物の成長は個体によってばらつきがあるため，各区画の植物の数は１つでよい。

この記述Ⅰ〜Ⅲに関して，次の①〜⑤のうちから最も適切なものを一つ選べ。 28

① Ⅰのみ正しい　　② Ⅱのみ正しい
③ Ⅲのみ正しい　　④ ⅠとⅡのみ正しい
⑤ ⅠとⅢのみ正しい

統計検定　3級

問21　家計調査は，国民生活における家計収支の実態を把握し，経済政策・社会政策の立案のための基礎資料を提供することを目的として実施されている。この家計調査はどの機関で実施されているか。次の①〜⑤のうちから適切なものを一つ選べ。
　29

① 内閣府　　　　　　② 総務省　　　　　　③ 厚生労働省
④ 経済産業省　　　　⑤ 文部科学省

問22　アンケート調査に関する次の説明がある。

『ある市で，高校生を対象に日曜日の過ごし方に関するアンケートを実施した。市内には高校が3校あり，それぞれの生徒数は700人，600人，500人である。この1800人の中から無作為抽出により300人を選んでアンケートを実施した。この場合，市内の高校生全体を（ア），アンケートの対象として選んだ人数300を（イ）と呼ぶ。』

この文章内の（ア），（イ）の組合せとして，次の①〜⑤のうちから最も適切なものを一つ選べ。　30

① （ア）母集団　　　　　（イ）標本の大きさ
② （ア）母集団　　　　　（イ）標本抽出
③ （ア）標本　　　　　　（イ）標本の大きさ
④ （ア）標本　　　　　　（イ）母集団
⑤ （ア）全体集合　　　　（イ）母集団

205

統計検定3級　2017年6月　正解一覧

次ページ以降に解説を掲載しています。問題の趣旨やその考え方を理解するために活用してください。

問		解答番号	正解
問1		1	①
問2		2	②
問3		3	④
問4		4	③
問5		5	④
問6	〔1〕	6	③
	〔2〕	7	③
問7		8	②
問8		9	②
問9	〔1〕	10	④
	〔2〕	11	⑤
問10		12	⑤
問11	〔1〕	13	③
	〔2〕	14	①
問12	〔1〕	15	③
	〔2〕	16	①

問		解答番号	正解
問13	〔1〕	17	⑤
	〔2〕	18	④
問14		19	③
問15		20	④
問16		21	③
問17	〔1〕	22	②
	〔2〕	23	⑤
	〔3〕	24	①
問18	〔1〕	25	④
	〔2〕	26	④
問19		27	②
問20		28	②
問21		29	②
問22		30	①

統計検定　3級

問1

1 ……………………………………………………… 正解 ①

与えられた項目から量的変数を選ぶ問題である。

①：**量的変数**である。電気のご使用量は，契約者ごとに 0 以上の数を取る量なので，量的変数である。

②：量的変数ではない。一般に，振替予定日は契約者によって自由に選べるものではなく，特定の日なので，量的変数ではない。

③：量的変数ではない。一般に，ご使用期間は契約者によって自由に選べるものではなく，特定の期間なので，量的変数ではない。

④：量的変数ではない。ご契約種別は，「ファミリータイプ」等のカテゴリを表すものなので，量的変数ではない。

⑤：量的変数ではない。ご契約者様氏名は，契約者を識別するためのものなので，量的変数ではない。

よって，正解は①である。

問2

2 ……………………………………………………… 正解 ②

全集合の人数に対する条件に合う集合の人数の割合を計算する問題である。

全生徒が40人，鉄道・バスのどちらも利用していない人が 8 人なので，鉄道・バスのうち，少なくとも一方を利用している人は，$40-8=32$〔人〕である。また，鉄道とバスの両方を利用している人は，$(28+25)-32=21$〔人〕である。よって，鉄道を利用せず，バスを利用している人は，$25-21=4$〔人〕である。

したがって，鉄道を利用していない生徒（$40-28=12$〔人〕）のうち，バスを利用している生徒（4 人）の割合は，$\dfrac{4}{12}=\dfrac{1}{3}$である。

よって，正解は②である。

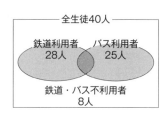

問3

3 ………………………………………………………………… 正解 ④

場合の数に基づいて確率を計算する問題である。

赤と白のサイコロを投げたときに出る目の組合せは全部で36通りである。そのうち，赤色のサイコロの目の数が白色のサイコロの目で割り切れる赤と白のサイコロの目の組合せを（赤色のサイコロの目，白色のサイコロの目）と表すと，
（1，1），（2，1），（2，2），（3，1），（3，3），（4，1），（4，2），
（4，4），（5，1），（5，5），（6，1），（6，2），（6，3），（6，6）
の14通りである。

したがって，その確率は，$\dfrac{14}{36} = \dfrac{7}{18}$ である。

よって，正解は④である。

問4

4 ………………………………………………………………… 正解 ③

与えられた積み上げ棒グラフから情報を適切に読み取る問題である。

このグラフから読み取れる男性と女性の野菜摂取量に対する緑黄色野菜の摂取量の割合は次のとおりである。

	20－29歳	30－39歳	40－49歳	50－59歳	60－69歳	70歳以上
男性	0.265	0.300	0.295	0.291	0.308	0.330
女性	0.312	0.310	0.301	0.318	0.337	0.346

Ⅰ：誤り。上記の表より，男性について年齢階級が上がるごとに野菜摂取量に対する緑黄色野菜の摂取量の割合が上昇しているとはいえないので誤り。

Ⅱ：誤り。女性について40～49歳の階級より，50～59歳の階級の方が1日当たりの緑黄色野菜の摂取量が14.9g増加しているが，その原因が健康に対する意識の向上によるものなのかはわからないので誤り。

Ⅲ：正しい。上記の表より，どの年齢階級においても女性の方が男性よりも，野菜摂取量に対する緑黄色野菜の摂取量の割合は高いので正しい。

以上から，正しい記述はⅢのみなので，正解は③である。

統計検定　3級

問5

5 ・・・ **正解** ④

与えられたヒストグラムから情報を適切に読み取る問題である。

Ⅰ：正しい。最も度数が高い階級は，度数が9都道府県である18以上19未満なので正しい。

Ⅱ：正しい。自殺死亡率が24以上の都道府県は6都道府県であり，その割合は，$\frac{6}{47}$ ×100≒12.8〔％〕である。これは10％以上なので正しい。

Ⅲ：誤り。47都道府県のデータであることから，中央値は小さい方から24番目である。24番目の観測値は19以上20未満の階級に含まれるので誤り。

以上から，正しい記述はⅠとⅡのみなので，正解は④である。

問6

与えられた幹葉図から平均値と中央値を計算する問題である。

〔1〕　**6** ・・ **正解** ③

与えられた21人の試験の結果の平均値は，

$$\frac{1}{21}(61+62+64+65+66+66+68+69+70+71+71$$

$$+71+71+71+71+73+75+77+77+79+93)=\frac{1}{21}\times1491=71〔点〕$$

である。70点を仮平均として計算すると次のように簡単に計算ができる。

$$\frac{1}{21}(-9-8-6-5-4-4-2-1+0+1+1+1+1+1+1+3+5+7+7+9+23)$$

$$+70=\frac{1}{21}\times21+70=71〔点〕$$

よって，正解は③である。

〔2〕　**7** ・・ **正解** ③

21人のデータであることから，中央値は小さい方から11番目であるので，中央値は71点である。

よって，正解は③である。

問7

8 ……………………………………………………………………………… **正解** ②

　与えられた度数分布表からデータを正しく読み取り，そのデータに当てはまるヒストグラムを選択する問題である。

　ヒストグラムを描く際には，各長方形の横幅は階級幅に比例し，面積が度数と比例するように長方形の高さを設定しなければならない。

①：誤り。0点以上30点未満の長方形，80点以上100点以下の長方形，その他の長方形の横幅がすべて等しく各長方形の横幅が階級幅に比例していないので誤り。

②：正しい。各長方形の横幅は階級幅に比例し，面積が度数と比例するように長方形の高さが定められているので正しい。

③：誤り。0点以上30点未満の長方形と80点以上100点以下の長方形の面積が度数と比例するよう長方形の高さが定められておらず，他の階級の面積と比較して大きいので誤り。

④：誤り。①と同様，各長方形の横幅が階級幅に比例していないので誤り。

⑤：誤り。①と同様，各長方形の横幅が階級幅に比例していないので誤り。また，単調に増加しており，累積度数分布図をイメージしているものと考えられる。

　よって，正解は②である。

問8

9 ……………………………………………………………………………… **正解** ②

　調査したい内容に応じた適切なグラフを選択する問題である。

（ア）：選挙の投票率の20年間の推移を調べるためには，折れ線グラフが適切である。

（イ）：あるコンビニでの1時間ごとの顧客の年齢層の割合を比較するためには，帯グラフが適切である。

（ウ）：あるクラスの生徒（全員）の50m走のタイムを調べるには，その分布を調べることが好ましい。量的変数である50m走のタイムの分布を調べるためには，ヒストグラムが適切である。

　よって，正解は②である。

統計検定　3級

問9

〔1〕　**10**　正解 ④

クロス集計表から割合を計算する問題である。

表から1日に少なくとも1種類以上のサプリメントを摂取する人の数は，合計の行の「摂取なし」以外の和（$36+34+20$）となり，そのうち女性の数は，同様に女性の行の「摂取なし」以外の和（$18+24+18$）となる。したがって，求める割合は，$\dfrac{18+24+18}{36+34+20}$となる。

よって，正解は④である。

〔2〕　**11**　正解 ⑤

クロス集計表の構成割合の比較のための適切なグラフを選択する問題である。

①：誤り。棒グラフは，主にカテゴリの度数の比較に適したグラフである。

②：誤り。折れ線グラフは，主に推移を表すグラフである。

③：誤り。箱ひげ図は，量的変数の散らばり具合を表すグラフである。構成割合の比較のためには使われない。

④：誤り。散布図は，2変数の関係を見るためのグラフである。構成割合の比較のためには使われない。

⑤：正しい。帯グラフは，構成割合を比較するためのグラフである。男女別にサプリメントの摂取種類数の構成割合を比較するには帯グラフが最も適している。

よって，正解は⑤である。

問10

12　正解 ⑤

与えられた箱ひげ図から分布の特徴や代表値を読み取る問題である。

Ⅰ：誤り。箱ひげ図だけでは単峰かどうか判断できないので誤り。

Ⅱ：誤り。与えられているのは「英語」のテストの結果であり，それだけでは「数学の能力」は判断できないので誤り。

Ⅲ：誤り。A国の第1四分位数は約67点，B国の第3四分位数は約78点であり等しくないので誤り（なお，A国の第3四分位数とB国の第1四分位数はともに約73点で等しい）。

以上から，ⅠとⅡとⅢはすべて誤りなので，正解は⑤である。

2017年6月

解説

211

問11

〔1〕　**13** .... 正解 ③

与えられた度数分布表から代表値等を読み取る問題である。

Ⅰ：誤り。第1四分位数は156cm以上159cm未満の階級に含まれ，第3四分位数は162cm以上165cm未満の階級に含まれるため，四分位範囲は高々9cmとなり，10cm以上にはならないので誤り。

Ⅱ：誤り。平均値の概算を度数分布表の各階級の代表値を用いて求めると，

$$\frac{154.5 \times 7 + 157.5 \times 8 + 160.5 \times 5 + 163.5 \times 8 + 166.5 \times 3 + 169.5 \times 1}{32} \fallingdotseq 160$$

となり，162cm未満となるので誤り。また，各階級の最大値（代表値＋1.5）を用いても平均値は161.5cmとなり，162cm未満である。

Ⅲ：正しい。162cm未満の人数は，7＋8＋5＝20〔人〕であり，クラスの半数（16人）以上が162cm以下となるので正しい。

以上から，正しい記述はⅢのみなので，正解は③である。

〔2〕　**14** .... 正解 ①

与えられた度数分布表から適切な箱ひげ図を選ぶ問題である。

度数分布表より，最小値は153cm以上156cm未満，第1四分位数は156cm以上159cm未満，中央値は159cm以上162cm未満，第3四分位数は162cm以上165cm未満，最大値は168cm以上171cm未満であるので，A～Cの箱ひげ図がこれらの結果と矛盾しないかを検討する。

A：すべてにおいて矛盾しない。

B：中央値が159cm未満のため矛盾する。

C：第1四分位数が159cm以上のため矛盾する。

以上から，Aのみ矛盾しないので，正解は①である。

問12

〔1〕　**15** .... 正解 ③

はずれ値を検出することができるグラフを選ぶ問題である。

①：適切である。幹葉図は，度数分布表を視覚化したグラフである。はずれ値があるか否かを発見できる。

②：適切である。ヒストグラムは，度数分布表を視覚化したグラフである。はずれ値があるか否かを発見できる。

③：適切でない。円グラフは，量的変数を視覚化する図ではなく，構成割合を比較するためのグラフである。一般に，はずれ値があるか否かを発見することはで

きない。

④：適切である。箱ひげ図では，四分位範囲（IQR）を算出し，「第1四分位数 −
1.5 × IQR」より小さい値，もしくは「第3四分位数 + 1.5 × IQR」より大きい値
をはずれ値として発見できる。

⑤：適切である。散布図を用いると，はずれ値は横軸もしくは縦軸もしくはその両
方の変数の値が他の観測値に比べて離れている場所にプロットされているため，
はずれ値として発見できる。

　よって，正解は③である。

〔2〕 **16** ⋯⋯⋯⋯⋯⋯⋯⋯⋯⋯⋯⋯⋯⋯⋯⋯⋯⋯⋯⋯⋯⋯ **正解 ①**

与えられた平均と標準偏差から偏差値を求める問題である。

偏差値は，平均50，標準偏差10とした指標であるため，偏差値0は，平均よりも
標準偏差の5倍小さい点数，偏差値100は，平均よりも標準偏差の5倍大きい点数
となる。

Ⅰ：正しい。平均の80点よりも，標準偏差の5倍（50点）小さい点数は30点である
ので正しい。

Ⅱ：誤り。平均の80点よりも，標準偏差の5倍（50点）大きい点数は130点であり，
100点満点のテストのためあり得ないので誤り。

Ⅲ：誤り。偏差値が50未満の生徒はおおむね半数であり，ほとんどすべての生徒の
偏差値が50未満となることはないので誤り。

　以上から，正しい記述はⅠのみなので，正解は①である。

問13

〔1〕 **17** ⋯⋯⋯⋯⋯⋯⋯⋯⋯⋯⋯⋯⋯⋯⋯⋯⋯⋯⋯⋯⋯⋯ **正解 ⑤**

代表値および散らばりの指標の組合せを選ぶ問題である。

「代表値：平均値，散らばり：標準偏差」もしくは「代表値：中央値，散らばり：
四分位範囲」が適切な組合せである。特に，はずれ値が含まれることがわかってい
る場合は，「代表値：中央値，散らばり：四分位範囲」を用いるのがよい。「代表
値：平均値，散らばり：標準偏差」ははずれ値の影響を受けやすい指標である。

　よって，正解は⑤である。

〔2〕 **18** ⋯⋯⋯⋯⋯⋯⋯⋯⋯⋯⋯⋯⋯⋯⋯⋯⋯⋯⋯⋯⋯⋯ **正解 ④**

線形変換した場合に，与えられた平均，標準偏差がどのように変換されるかを問
う問題である。

1.1倍に変換後には，平均値・標準偏差ともに1.1倍になるので，平均値は571 ×
1.1 = 628.1〔点〕，標準偏差は167 × 1.1 = 183.7〔点〕となる。

　よって，正解は④である。

問14

19 ⋯⋯⋯⋯⋯⋯⋯⋯⋯⋯⋯⋯⋯⋯⋯⋯⋯⋯⋯⋯⋯⋯⋯⋯ **正解** ③

相関係数に関する知識を問う問題である。

Ⅰ：変化しない。売上げに関係しない従業員数を除いても，1日の売上げは変化しない。また，1日の客数から一定の人数を引いても相関係数は変化しない。

Ⅱ：変化しない。相関係数は変数の単位を変えても変化しない。

Ⅲ：変化する。各都道府県で登録されている自動車数を人口1千人当たりの台数に変更するには，自動車数/各都道府県の人口×1000を計算することとなる。よって，各都道府県の人口によって変化率が異なるため，相関係数は変化する。

以上から，ⅠとⅡのみ変化しないので，正解は③である。

問15

20 ⋯⋯⋯⋯⋯⋯⋯⋯⋯⋯⋯⋯⋯⋯⋯⋯⋯⋯⋯⋯⋯⋯⋯⋯ **正解** ④

変数の線形変換による相関係数の変化について問う問題である。

X は $X' = 24 - X$ とすることで，相関係数は -1 倍となるが，Y については，単位を変えても，つまり $Y' = Y/100$ としても相関係数は変化しないので，X' と Y' の相関係数 r' は r の -1 倍になる。したがって，r' は $-r$ と等しい。

よって，正解は④である。

問16

21 ⋯⋯⋯⋯⋯⋯⋯⋯⋯⋯⋯⋯⋯⋯⋯⋯⋯⋯⋯⋯⋯⋯⋯⋯ **正解** ③

与えられた散布図から情報を適切に読み取る問題である。

Ⅰ：誤り。散布図の配置を見ると，勝ち数と負け数の相関係数は正である（相関係数は0.15である）。双羽黒を除くことで相関係数の正の要素が薄れる（相関係数は -0.06 となる）ので誤り。

Ⅱ：誤り。横軸を勝ち数から勝率に変える場合，力士ごとに出場数が異なるので誤り。

Ⅲ：正しい。散布図から26人の中で13位と14位の数値を読み取る（26は偶数なので，ちょうど中央に位置するものがないため）。13位と14位の数の平均をとると，勝ち数の中央値はおよそ560，負け数の中央値はおよそ240であるので正しい。

以上から，正しい記述はⅢのみなので，正解は③である。

統計検定　3級

問17

〔1〕　**22**　　　　　　　　　　　　　　　　　　　　　　　　　**正解** ②

与えられた折れ線グラフから情報を適切に読み取る問題である。

Ⅰ：誤り。このグラフから原因となる「ファンサービスが充実している」などの情報は読み取れないので誤り。

Ⅱ：正しい。グラフから読み取れる値からプロ野球パ・リーグの年間入場者数に対するセ・リーグの年間入場者数の比のおおよその値を計算すると1.1から1.6の間にあるので正しい。

Ⅲ：誤り。2005年のセ・リーグの年間入場者数とJリーグの年間入場者数の差はおよそ600万人なので誤り（パ・リーグの年間入場者数とJリーグの年間入場者数の差はおよそ250万人である）。

以上から，正しい記述はⅡのみなので，正解は②である。

〔2〕　**23**　　　　　　　　　　　　　　　　　　　　　　　　　**正解** ⑤

与えられた折れ線グラフから適切な指数のグラフを選択する問題である。

まずJリーグに注目すると1995年にかけて年間入場者数が約2倍に上昇しているので（イ）がJリーグである。

また，パ・リーグは初年度から1995年にかけて上昇していることが読み取れるので（ア），セ・リーグは同時期に低下しているので（ウ）である。

よって，正解は⑤である。

〔3〕　**24**　　　　　　　　　　　　　　　　　　　　　　　　　**正解** ①

折れ線グラフが表している関係性を適切に読み取る問題である。

折れ線グラフを見ると全体としてセ・リーグとパ・リーグの年間入場者数は同じような変動をしているのが読み取れるので正の相関が認められる。また，2016年にセ・リーグおよびパ・リーグの年間入場者数が最多であり，セ・リーグの年間入場者数は約1400万人，パ・リーグの年間入場者数は約1100万人である。この点が布置されているのは①のみである。

よって，正解は①である。

2017年6月

解説

215

問18

〔1〕〔2〕ともに移動平均値についての理解を問う問題である。

〔1〕　**25**　·· **正解** ④

11日目の移動平均なので，7日目から15日目までの平均を求めればよい。この期間は折れ線グラフから，ほぼ直線的に増加していることがわかる。したがって，移動平均は，凹凸をなくす直線近似になるので，およそ17,750あたりであることがわかる。

よって，正解は④である。

〔2〕　**26**　·· **正解** ④

まず，移動平均値の定義から移動平均値が計算できない箇所の1日目が含まれている③，⑤と，移動平均値を計算すべき2日目が含まれていない①は誤りである。

続いて，もとの折れ線グラフでは6日目に急激に下降しているので，5日目の移動平均値が上昇している②も誤りである。

④は各日の移動平均値が正しく計算されている。これらをまとめると下のようになる。

①：誤り。移動平均値を計算すべき2日目が含まれていない。これは5項移動平均値を示した折れ線グラフである。

②：誤り。もとの折れ線グラフでは6日目に急激に下降しているが，5日目の移動平均値が4日目の移動平均値より上昇している。

③：誤り。移動平均値の定義から移動平均値が計算できない箇所の1日目が含まれている。誤りの②を1日ずらしたグラフである。

④：正しい。各日の移動平均値が正しく計算されている。

⑤：誤り。移動平均値の定義から移動平均値が計算できない箇所の1日目が含まれている。このグラフは，正しい④を1日ずらしたグラフである。

よって，正解は④である。

問19

27　··· **正解** ②

実験，調査に関する内容を適切に読み取る問題である。

①：適切である。ある高校の全校生徒に行った全数調査である。

②：適切でない。アンケート調査の対象は完全にランダムである必要がある。友人の紹介は繋がりのある対象にアンケートを依頼しておりランダムとならない。

③：適切である。指定した調査の実施日のすべての旅客に対して行った全数調査で

ある。

④：適切である。対象者を2つのグループに分けた介入のある実験研究である。

⑤：適切である。無作為に選ばれた200人に対する標本調査である。

よって，正解は②である。

問20

28 .... **正解** ②

実験についての理解を問う問題である。

Ⅰ：誤り。肥料以外の条件はなるべく同じにするべきなので誤り。

Ⅱ：正しい。同じ植物でなければ比較ができないため正しい。

Ⅲ：誤り。同じ種類の植物でも個々に成長の速度は異なる。よって，各植物は複数用意する必要があるので誤り。

以上から，正しい記述はⅡのみなので，正解は②である。

問21

29 .... **正解** ②

国が実施する調査の実施機関を問う問題である。

家計調査を実施している機関は総務省である。総務省では国勢調査，労働力調査，社会生活基本調査など多くの調査を行っている。

よって，正解は②である。

問22

30 .... **正解** ①

標本調査に関する知識を問う問題である。

調査対象の全体は母集団であり，そこから取り出した一部（標本）の人数（個数）は標本の大きさやサンプルサイズと呼ばれる。つまり，次のような文章になる。

『（前略）…この場合，市内の高校生全体を（ア：母集団），アンケートの対象として選んだ人数300を（イ：標本の大きさ）と呼ぶ。』

よって，正解は①である。

PART 8

4級
2019年11月
問題／解説

2019年11月に実施された
統計検定4級で実際に出題された問題文を掲載します。
問題の趣旨やその考え方を理解できるように、
正解番号だけでなく解説を加えました。

問題………221
正解一覧………244
解説………245

問1　データの種類と内容から作成したグラフについて，次のA，B，Cの記述を考えた。このA，B，Cの記述のうち，正しい記述はどれか。下の①〜⑤のうちから最も適切なものを一つ選べ。　| 1 |

A　次の表は，ある中学校の生徒6人の計算のテスト（10点満点）の得点を記録したものである。このデータは量的データ（離散データ）であり，適切なグラフで表すと下のようになる。

名前	悠木	近藤	髙垣	日笠	南條	茅野
得点（点）	4	7	9	5	2	1

B　次の表は，ある中学校の生徒6人の身長を記録したものである。このデータは量的データ（連続データ）であり，適切なグラフで表すと下のようになる。

名前	悠木	近藤	髙垣	日笠	南條	茅野
身長（cm）	157	167	153	170	152	155

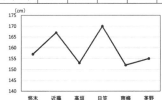

C　次の表は，ある中学校の生徒6人の血液型を記録したものである。このデータは質的データであり，適切なグラフで表すと下のようになる。

名前	悠木	近藤	髙垣	日笠	南條	茅野
血液型	O	B	A	AB	A	O

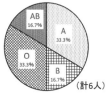

① Aのみ　　　　　② Cのみ　　　　　③ AとBのみ
④ AとCのみ　　　⑤ BとCのみ

問2 ある小学校（全児童数500人）の図書委員会で，読書キャンペーンを実施するという計画を立てた。読書キャンペーンを実施するにあたり，この小学校の児童の読書量を調査することになった。

〔1〕 この小学校の児童がどの程度読書をしているかを調べるアンケート調査の質問と回答として，次の3つの質問A，B，Cを考えた。

A　あなたは読書が好きですか。
　　〔はい　ふつう　いいえ〕

B　あなたは先月1ヶ月間で何冊の本を読みましたか。
　　（　　　）冊

C　あなたは来月1ヶ月間に何冊の本を借りようと計画していますか。
　　（　　　）冊

　　上の3つの質問A，B，Cのうち，児童の読書量を調査できる質問はどれか。次の①～⑤のうちから最も適切なものを一つ選べ。　| 2 |

① Aのみ　　　　　② Bのみ　　　　　③ Cのみ
④ AとBのみ　　　⑤ AとCのみ

〔2〕 この小学校の児童がどの程度読書をしているかを調べるアンケート調査の方法として，次の3つの調査方法D，E，Fを考えた。

D　全児童にアンケート調査を行う。

E　図書館を利用している全児童を対象にアンケート調査を行う。

F　「3年2組15番」や「5年1組8番」など，学年・組・番号を書いたカードを全児童分用意し，それらをすべて箱の中に入れ，取り出したカードに該当する児童にアンケート調査を行う。
　　なお，取り出したカードは箱に戻さないものとし，取り出すカードの枚数は100枚とする。

　　上の3つの調査方法D，E，Fのうち，正しい調査方法はどれか。次の①～⑤のうちから最も適切なものを一つ選べ。　| 3 |

① Dのみ　　　　　② Eのみ　　　　　③ Fのみ
④ DとEのみ　　　⑤ DとFのみ

問3　次のドットプロットは，A高等学校1年のある女子グループを対象に，令和元年5月1日にメッセージアプリを使用した回数を調べ，その結果をまとめたものである。なお，メッセージアプリを使用した回数が30回未満あるいは42回以上の人はいなかった。

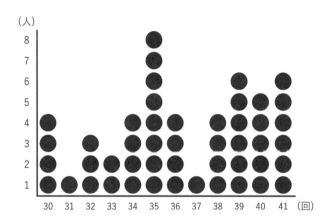

〔1〕この女子グループは何人のグループか。次の①～⑤のうちから適切なものを一つ選べ。 4

① 8人　　② 11人　　③ 40人　　④ 44人　　⑤ 48人

〔2〕メッセージアプリを使用した回数の中央値と最頻値の大小関係として，次の①～⑤のうちから適切なものを一つ選べ。 5

① 最頻値＜中央値＜35.5
② 最頻値＜35.5＜中央値
③ 中央値＜最頻値＜36
④ 中央値＜36＜最頻値
⑤ 36＜最頻値＜中央値

問4　次の表は，紙出版を書籍，雑誌の2分野，電子出版を電子コミック，電子書籍，電子雑誌の3分野に分け，2014年から2018年までの販売金額を表したものである。ただし，2014年と2017年の紙の合計は四捨五入の関係で一致しない。

（単位：億円）

年	2014	2015	2016	2017	2018
紙の書籍	7,544	7,419	7,370	7,152	6,991
紙の雑誌	8,520	7,801	7,339	6,548	5,930
紙の合計	16,065	15,220	14,709	13,701	12,921
電子コミック	882	1,149	1,460	1,711	1,965
電子書籍	192	228	258	290	321
電子雑誌	70	125	191	214	193
電子の合計	1,144	1,502	1,909	2,215	2,479
紙＋電子の合計	17,209	16,722	16,618	15,916	15,400

資料：全国出版協会・出版科学研究所「2019年版　出版指標年報」

〔1〕次の棒グラフは，上の表の5分野の販売金額もしくは紙の合計，電子の合計，紙＋電子の合計の8つのうちのいずれかを表したものである。この棒グラフが表しているものとして，下の①～⑤のうちから適切なものを一つ選べ。　6

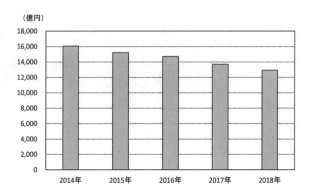

① 紙の雑誌　　　② 電子コミック
③ 紙の合計　　　④ 電子の合計
⑤ 紙＋電子の合計

〔2〕 次の集合棒グラフは，電子コミック，電子書籍，電子雑誌の販売金額を年ごとに表したものである。

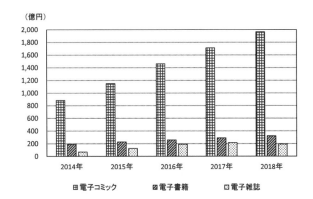

上の表と集合棒グラフから読み取れることとして，次の（ア），（イ），（ウ）の3つの意見があった。表と集合棒グラフから読み取れる意見には○を，読み取れない意見には×をつけるとき，その組合せとして，下の①～⑤のうちから最も適切なものを一つ選べ。　7

(ア) 電子コミックの販売金額が2014年の2倍以上になったのは，2017年からであった。

(イ) いずれの年も，電子書籍と電子雑誌の販売金額の合計が電子コミックの半分以下であった。

(ウ) いずれの年も，販売金額が（電子コミック）＞（電子書籍）＞（電子雑誌）の順になっていた。

① （ア）：○　（イ）：○　（ウ）：○
② （ア）：○　（イ）：×　（ウ）：○
③ （ア）：×　（イ）：○　（ウ）：○
④ （ア）：×　（イ）：○　（ウ）：×
⑤ （ア）：×　（イ）：×　（ウ）：○

問5 次の帯グラフは，平成21年，24年，27年，30年に調査した運動部に所属している中学生男子の総人数に対する部活動ごとの人数の割合を表している。なお，各調査年の総人数は帯グラフの左下側に示している。

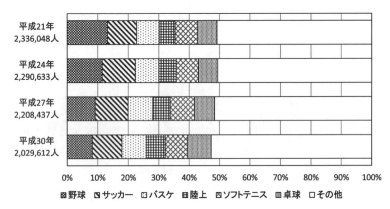

資料：公益財団法人日本中学校体育連盟「加盟校調査集計表」

〔1〕 上の帯グラフから読み取れることとして，次の（ア），（イ），（ウ）の３つの意見があった。帯グラフから読み取れる意見には○を，読み取れない意見には×をつけるとき，その組合せとして，下の①〜⑤のうちから最も適切なものを一つ選べ。 8

> （ア） 野球部に所属する中学生男子の人数は，この４つの調査年の結果を見る限り減少傾向にある。
>
> （イ） 運動部に所属している中学生男子のうち，バスケットボール（バスケ）部に所属している割合は，この４つの調査年の結果を見る限りほとんど変化していない。
>
> （ウ） サッカー部に所属する中学生男子の人数は，この４つの調査年のどの年も最多である。

① （ア）：○ （イ）：○ （ウ）：×
② （ア）：○ （イ）：× （ウ）：○
③ （ア）：× （イ）：○ （ウ）：○
④ （ア）：× （イ）：○ （ウ）：×
⑤ （ア）：× （イ）：× （ウ）：○

〔2〕 各運動部に所属している中学生男子の人数とその割合の調査年ごとの変化をみたい。そのためのグラフとして，次の①〜④のうちから最も適切なものを一つ選べ。 9

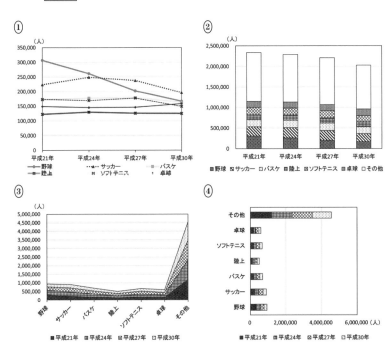

問6 次の2つの円グラフは，2018年における非正規の職員・従業員数の年齢階級の内訳を男女別に表したものである。

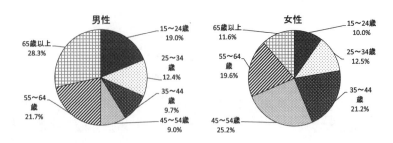

資料：総務省「平成30年　労働力調査年報」

〔1〕 15～24歳の非正規の職員・従業員数は男性127万人，女性145万人であった。全年齢階級の非正規の職員・従業員数の男女比（男性：女性）はおよそいくらか。次の①～⑤のうちから最も適切なものを一つ選べ。 10

① 1：1　② 2：3　③ 19：10　④ 67：145　⑤ 127：145

〔2〕 上の円グラフから読み取れることとして，次のA，B，Cの3つの意見があった。正しい意見の組合せとして，下の①～⑤のうちから最も適切なものを一つ選べ。 11

　A　女性の35～64歳の非正規の職員・従業員の割合は，女性の非正規の職員・従業員全体のおよそ3分の2である。

　B　男性の非正規の職員・従業員のうち，55歳以上の割合は50%であるから，男性の正規の職員・従業員のうち，55歳以上の割合も50%である。

　C　女性の非正規の職員・従業員のうち，45～54歳の割合が最も大きい理由は，男性の非正規の職員・従業員のうち，45～54歳の割合が最も小さいからである。

① Aのみ　　　② Bのみ　　　③ Cのみ
④ AとBのみ　⑤ AとCのみ

統計検定　4級

問7　次の表は，ある市内の4つの中学校A校，B校，C校，D校において，同じテスト（100点満点）を実施した結果の累積相対度数を学校ごとにまとめたものである。なお，全受験者の中に100点満点は1人もいなかった。

階級	A校	B校	C校	D校
0点以上　10点未満	0.02	0.02	0.02	0.01
10点以上　20点未満	0.07	0.08	0.08	0.05
20点以上　30点未満	0.13	0.22	0.16	0.15
30点以上　40点未満	0.24	0.33	0.29	0.23
40点以上　50点未満	0.39	0.44	0.43	0.37
50点以上　60点未満	0.53	0.54	0.60	0.56
60点以上　70点未満	0.68	0.71	0.72	0.68
70点以上　80点未満	0.84	0.88	0.86	0.78
80点以上　90点未満	0.94	0.97	0.97	0.91
90点以上100点未満	1.00	1.00	1.00	1.00

〔1〕　4つの中学校の50点以上60点未満の階級の相対度数を低い順に並べたものはどれか。次の①〜⑤のうちから適切なものを一つ選べ。　12

① A校＜B校＜D校＜C校　　　② B校＜A校＜C校＜D校
③ B校＜D校＜A校＜C校　　　④ C校＜D校＜B校＜A校
⑤ D校＜B校＜A校＜C校

〔2〕　上の表から読み取れることとして，次の（ア），（イ）の2つの意見があった。表から読み取れる意見には○を，読み取れない意見には×をつけるとき，その組合せとして，下の①〜④のうちから最も適切なものを一つ選べ。　13

（ア）　中央値が最も小さいのはC校である。

（イ）　4つの中学校とも受験者数が200人ならば，上から40番目の生徒の得点が一番高いのはD校である。

① （ア）：○　（イ）：○　　　② （ア）：○　（イ）：×
③ （ア）：×　（イ）：○　　　④ （ア）：×　（イ）：×

229

問8 次の度数分布表は，日本に居住する医師数を1,741市区町村ごとに集計したものである。

階級	度数
0人	29
1人以上 20人以下	706
21人以上 40人以下	223
41人以上 60人以下	137
61人以上 80人以下	85
81人以上 100人以下	79
101人以上 120人以下	62
121人以上 140人以下	48
141人以上 160人以下	33
161人以上 180人以下	23
181人以上 200人以下	28
201人以上	288
合計	1,741

資料：厚生労働省「平成26年　医師・歯科医師・薬剤師調査」

〔1〕 次の文章における（a），（b），（c）にあてはまる語句の組合せとして，下の①〜⑤のうちから適切なものを一つ選べ。 **14**

> 上の表において，度数が最も大きい階級は（a）であり，中央値を含む階級は（b）である。また，この表から，平均値は中央値より（c）ことがわかる。

① （a）：1人以上20人以下
　（b）：21人以上40人以下
　（c）：大きい

② （a）：1人以上20人以下
　（b）：21人以上40人以下
　（c）：小さい

③ （a）：1人以上20人以下
　（b）：81人以上100人以下
　（c）：小さい

④ （a）：201人以上
　（b）：21人以上40人以下
　（c）：大きい

⑤ （a）：201人以上
　（b）：81人以上100人以下
　（c）：小さい

統計検定　4級

〔2〕　上の表から読み取れることとして，次の（ア），（イ），（ウ）の3つの意見が
あった。表から読み取れる意見には○を，読み取れない意見には×をつけるとき，
その組合せとして，下の①～⑤のうちから最も適切なものを一つ選べ。　| 15 |

> （ア）　居住している医師数が40人以下の市区町村数は958である。これは全
> 市区町村数の半分を超えている。
>
> （イ）　居住している医師数が150人の市区町村があるならば，その市区町村
> は医師数の多い市区町村から数えて400番目までに入っている。
>
> （ウ）　居住している医師数が201人以上の市区町村は人口が多い市部に限ら
> れるので，1つの階級にまとめることができる。

① （ア）:○　（イ）:○　（ウ）:○
② （ア）:○　（イ）:○　（ウ）:×
③ （ア）:○　（イ）:×　（ウ）:○
④ （ア）:○　（イ）:×　（ウ）:×
⑤ （ア）:×　（イ）:×　（ウ）:×

2019年11月 問題

問9 次のヒストグラムは，47都道府県庁所在市別1世帯当たりの年間のカステラの支出金額（二人以上の世帯）を調査した結果である。ただし，ヒストグラムの階級はそれぞれ，0円以上200円未満，200円以上400円未満，…，6,200円以上6,400円未満のように区切られている。

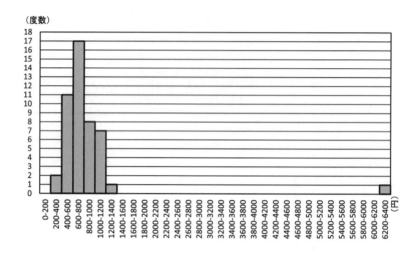

資料：総務省「平成30年　家計調査（家計収支編）調査結果」

統計検定　4級

2019年11月

問題

上のヒストグラムから読み取れることとして，次の（ア），（イ），（ウ）の3つの意見があった。ヒストグラムから読み取れる意見には○を，読み取れない意見には×をつけるとき，その組合せとして，下の①～⑤のうちから最も適切なものを一つ選べ。 **16**

（ア）　中央値は800円以上1,000円未満の階級に含まれる。

（イ）　支出金額が高い方から12番目の値は800円以上1,000円未満の階級に含まれる。

（ウ）　6,200円以上6,400円未満の階級に含まれる値が外れ値であるから，その影響で平均値は1,400円以上6,200円未満の範囲に含まれる。

① （ア）：○　（イ）：○　（ウ）：×
② （ア）：○　（イ）：×　（ウ）：○
③ （ア）：×　（イ）：○　（ウ）：○
④ （ア）：×　（イ）：○　（ウ）：×
⑤ （ア）：×　（イ）：×　（ウ）：○

233

問10 次の幹葉図は，ある中学校の生徒35人の数学のテストの結果を表したものである。なお，60点台のXは3，4，5，6のいずれかの値である。

```
10の位 1の位
  1 | 4
  2 | 1 3
  3 | 4 4 6 8
  4 | 8 8
  5 | 0 2 7
  6 | 2 3 3 X 6 7
  7 | 3 5 5 6 7 9 9 9
  8 | 0 1 2 3 5 5
  9 | 2 4
```

〔1〕上の幹葉図からヒストグラムを作成した。次の①～④のうちから最も適切なものを一つ選べ。| 17 |

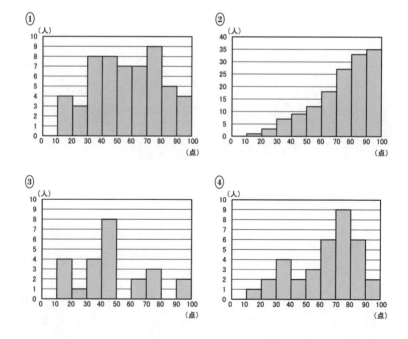

統計検定　4級

〔2〕　このデータの平均値，中央値，最頻値の3つの代表値のうち，Xの値により
ず変わらない値の組合せとして，次の①～⑤のうちから適切なものを一つ選べ。
18

① 中央値のみ　　　　　　　　② 最頻値のみ
③ 平均値と中央値のみ　　　　④ 平均値と最頻値のみ
⑤ 中央値と最頻値のみ

2019年11月

問題

問11 次のクロス集計表は，千葉県が行った「特定健診・特定保健指導」のデータのうち，「現在習慣的に喫煙しているか否か」の回答結果を性・年齢階級別にまとめたものである。

男性
(単位：人)

	40〜44歳	45〜49歳	50〜54歳	55〜59歳	60〜64歳	65〜69歳	70〜74歳	合計
はい	2,744	2,997	2,696	2,867	5,157	12,963	10,404	39,828
いいえ	4,908	5,586	5,117	5,797	13,198	46,660	53,523	134,789
無回答	0	0	0	0	0	0	2	2
合計	7,652	8,583	7,813	8,664	18,355	59,623	63,929	174,619

女性
(単位：人)

	40〜44歳	45〜49歳	50〜54歳	55〜59歳	60〜64歳	65〜69歳	70〜74歳	合計
はい	1,451	1,574	1,422	1,516	2,304	3,959	2,590	14,816
いいえ	6,740	7,613	7,839	12,074	32,119	80,573	80,717	227,675
無回答	0	1	0	0	0	1	2	4
合計	8,191	9,188	9,261	13,590	34,423	84,533	83,309	242,495

　　資料：千葉県「特定健診・特定保健指導のデータ集計結果（平成28年度・速報）」

〔1〕　男性において，各年齢階級に対して，「現在習慣的に喫煙している」と回答した割合が30％を超える年齢階級の数はいくつか。次の①〜⑤のうちから適切なものを一つ選べ。　**19**

① 0　　　　② 1　　　　③ 2　　　　④ 3　　　　⑤ 4

〔2〕　上のクロス集計表から読み取れることとして，次の（ア），（イ），（ウ）の3つの意見があった。クロス集計表から読み取れる意見には○を，読み取れない意見には×をつけるとき，その組合せとして，下の①〜⑤のうちから最も適切なものを一つ選べ。　**20**

> （ア）　どの年齢階級においても，男性に比べて女性の方が「現在習慣的に喫煙している」と回答した割合が大きい。
>
> （イ）　男性において，年齢階級が上がるにつれて「現在習慣的に喫煙している」と回答した割合が減少している。
>
> （ウ）　女性において，年齢階級が上がるにつれて「現在習慣的に喫煙している」と回答した割合が増加している。

① （ア）：○　（イ）：○　（ウ）：×
② （ア）：○　（イ）：×　（ウ）：○
③ （ア）：×　（イ）：○　（ウ）：×
④ （ア）：×　（イ）：×　（ウ）：○
⑤ （ア）：×　（イ）：×　（ウ）：×

問12 ある中学校の生徒40人が，各自サイコロを10回投げて1の目が出た回数を記録する実験を行った。次のグラフは，この実験で1の目の出た回数の累積相対度数を表したものである。

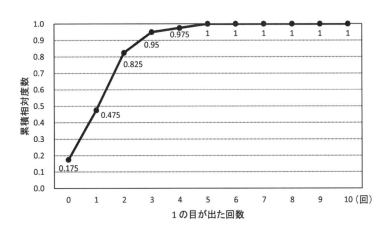

〔1〕 この実験で1の目を最も多く出した生徒は，1の目を何回出したか。次の①～⑤のうちから適切なものを一つ選べ。 21

① 2回　　② 3回　　③ 5回　　④ 6回　　⑤ 10回

〔2〕 この実験で1の目の出た回数の最頻値は何回か。次の①～⑤のうちから適切なものを一つ選べ。 22

① 2回　　② 3回　　③ 5回　　④ 6回　　⑤ 10回

問13 次の積み上げ面グラフは，2009年から2018年までの全国の宿泊施設に宿泊した日本人と外国人のそれぞれの延べ宿泊者数の推移を示したものである。

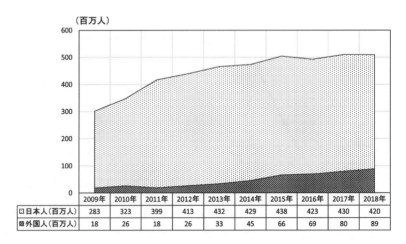

資料：国土交通省「宿泊旅行統計調査」

〔1〕 上の積み上げ面グラフから読み取れることとして，次の（ア），（イ），（ウ）の3つの意見があった。積み上げ面グラフから読み取れる意見には○を，読み取れない意見には×をつけるとき，その組合せとして，下の①～⑤のうちから最も適切なものを一つ選べ。 23

> （ア） 年ごとの日本人と外国人の延べ宿泊者数の合計はほとんど変わっていない。
>
> （イ） 2009年と比べて2018年の日本人の延べ宿泊者数はおよそ2億人増加した。
>
> （ウ） 2014年以降，日本人と外国人の延べ宿泊者数の合計に対する外国人の延べ宿泊者数の割合は減少している。

① （ア）：○ （イ）：○ （ウ）：×
② （ア）：○ （イ）：× （ウ）：○
③ （ア）：× （イ）：○ （ウ）：×
④ （ア）：× （イ）：× （ウ）：○
⑤ （ア）：× （イ）：× （ウ）：×

〔2〕 外国人の延べ宿泊者数の増加率は次式で与えられる。

$$\frac{(その年の外国人の延べ宿泊者数)-(その前年の外国人の延べ宿泊者数)}{(その前年の外国人の延べ宿泊者数)}\times 100 (\%)$$

外国人の延べ宿泊者数の増加率のグラフとして，次の①～④のうちから最も適切なものを一つ選べ。 24

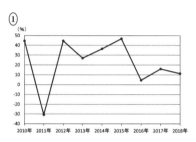
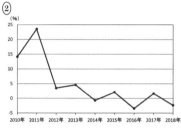
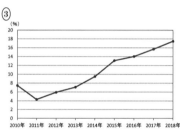
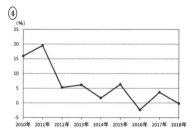

問14 サイコロの目の出方は同様に確からしいとする。下図において，はじめにコマを
スタートの位置に置き，1個のサイコロを投げて出た目の数だけ「スタート」から
「ゴール」に向かって右方向にコマを進ませるゲームを行う。このゲームの終了は，
コマがちょうどゴールで止まったときとする。たとえば，コマがFの位置にあった
とき，サイコロを投げて出た目が2の場合はコマをゴールまで進ませてゲームは終
了するが，サイコロを投げて出た目が5の場合はコマをゴールから折り返してEま
で戻り，次にサイコロを投げて出た目の数だけ再びゴールに向かって右方向へ進ま
せる。

左								右
スタート コマ	A	B	C	D	E	F	G	ゴール

〔1〕 サイコロを2回投げてゲームが終了する確率はいくらか。次の①～⑤のうち
から適切なものを一つ選べ。 **25**

① $\dfrac{1}{36}$　　② $\dfrac{2}{36}$　　③ $\dfrac{3}{36}$　　④ $\dfrac{4}{36}$　　⑤ $\dfrac{5}{36}$

〔2〕 6の目が一度も出ることなく，サイコロを2回投げてゲームが終了する確率
はいくらか。次の①～⑤のうちから適切なものを一つ選べ。 **26**

① $\dfrac{1}{36}$　　② $\dfrac{2}{36}$　　③ $\dfrac{3}{36}$　　④ $\dfrac{4}{36}$　　⑤ $\dfrac{5}{36}$

〔3〕 サイコロを2回投げてゲームが終了した。このとき，2回目に出た目が6で
ある確率はいくらか。次の①～⑤のうちから適切なものを一つ選べ。 **27**

① 0　　② $\dfrac{1}{5}$　　③ $\dfrac{2}{5}$　　④ $\dfrac{3}{5}$　　⑤ $\dfrac{4}{5}$

240

統計検定　4級

問15 東京オリンピックを前に，日本が過去の夏季オリンピックにおいてどのような競技でメダルを獲得（かくとく）しているのかを，あんなさんとみかさんは手分けして調べることにした。

〔1〕　あんなさんは，前回大会である2016年リオデジャネイロオリンピックについて，金・銀・銅のメダル獲得数それぞれを個人競技か団体競技（1チーム2人以上の競技）かに分けて表にした。

	金メダル	銀メダル	銅メダル	合計
個人競技	10	6	17	33
団体競技	2	2	4	8
合計	12	8	21	41

資料：公益財団法人日本オリンピック委員会

この表から読み取れることとして，次の（ア），（イ），（ウ）の3つの意見があった。表から読み取れる意見には○を，読み取れない意見には×をつけるとき，その組合せとして，下の①〜⑤のうちから最も適切なものを一つ選べ。　**28**

（ア）　全メダルのうち金メダルの割合は30％以下である。

（イ）　金メダル，銀メダル，銅メダルのうち，団体競技の割合が最も大きいのは銀メダルである。

（ウ）　メダルを獲得できた割合は，団体競技よりも個人競技の方が大きい。

① （ア）：○　（イ）：○　（ウ）：○
② （ア）：○　（イ）：○　（ウ）：×
③ （ア）：○　（イ）：×　（ウ）：○
④ （ア）：○　（イ）：×　（ウ）：×
⑤ （ア）：×　（イ）：×　（ウ）：×

〔2〕 みかさんは，過去4大会における日本のメダル獲得数（金・銀・銅合計）を，格闘技，水泳，球技，体操，陸上競技，その他に分けて数え，次の折れ線グラフで表した。なお，2004年，2008年の球技と陸上競技のメダル獲得数は同じであり，2004年から順に2個，1個である。

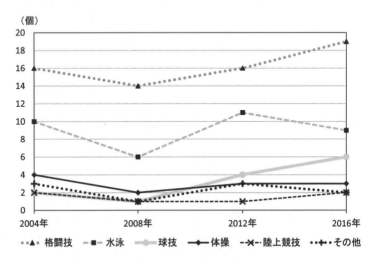

資料：公益財団法人日本オリンピック委員会

この折れ線グラフから読み取れることとして，次の（エ），（オ）の2つの意見があった。折れ線グラフから読み取れる意見には○を，読み取れない意見には×をつけるとき，その組合せとして，下の①〜④のうちから最も適切なものを一つ選べ。 29

（エ） この4大会中で，陸上競技とその他を除く4種類の競技のいずれについても，メダル獲得数が最も少ない年は2008年である。

（オ） 格闘技と球技の変化（2004年→2008年，2008年→2012年，2012年→2016年）を見ると，一方が減るともう一方も減り，一方が増えるともう一方も増えた。

① （エ）：○　（オ）：○
② （エ）：○　（オ）：×
③ （エ）：×　（オ）：○
④ （エ）：×　（オ）：×

242

〔3〕 過去4大会のそれぞれの総メダル獲得数を100%とする割合を表す帯グラフを作成した。なお，グラフ中の数値は各競技の割合（単位：%）を表しているが，小数第1位を四捨五入しているため，合計が100%にならない場合もある。次の①〜④のうちから最も適切なものを一つ選べ。 30

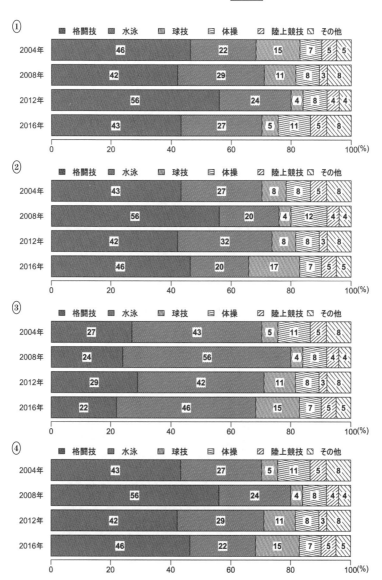

統計検定4級　2019年11月　正解一覧

次ページ以降に解説を掲載しています。問題の趣旨やその考え方を理解するために活用してください。

問		解答番号	正解
問1		1	④
問2	〔1〕	2	②
	〔2〕	3	⑤
問3	〔1〕	4	⑤
	〔2〕	5	②
問4	〔1〕	6	③
	〔2〕	7	③
問5	〔1〕	8	①
	〔2〕	9	②
問6	〔1〕	10	④
	〔2〕	11	①
問7	〔1〕	12	②
	〔2〕	13	③
問8	〔1〕	14	①
	〔2〕	15	②

問		解答番号	正解
問9		16	④
問10	〔1〕	17	④
	〔2〕	18	⑤
問11	〔1〕	19	⑤
	〔2〕	20	③
問12	〔1〕	21	③
	〔2〕	22	①
問13	〔1〕	23	⑤
	〔2〕	24	①
問14	〔1〕	25	⑤
	〔2〕	26	③
	〔3〕	27	②
問15	〔1〕	28	②
	〔2〕	29	①
	〔3〕	30	④

問1

1 .... 正解 ④

データの種類と内容に合ったグラフを選択できるかを問う問題である。

出題の都合上，記述A，B，Cで示した例はデータの大きさが6であるが，問題文にあるように，「データの種類と内容から作成したグラフ」に関する一般論として考える。

A：正しい。数量の大小を比較する際に用いられるグラフの一つとして棒グラフがある。6人の得点を比べるときは，与えられた表で数値を見比べるよりも，図の棒グラフの方がわかりやすいといえる。

B：誤り。一般に折れ線グラフは，時間とともに数量が変わる様子を表すものである。ここで表された線分の傾きや隣の値との変化量には意味がなく，折れ線グラフで表すことが適切であるとはいえない。身長のような連続型の量的データの分布を見るときは値の範囲をいくつかの階級に分けて，その中に入る人数を数え，度数分布表を作成した後に，ヒストグラムを作成するとよい。身長を個別に比べたいのであれば，棒グラフにするのもよい。

階級	度数（人）
150cm以上160cm未満	4
160cm以上170cm未満	1
170cm以上180cm未満	1
合計	6

度数分布表

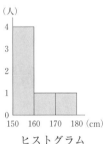

ヒストグラム

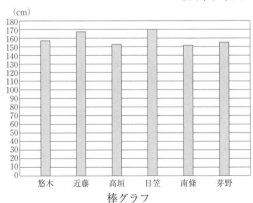

棒グラフ

C：正しい。全体に対する割合を視覚的に表現する際に用いられるグラフの一つとして円グラフがある。たとえば，日本人におけるABO式血液型の割合は，およそA型40％，O型30％，B型20％，AB型10％といわれているので，このグループの構成との比較をする際には円グラフを2つ並べることで違いがあるかどうかを調べることができる。

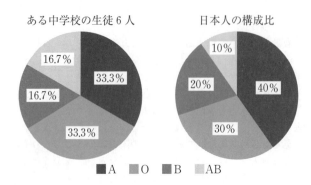

なお，人数そのものを比較する場合（質的データの度数をみる場合）には棒グラフが適している。

以上から，正しい記述はAとCのみなので，正解は④である。

問2

適切なデータ収集方法として，調査や実験・観察に関する理解を問う問題である。

[1] **2** .... **正解** ②

A：適切でない。この質問で得られたデータは質的データである。この質問で得られたデータを集計しても，読書が好きな児童がどの程度いるかはわかるが，児童の読書量は調査できていない。
B：適切である。この質問で得られたデータは量的データである。この質問で得られたデータを集計すれば，1ヶ月に読んだ本の冊数の分布がわかり，児童の読書量が調査できる。
C：適切でない。この質問で得られたデータは量的データである。しかし，この質問で得られたデータを集計しても，実際の児童の読書量を調査したことにはならない。

以上から，児童の読書量を調査できる質問はBのみなので，正解は②である。

統計検定　4級

〔2〕　**3**　·· **正解** ⑤

D：正しい。全児童を対象とすることで，この小学校の児童がどの程度読書をして
　　いるかを知ることができる。

E：誤り。この調査だけでは図書館を利用していない児童がどの程度読書をしてい
　　るか知ることができない。

F：正しい。全児童の中から確率的に児童を選んで調査を行うことで，全児童を対
　　象とした調査と近い結果を得ることができる。

　以上から，正しい調査方法はDとFのみなので，正解は⑤である。

問3

ドットプロットに関する理解を問う問題である。

〔1〕　**4**　·· **正解** ⑤

30回から41回までの人数（度数）の和がグループに所属する人数である。

　　$4+1+3+2+4+8+4+1+4+6+5+6=48$〔人〕

　よって，正解は⑤である。

〔2〕　**5**　·· **正解** ②

　メッセージアプリを使用した回数の中央値は，大きさの順に並べたときの24番目
の回数と25番目の回数の真ん中の値である。大きさの順に並べたときの24番目，25
回目ともに36回であるから，中央値は36である。

　次に，与えられたドットプロットで度数が最も多いのは35回であるから，最頻値
は35である。

　以上から，「最頻値＜35.5＜中央値」であり，正解は②である。

（コメント）35.5はどのような値か。横軸の値（30，31，32，33，34，35，36，37，
38，39，40，41）の真ん中の値 $(35+36)\div2=35.5$ である。これを中央値と間違え
てしまう人がいるので注意したい。また，最頻値を最も多い度数が8人だから8と
間違えてしまう人がいるのであわせて注意したい。

　なお，平均値を確認しておくと，

　　$(30\times4+31\times1+\cdots\cdots+40\times5+41\times6)\div48=1742\div48\fallingdotseq36.3$〔回〕

である。

247

問4

棒グラフに関する総合問題である。

〔1〕 **6** ……………………………………………………………………… 正解 ③

クロス集計表から棒グラフを作成する問題である。

棒グラフの2014年の販売金額が16,000億円くらいである分野をクロス集計表から見つけ出すと「紙の合計」であることがわかり，他の7つには16,000億円くらいのものは存在しない。そこで，他の2015年15,220億円，2016年14,709億円，2017年13,701億円，2018年12,921億円で確認すると確かに「紙の合計」である。

よって，正解は③である。

〔2〕 **7** ……………………………………………………………………… 正解 ③

表と集合棒グラフの読み取りに関する問題である。

(ア)：誤り。与えられた集合棒グラフにおいて，電子コミックの2014年と2017年の棒グラフの高さをみると，2017年は2014年の2倍より少し低いことが読み取れる。

(イ)：正しい。次のような電子書籍と電子雑誌の積み上げ棒グラフの高さと電子コミックの棒グラフの高さをみると，いずれの年も電子書籍と電子雑誌の積み上げ棒グラフの高さが電子コミックの棒グラフの高さの半分以下であることが読み取れる。

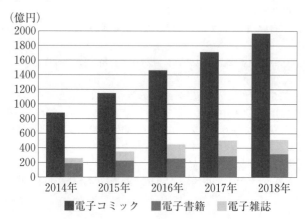

(ウ)：正しい。与えられた集合棒グラフにおいて，各年の電子コミック，電子書籍，電子雑誌の棒グラフの高さをみると，確かに（電子コミック）＞（電子書籍）＞（電子雑誌）の順になっていることが読み取れる。

統計検定　4級

以上から，正しい記述は（イ）と（ウ）のみなので，正解は③である。

（コメント）グラフから俯瞰的に読み取ることができなくても，問題の最初に与えられた表から判断することもできる。

（ア）：1,711÷882＝1.93…＜2より，2倍未満である。

（イ）：次の表から，いずれの年も半分以下である。

(単位：億円)

年	2014	2015	2016	2017	2018
電子コミック	882	1,149	1,460	1,711	1,965
電子書籍＋電子雑誌	262	353	449	504	514

（ウ）：問題の最初に与えられた表から，いずれの年も（電子コミック）＞（電子書籍）＞（電子雑誌）の順になっている。

問5

帯グラフの読み取りに関する問題である。

〔1〕　**8**　　　　　　　　　　　　　　　　　　　　　　　　　　　　**正解**▶①

（ア）：正しい。与えられた帯グラフを見る限り，調査対象の中学生男子の人数が調査年ごとに減少していて，しかも野球部に所属している中学生男子の割合も減少していることから，野球部に所属している中学生男子の人数は減少傾向にあると読み取れる。

（イ）：正しい。与えられた帯グラフを見る限り，どの調査年のバスケットボール部の帯の幅はほぼ同じ幅と見ることができるから，バスケットボール部に所属している中学生男子の割合はほとんど増減していないと読み取れる。

（ウ）：誤り。与えられた帯グラフの平成21年を見ると，割合が最も高いのは野球部であるから，すべての調査年においてサッカー部に所属している中学生男子の人数が最も多いとは読み取れない。

以上から，正しい記述は（ア）と（イ）のみなので，正解は①である。

〔2〕　**9**　　　　　　　　　　　　　　　　　　　　　　　　　　　　**正解**▶②

各運動部についてその人数と割合を知るためには，これらが読み取りやすいグラフが好ましい。さらに，3年ごとの変化をみたいので，年ごとにまとめたグラフでなければならない。この点に着目して与えられた①～④のグラフをみてみる。

①：誤り。各運動部に所属している人数の時系列を示す折れ線グラフである。したがって，調査年ごとの各運動部に所属している人数の変化はわかるが，割合の

249

変化を容易に読み取ることができない。

②：正しい。積み上げ棒グラフである。棒の高さが調査年ごとの各運動部に所属している人数を表し，各運動部の帯の幅を棒の高さで割れば割合を求めることができる。さらに，3年ごとの変化もみることができる。

③：誤り。積み上げ面グラフである。各運動部に所属している人数を調査年ごとに積み上げたグラフである。したがって，各運動部に所属している人数は読み取れたとしても，このままでは割合の変化をみることは難しい。

④：誤り。積み上げ横棒グラフである。③と同様に，各運動部に所属している人数を調査年ごとに積み上げたグラフである。したがって，各運動部に所属している人数は読み取れたとしても，このままでは割合の変化をみることは難しい。

　よって，正解は②である。

問6

円グラフに関する問題である。

〔1〕　**10**　・・ **正解** ④

　15〜24歳の非正規の職員・従業員の割合は，男性が19.0%，女性が10.0%であるから，全年齢階級の非正規の職員・従業員数は，

　　男性：127万 ÷ 0.19 = 668.42… ≒ 670万〔人〕
　　女性：145万 ÷ 0.10 = 1,450万〔人〕

である。

　以上から，男女比は，

　　(男性)：(女性) = 670万：1,450万 = 67：145

である。

　よって，正解は④である。

〔2〕　**11**　・・ **正解** ①

A：正しい。女性の35〜64歳の非正規の職員・従業員の割合は，21.2 + 25.2 + 19.6 = 66.0〔%〕であるから，女性の非正規の職員・従業員全体のおよそ3分の2である。

B：誤り。円グラフから男性の非正規の職員・従業員全体に対する，55歳以上の男性の割合が50%であることはわかる。しかし，このことから男性の正規の職員・従業員全体に対する，55歳以上の男性の割合も同じであるということはできない。

C：誤り。男性と女性の非正規の職員・従業員の割合の大小が互いに関係しているか否かはこのグラフから読み取れない。

統計検定　4級

以上から，正しい記述はAのみなので，正解は①である。

問7

累積相対度数に関する理解を問う問題である。

〔1〕　**12**　……………………………………………………………………… **正解** ②

累積相対度数から各階級の相対度数を求めるには，

　　（求めたい階級の累積相対度数）−（1つ前の階級の累積相対度数）

を計算すればよい。したがって，50点以上60点未満の階級の相対度数を求めるには，

　　（50点以上60点未満の階級の累積相対度数）

　　　　　　　　−（40点以上50点未満の階級の累積相対度数）

を計算すればよく，4つの中学校の50点以上60点未満の階級の相対度数は次のとおりである。

　　A校：$0.53 - 0.39 = 0.14$

　　B校：$0.54 - 0.44 = 0.10$

　　C校：$0.60 - 0.43 = 0.17$

　　D校：$0.56 - 0.37 = 0.19$

以上から，「B校＜A校＜C校＜D校」である。

よって，正解は②である。

〔2〕　**13**　……………………………………………………………………… **正解** ③

（ア）：誤り。累積相対度数が0.50となる得点が含まれる階級は，4つの中学校とも50点以上60点未満の階級であるから，どの学校の中央値が最も小さいかはこの表だけでは判断できない。たとえば，C校以外の中学校では50点以上60点未満の階級に含まれる全員が50点で，C校は全員が59点であることも考えられる。

（イ）：正しい。上から40番目の生徒は下から161番目の生徒である。$161 \div 200 = 0.805$であるから，下から161番目の生徒が含まれる階級は，A校，B校，C校は70点以上80点未満の階級で，D校は80点以上90点未満の階級とわかる。したがって，下から161番目，すなわち上から40番目の生徒の得点が一番高いのはD校である。

以上から，正しい記述は（イ）のみなので，正解は③である。

251

問8

度数分布表の読み取りに関する問題である。

〔1〕　**14**　·· 正解 ①

（a）：一番大きな度数は706であるから，度数が一番大きい階級は「1人以上20人以下」である。

（b）：合計が1,741であるから，中央値は大きさの順に並べて871番目の値である。与えられた度数分布表をもとに，累積度数を順に求めると，

　　　1人以上20人以下の階級の累積度数は $29 + 706 = 735$

　　　21人以上40人以下の階級の累積度数は $29 + 706 + 223 = 958$

であるから，871番目が含まれる階級は「21人以上40人以下」である。

（c）：与えられた度数分布表から，このデータの分布は右に裾が長い分布であることがわかる。このような分布のとき，平均値と中央値の大小関係は「（平均値）＞（中央値）」である。したがって，「大きい」があてはまる。

以上から，正解は①である。

〔2〕　**15**　·· 正解 ②

（ア）：正しい。〔1〕（b）より，居住している医師数が40人以下の市区町村数は958であり，全市区町村数の半分を超えていることが読み取れる。

（イ）：正しい。居住している医師数が150人の市区町村があるならば，141人以上160人以下の階級に含まれる。201人以上の階級から順に度数を加えると，

　　　医師数が181人以上である市区町村は $288 + 28 = 316$

　　　医師数が161人以上である市区町村は $288 + 28 + 23 = 339$

　　　医師数が141人以上である市区町村は $288 + 28 + 23 + 33 = 372$

となり，確かに医師数の多い市区町村から数えて400番目までに入っていることが読み取れる。

（ウ）：誤り。この表からはどの市区町村に何人の医師が居住しているかまでは読み取ることはできない。

以上から，正しい記述は（ア）と（イ）のみなので，正解は②である。

問9

16　·· 正解 ④

ヒストグラムの読み取りに関する問題である。

（ア）：誤り。データの大きさが47より，中央値は大きさの順に並べて24番目の値である。与えられたヒストグラムをもとに度数を求めると，

600円未満の度数は2＋11＝13
800円未満の度数は2＋11＋17＝30
であるから，24番目の値は600円以上800円未満の階級に含まれる。
（イ）：正しい。支出金額が高い方から順に度数を求めると，
1,200円以上の度数は1＋1＝2
1,000円以上の度数は1＋1＋7＝9
800円以上の度数は1＋1＋7＋8＝17
であるから，支出金額が高い方から12番目の値は800円以上1,000円未満の階級に含まれている。
（ウ）：誤り。平均値は外れ値があることで影響を受けるが，集団と外れ値の間に平均値があるとは限らない。階級値（各階級の真ん中の値）を用いて，実際に平均値の近似値を求めてみると，
（300×2＋500×11＋700×17＋900×8＋1,100×7＋1,300×1＋6,300×1）÷47
＝40,500÷47＝861.70…≒862〔円〕
となる。
以上から，正しい記述は（イ）のみなので，正解は④である。

問10

幹葉図の読み取りと代表値の計算に関する問題である。

〔1〕　**17**　・・・　**正解**▶④

与えられた幹葉図を左に90度回転すると次の図のようになり，階級が10点以上20点未満，20点以上30点未満，……，90点以上100点未満のヒストグラムに対応する。
よって，正解は④である。

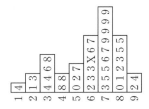

（コメント）幹葉図から度数分布表を作成すると次のとおりである。

（単位：人）

階級	度数
10点以上 20点未満	1
20点以上 30点未満	2
30点以上 40点未満	4
40点以上 50点未満	2
50点以上 60点未満	3
60点以上 70点未満	6
70点以上 80点未満	9
80点以上 90点未満	6
90点以上100点未満	2
合計	35

この度数分布表から，ヒストグラムを作成すると正解が④であることがわかる。

　ちなみに，他の選択肢のヒストグラムについて確認しておく。

①：各階級の度数が1の位の右端の数になっているので誤り。

②：累積度数を表したグラフなので誤り。

③：各階級の度数が1の位の左端の数になっているので誤り。

〔2〕 **18** ··· 正解 ⑤

　平均値，中央値，最頻値をそれぞれ求めてみると，

平均値：$(14 + 21 + \cdots + 63 + X + 66 + \cdots + 94) \div 35 = (X + 2150) \div 35 = \dfrac{X + 2150}{35}$〔点〕

中央値：データの大きさが35であるから，中央値は大きさの順に並べて18番目の
　　　　値である。与えられた幹葉図を用いて数えると，18番目の値は67点であ
　　　　る。

最頻値：与えられた幹葉図から，度数が最も高い得点は度数4の79点である。

以上から，Xの値によらず変わらない値は中央値と最頻値のみである。

よって，正解は⑤である。

統計検定　4級

問11

クロス集計表の読み取りと割合の計算に関する問題である。

〔1〕　**19** ·· **正解** ⑤

各年齢階級における「現在習慣的に喫煙している」と回答した割合は，

$$\frac{(\text{「はい」と回答した人数})}{(\text{合計人数})} \times 100 \ 〔\%〕$$

で求められる。そこで，求めた値（小数第2位を四捨五入）を表にまとめると，次のようになる。

男性	40～44歳	45～49歳	50～54歳	55～59歳	60～64歳	65～69歳	70～74歳
割合（%）	35.9	34.9	34.5	33.1	28.1	21.7	16.3

以上から，「現在習慣的に喫煙している」と回答した割合が30%を超えている年齢階級は4つある。

よって，正解は⑤である。

〔2〕　**20** ·· **正解** ③

（ア）：誤り。〔1〕と同様に女性の割合を求めると，次の表のとおりである。どの年齢階級においても，男性に比べて女性の方が「現在習慣的に喫煙している」と回答した割合が小さい。

女性	40～44歳	45～49歳	50～54歳	55～59歳	60～64歳	65～69歳	70～74歳
割合（%）	17.7	17.1	15.4	11.2	6.7	4.7	3.1

（イ）：正しい。〔1〕で作成した表から，年齢階級が上がるにつれて「現在習慣的に喫煙している」と回答した割合が減少していることがわかる。

（ウ）：誤り。（ア）で作成した表から，年齢階級が上がるにつれて「現在習慣的に喫煙している」と回答した割合が減少していることがわかるので，増加していない。

以上から，正しい記述は（イ）のみなので，正解は③である。

問12

累積相対度数（累積確率）を表したグラフの読み取りと計算に関する問題である。

〔1〕 **21** ⋯⋯⋯⋯⋯⋯⋯⋯⋯⋯⋯⋯⋯⋯⋯⋯⋯⋯⋯⋯⋯ **正解** ③

　与えられたグラフから，1 の目が出た回数の相対度数を求めると，次の表のようになる。また，生徒が40人なので，各度数＝各相対度数×40を求めることができる。その結果も表の最後に示す。

回数	0	1	2	3	4	5	6	7	8	9	10	合計
相対度数	0.175	0.300	0.350	0.125	0.025	0.025	0.000	0.000	0.000	0.000	0.000	1.000
度数	7	12	14	5	1	1	0	0	0	0	0	40

　上の表から，1 の目を 6 回以上出した生徒がいないことがわかる。
　したがって，1 の目を最も多く出した生徒は 5 回出したことになる。
　よって，正解は③である。

〔2〕 **22** ⋯⋯⋯⋯⋯⋯⋯⋯⋯⋯⋯⋯⋯⋯⋯⋯⋯⋯⋯⋯⋯ **正解** ①

　1 の目が出た回数の最頻値は上の表の相対度数が最も高い回数であるから，2 回であることがわかる。
　よって，正解は①である。

問13

積み上げ面グラフの読み取りに関する問題である。

〔1〕 **23** ⋯⋯⋯⋯⋯⋯⋯⋯⋯⋯⋯⋯⋯⋯⋯⋯⋯⋯⋯⋯⋯ **正解** ⑤

（ア）：誤り。積み上げ面グラフの上の折れ線が日本人と外国人の延べ宿泊者数の合計を表している。この折れ線をみると増加傾向にあると読み取れるので，「合計はほとんど変わっていない」とは読み取れない。

（イ）：誤り。グラフの下に付加している表の値から，
　　　420－283＝137〔百万人〕＝1億3700万人
　　であるから，2億人増加したとは読み取れない。
　　（コメント）上のような計算をせず，積み上げ面グラフからも読み取ること

256

統計検定　4級

ができる。グラフから，延べ宿泊者数の合計は約2億人増加していると読み取れるが，外国人の延べ宿泊者数は増加傾向にあり一定ではないので，日本人の延べ宿泊者数は2億人増加しているとは読み取れない。

(ウ)：誤り。グラフの下に付加している表の値をもとに，2014年以降の日本人と外国人の延べ宿泊者数の合計に対する外国人の延べ宿泊者数の割合を求めると，次の表のようになる。

年	2014	2015	2016	2017	2018
割合（％）	9.5	13.1	14.0	15.7	17.5

　　上の表から，日本人と外国人の延べ宿泊者数の合計に対する外国人の延べ宿泊者数の割合は増加しているから，減少しているとは読み取れない。

（コメント）積み上げ面グラフの上の折れ線が日本人と外国人の延べ宿泊者数の合計を，中の折れ線が外国人の延べ宿泊者数を表している。2014年以降，上の折れ線の傾きに対して中の折れ線の傾きの方が大きい傾向にあると読み取れるから，本人と外国人の延べ宿泊者数の合計に対する外国人の延べ宿泊者数の割合は増加していると読み取れる。

　以上から，正しい記述がないので，正解は⑤である。

〔2〕 **24** ··· **正解** ①

　グラフの下に付加している表の値をもとに，外国人の延べ宿泊者数の増加率を求めると，次の表のようになる。

年	2010	2011	2012	2013	2014	2015	2016	2017	2018
増加率(％)	44.4	− 30.8	44.4	26.9	36.4	46.7	4.5	15.9	11.3

　よって，正解は①である。

（コメント）②のグラフは日本人の延べ宿泊者数の増加率，③のグラフは延べ宿泊者のうち外国人の割合，④のグラフは日本人と外国人の延べ宿泊者数の合計の増加率を表している。

問14

確率に関する基本事項を問う問題である。

すべての問題がサイコロを2回投げた場合の確率を求める問題であるから、はじめに6×6表を作成して、コマがどこに位置にあるか状況を把握する。

1回目＼2回目	1	2	3	4	5	6
1	B	C	D	E	F	G
2	C	D	E	F	G	ゴール
3	D	E	F	G	ゴール	G
4	E	F	G	ゴール	G	F
5	F	G	ゴール	G	F	E
6	G	ゴール	G	F	E	D

〔1〕 **25** ･･ 正解 **⑤**

上の表から、サイコロを2回投げたとき、すべての場合の数は36通り、そのうちゲームが終了する場合（上の表において「ゴール」になる場合）は5通りであるから、その確率は$\dfrac{5}{36}$である。

よって、正解は⑤である。

〔2〕 **26** ･･ 正解 **③**

上の表から、サイコロを2回投げたとき、すべての場合の数は36通り、そのうち6の目が一度も出ることなくゲームが終了する場合は、

（1回目, 2回目）＝（3, 5）, （4, 4）, （5, 3）

の3通りであるから、その確率は$\dfrac{3}{36}$である。

よって、正解は③である。

〔3〕 **27** ･･ 正解 **②**

上の表から、サイコロを2回投げてゲームが終了する場合は全部で5通りあり、そのうち2回目に6の目が出た場合は、

（1回目, 2回目）＝（2, 6）

の1通りであるから、その確率は$\dfrac{1}{5}$である。

よって、正解は②である。

258

統計検定　4級

問15

身近なデータの分析に関する総合的な問題である。

〔1〕　**28**　··· **正解**▶ ②

クロス集計表を読み取る問題である。

（ア）：正しい。全メダルは41個，そのうち金メダルは12個であるから，金メダルの割合は $\frac{12}{41} \times 100 = 29.26\cdots < 30$ 〔%〕である。

（イ）：正しい。金メダル，銀メダル，銅メダルにおける団体競技の割合をそれぞれ求めると次のとおりである。

金メダル：$\frac{2}{12} \times 100 = 16.66\cdots \fallingdotseq 16.7$ 〔%〕

銀メダル：$\frac{2}{8} \times 100 = 25.0$ 〔%〕

銅メダル：$\frac{4}{21} \times 100 = 19.04\cdots \fallingdotseq 19.0$ 〔%〕

したがって，金メダル，銀メダル，銅メダルのうち，団体競技の割合が最も高いのは銀メダルである。

（ウ）：誤り。与えられたクロス集計表からは，個人競技，団体競技ともにいくつの競技に参加したかがわからないので，メダルを獲得できた割合を計算することはできない。

以上から，正しい記述は（ア）と（イ）のみなので，正解は②である。

〔2〕　**29**　··· **正解**▶ ①

折れ線グラフを読み取る問題である。

次の表は，折れ線グラフから各種目のメダル獲得数（単位：個）を読み取り，大会ごとにまとめたものである。また，各競技においてメダル獲得数が最も少ない年をグレーにしている。

	格闘技	水泳	球技	体操	陸上競技	その他	合計
2004年	16	10	2	4	2	3	37
2008年	14	6	1	2	1	1	25
2012年	16	11	4	3	1	3	38
2016年	19	9	6	3	2	2	41

（エ）：正しい。上の表から，過去4大会における格闘技，水泳，球技，体操の4種目のメダル獲得数が最も少ない年はいずれも2008年である。

（オ）：正しい。格闘技と球技の折れ線の傾きをみれば，メダル獲得数の増減が読み取れる。傾きがともに負のとき「一方が減るともう一方も減る」，傾きがともに正のときは「一方が増えるともう一方も増える」といえる。傾きの正負をまとめると次のようになる。

	2004年→2008年	2008年→2012年	2012年→2016年
格闘技	－	＋	＋
球技	－	＋	＋

　　　上の表から，一方が減るともう一方が減り，一方が増えるともう一方が増えると読み取れる。

　　以上から，正しい記述は（エ）と（オ）なので，正解は①である。

（コメント）前の大会に対する格闘技と球技のメダル獲得数の増減を計算してまとめると次のようになる。

	2004年→2008年	2008年→2012年	2012年→2016年
格闘技	－ 2	＋ 2	＋ 3
球技	－ 1	＋ 3	＋ 2

〔3〕　**30** ·· 正解 ④

〔2〕で作成した表をもとに，各大会における割合（単位：％）を求めると次のようになる。

	格闘技	水泳	球技	体操	陸上競技	その他	合計
2004年	43	27	5	11	5	8	100
2008年	56	24	4	8	4	4	100
2012年	42	29	11	8	3	8	100
2016年	46	22	15	7	5	5	100

　　よって，正解は④である。

（コメント）選択肢の帯グラフの違いをみると，2004年における格闘技，水泳，球技の3種目だけに注目すれば正解を導けることがわかる。そこで2004年におけるこの3種目の割合を求めて選ぶとよい。

PART 9

4級
2019年6月
問題／解説

2019年6月に実施された
統計検定4級で実際に出題された問題文を掲載します。
問題の趣旨やその考え方を理解できるように、
正解番号だけでなく解説を加えました。

問題⋯⋯⋯262

正解一覧⋯⋯⋯282

解説⋯⋯⋯283

問1 ある不動産屋が扱っているマンションのデータを整理することになった。

〔1〕 次のA，B，Cのうちで，量的データの組合せとして，下の①～⑤のうちから最も適切なものを一つ選べ。　[1]

> A　マンションの各階の戸数
>
> B　マンションの各戸の部屋番号
>
> C　マンションの各戸の面積

① Aのみ　　② AとBのみ　　③ AとCのみ
④ BとCのみ　　⑤ AとBとC

〔2〕 次のD，E，Fのうちで，質的データの組合せとして，下の①～⑤のうちから最も適切なものを一つ選べ。　[2]

> D　マンションの最寄り駅の駅名
>
> E　マンションの最寄り駅を通る路線名
>
> F　マンションから最寄り駅までの所要時間

① Dのみ　　② DとEのみ　　③ DとFのみ
④ EとFのみ　　⑤ DとEとF

問2 次の表は，ある児童がヘチマの成長記録をまとめたものである。

（単位：cm）

月日	5月1日	5月2日	5月3日	5月6日	5月11日
地面からの高さ	110	115	119	136	161

〔1〕 ヘチマの1日あたりの成長について表から読み取れることとして，次の（ア），（イ），（ウ）の意見があった。読み取れる意見には○を，読み取れない意見には×をつけるとき，その組合せとして，下の①～⑤のうちから最も適切なものを一つ選べ。　[3]

262

(ア) ヘチマが1日あたり最も成長している期間は5月6日から5月11日にかけてである。

(イ) 5月2日から5月3日にかけてヘチマは4cm成長している。

(ウ) 5月3日から5月6日にかけては，ヘチマは平均して1日に4〜5cm成長している。

① (ア)：○　(イ)：○　(ウ)：×
② (ア)：○　(イ)：×　(ウ)：×
③ (ア)：×　(イ)：○　(ウ)：○
④ (ア)：×　(イ)：○　(ウ)：×
⑤ (ア)：×　(イ)：×　(ウ)：○

〔2〕 上の表に示された成長記録について，グラフを用いて考察するとき，次の①〜④のうちから最も適切なものを一つ選べ。　4

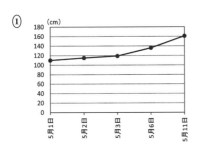

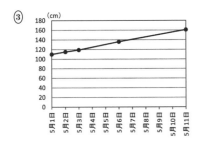

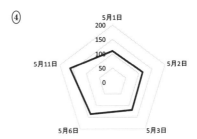

問3　次のクロス集計表は，Ｓ市に住んでいる小学生と中学生を無作為に選び，ある野菜の好き・嫌いに関するアンケート調査を行った結果をまとめたものである。

（単位：人）

項目	小学生			中学生		
	男子	女子	合計	男子	女子	合計
好き	247	236	483	100	48	148
どちらかといえば好き	287	292	579	218	242	460
どちらかといえば嫌い	56	61	117	66	94	160
嫌い	10	11	21	16	16	32
合計	600	600	1200	400	400	800

〔1〕　小学生女子のうち，「好き」または「どちらかといえば好き」を選んだ人の割合はいくらか。次の①～⑤のうちから最も適切なものを一つ選べ。　**5**

① 44.0%　　② 72.5%　　③ 79.5%　　④ 88.0%　　⑤ 89.0%

〔2〕　「嫌い」を選んだ人のうち，中学生の割合はいくらか。次の①～⑤のうちから最も適切なものを一つ選べ。　**6**

① 1.6%　　② 4.0%　　③ 39.6%　　④ 50.0%　　⑤ 60.4%

〔3〕　Ｓ市に住んでいる小学生の人数は中学生の人数の約2倍である。また，小学生，中学生ともに男女比は約1:1である。

　この調査結果をもとに，Ｓ市全体の小学生と中学生のうち，「どちらかといえば嫌い」を選ぶ割合はいくらと予想されるか。

　次の①～⑤のうちから最も適切なものを一つ選べ。　**7**

① 13.2%　　② 13.9%　　③ 19.8%　　④ 20.0%　　⑤ 39.5%

264

統計検定　4級

問4　あるクラスでは，プランターでミニトマトを育て，それを観察する実験を行うことにした。ここではより多くの実をつける方法を探すために，日光条件（日なたと日かげ）と追加で与える化学肥料の分量の条件（10g, 20g, 30g）の2つの条件について考え，残りの水の量や気温などについては同じ条件下で育てることにした。また，今回は同じ条件で，それぞれ5個のプランターを準備することにした。

〔1〕　この実験で用いるプランターの総数はいくつか。次の①〜⑤のうちから適切なものを一つ選べ。 **8**

① 5個　　② 6個　　③ 10個　　④ 15個　　⑤ 30個

〔2〕　この実験を行うにあたり，種から育てるのは難しいため，苗から育てることにしたとき，この実験に関することとして，次の（ア），（イ）の記述がある。正しい記述には〇を，正しくない記述には×をつけるとき，その組合せとして，下の①〜④のうちから最も適切なものを一つ選べ。 **9**

> （ア）各プランターにどの苗を植えるかは，葉の数が多い順に化学肥料の分量が多くなるように決めた。
>
> （イ）苗を植えるときは，箱の中から「日なた，10g」や「日かげ，10g」のように条件の書かれたカードを取り出して決めた。ただし，条件の書かれたカードはプランターの総数だけ用意されている。また，取り出したカードは箱には戻さないものとする。

① （ア）：〇　（イ）：〇　　② （ア）：〇　（イ）：×
③ （ア）：×　（イ）：〇　　④ （ア）：×　（イ）：×

問5　Aさんは100円硬貨1枚と10円硬貨1枚，Bさんは50円硬貨2枚を持っている。2人が同時にすべての硬貨を投げたとき，表が出た硬貨の合計金額の多い方が勝ちとする。

〔1〕　引き分けの確率はいくらか。次の①～⑤のうちから適切なものを一つ選べ。
　10

　① $\dfrac{1}{32}$　　② $\dfrac{1}{16}$　　③ $\dfrac{1}{8}$　　④ $\dfrac{1}{6}$　　⑤ $\dfrac{1}{4}$

〔2〕　Aさんの勝つ確率はいくらか。次の①～⑤のうちから適切なものを一つ選べ。
　11

　① $\dfrac{1}{8}$　　② $\dfrac{5}{16}$　　③ $\dfrac{3}{8}$　　④ $\dfrac{7}{16}$　　⑤ $\dfrac{1}{2}$

〔3〕　勝つ確率の大きい方を「有利」，小さい方を「不利」とする。このとき，2人の有利，不利を判定する。次の①～④のうちから適切なものを一つ選べ。**12**

　①　Aさんが有利，Bさんが不利である。
　②　Bさんが有利，Aさんが不利である。
　③　1回ごとに勝つ確率は変わるので，有利，不利は判定できない。
　④　2人とも勝つ確率は同じなので，有利，不利は判定できない。

統計検定　4級

問6　次の表は，各都道府県が隣接している都道府県数を表したものである。ここで，海を隔てた間にある島の中に県境を持つ県（岡山県と香川県，広島県と愛媛県）は隣接しているとして数え，橋やトンネルがつながっているだけの場合は隣接していないとして数えた。

隣接している都道府県数	0	1	2	3	4	5	6	7	8	合計
度数	2	1	5	11	18	4	3	2	1	47

〔1〕　隣接している都道府県数の平均値はいくらか。次の①〜⑤のうちから最も適切なものを一つ選べ。　**13**

①　3.00　　②　3.74　　③　4.00　　④　4.74　　⑤　5.22

〔2〕　隣接している都道府県数の平均値，中央値，最頻値の大小関係として，次の①〜⑤のうちから適切なものを一つ選べ。　**14**

①　平均値＜中央値＝最頻値　　②　平均値＜中央値＜最頻値
③　平均値＝中央値＝最頻値　　④　平均値＝中央値＜最頻値
⑤　平均値＞中央値＝最頻値

2019年6月　問題

267

問7 次のドットプロットは，ある小学校の1組30人と2組30人の児童を対象に，虫歯の本数を調べ，その結果をまとめたものである。

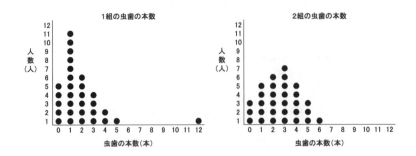

〔1〕 上のドットプロットから読み取れることとして，次の（ア），（イ），（ウ）の意見があった。読み取れる意見には○を，読み取れない意見には×をつけるとき，その組合せとして，下の①～⑤のうちから最も適切なものを一つ選べ。 15

（ア）虫歯の本数が1本以下の児童は，1組の方が2組より多い。

（イ）1組の虫歯が1本の児童は11人であり，中央値は1組の方が2組より大きい。

（ウ）虫歯がある児童だけに配るプリントの枚数は，どちらの組も同じである。

① （ア）：○ （イ）：○ （ウ）：×
② （ア）：○ （イ）：× （ウ）：○
③ （ア）：○ （イ）：× （ウ）：×
④ （ア）：× （イ）：○ （ウ）：○
⑤ （ア）：× （イ）：× （ウ）：○

〔2〕 上の1組のドットプロットでは，外れ値がみられる。外れ値を除いたデータの平均値，中央値，最頻値を求めたところ，外れ値を除く前の値と比べて小さくなった値はどれか。次の①～⑤のうちから適切なものを一つ選べ。 16

① 平均値と中央値のみ　② 平均値と最頻値のみ　③ 中央値と最頻値のみ
④ 平均値のみ　　　　　⑤ 中央値のみ

統計検定　4級

問8　次の度数分布表は，日本の各都道府県の面積を表したものである。ただし，境界未定地域を含む都道府県については便宜上の概算数値を面積値としている。また，相対度数は小数第3位を四捨五入し，小数第2位までを表示している。

面積	度数	相対度数
2000km² 未満	2	0.04
2000km² 以上 4000km² 未満	（ア）	0.15
4000km² 以上 6000km² 未満	14	（ウ）
6000km² 以上 8000km² 未満	12	0.26
8000km² 以上 10000km² 未満	（イ）	（エ）
10000km² 以上 12000km² 未満	2	0.04
12000km² 以上 14000km² 未満	3	0.06
14000km² 以上 16000km² 未満	1	0.02
16000km² 以上	1	0.02
合計	47	

資料：国土交通省国土地理院「平成30年全国都道府県市区町村別面積調」

〔1〕　上の表の空欄（ウ）にあてはまる値として，次の①～⑤のうちから最も適切なものを一つ選べ。　**17**

① 0.15　　　② 0.20　　　③ 0.25　　　④ 0.30　　　⑤ 0.35

〔2〕　上の表の空欄（イ）にあてはまる値として，次の①～⑤のうちから適切なものを一つ選べ。　**18**

① 1　　　　② 2　　　　③ 3　　　　④ 4　　　　⑤ 5

2019年6月　問題

269

問9　次の棒グラフは，2017年度の日本の品目別食料自給率を示したものである。

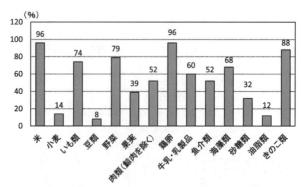

資料：農林水産省「総合食料自給率（カロリー・生産額），品目別自給率等」

〔1〕　上の棒グラフから読み取れることとして，次の（ア），（イ）の意見があった。読み取れる意見には○を，読み取れない意見には×をつけるとき，その組合せとして，下の①〜④のうちから最も適切なものを一つ選べ。　19

（ア）自給率50％未満の品目が5品目以上ある。

（イ）肉類（鯨肉を除く）や果実は，商品価値が高いために多くが輸出されている。

① （ア）：○　（イ）：○　　② （ア）：○　（イ）：×
③ （ア）：×　（イ）：○　　④ （ア）：×　（イ）：×

統計検定　4級

〔2〕　品目別食料自給率は

$$\frac{(その品目の国内生産量)}{(その品目の国内消費仕向量)} \times 100 \ （\%）$$

と算出される。ここで，国内消費仕向量とは

　　　　(その品目の国内生産量)＋(その品目の輸入量)
　　　　－(その品目の輸出量)－(その品目の在庫の変化量)

のことである。

　　2017年度の鶏卵の国内消費仕向量は約271万トンであった。鶏卵の国内生産量は約何万トンであるか。次の①～⑤のうちから最も適切なものを一つ選べ。　20

①　0.4万トン　　　　②　260.2万トン　　　③　271.0万トン
④　282.3万トン　　　⑤　26016万トン

2019年6月

問題

問10 次のヒストグラムは，長野県にある2つの観測点（長野と飯田）の2019年1月の31日間の日平均気温をまとめたものである。ただし，ヒストグラムの階級はそれぞれ，－5℃以上－4℃未満，－4℃以上－3℃未満，…，4℃以上5℃未満のように区切られている。

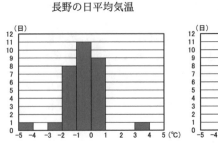
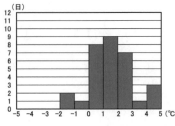

資料：気象庁「過去の気象データ検索」

〔1〕 上のヒストグラムから読み取れることとして，次の（ア），（イ）の意見があった。読み取れる意見には○を，読み取れない意見には×をつけるとき，その組合せとして，下の①～④のうちから最も適切なものを一つ選べ。 | 21 |

（ア）長野の日平均気温のうち，最も度数が大きい階級は－1℃以上0℃未満である。

（イ）飯田の日平均気温のヒストグラムの形状から，日平均気温の平均値は2.1℃以上である。

① （ア）：○ （イ）：○   ② （ア）：○ （イ）：×
③ （ア）：× （イ）：○   ④ （ア）：× （イ）：×

統計検定　4級

〔2〕　上のヒストグラムから読み取れることとして，次の（ウ），（エ），（オ）の意見があった。読み取れる意見には○を，読み取れない意見には×をつけるとき，その組合せとして，下の①～⑤のうちから最も適切なものを一つ選べ。　22

（ウ）長野と飯田を比べると，飯田の方が範囲が大きい。

（エ）長野と飯田を比べると，中央値の差が1℃以上ある。

（オ）長野で3℃以上4℃未満だった日が1日だけあるが，その日の飯田の気温は4℃以上5℃未満である。

① （ウ）：○　（エ）：○　（オ）：○
② （ウ）：○　（エ）：×　（オ）：×
③ （ウ）：×　（エ）：○　（オ）：○
④ （ウ）：×　（エ）：○　（オ）：×
⑤ （ウ）：×　（エ）：×　（オ）：○

問11 次のグラフは，ある疾病の男女別患者数報告数の推移を表したものである。

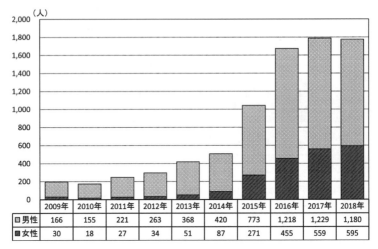

資料：東京都感染症情報センター

〔1〕 2009年以降で患者数のうち女性の割合が20％をはじめて上回ったのは何年か。次の①〜⑤のうちから適切なものを一つ選べ。 23

① 2011年　② 2012年　③ 2013年　④ 2014年　⑤ 2015年

〔2〕 女性の患者数の増加率

$$\frac{(その年の女性の患者数) - (その前年の女性の患者数)}{(その前年の女性の患者数)} \times 100 \ (\%)$$

を表したグラフとして，次の①〜④のうちから最も適切なものを一つ選べ。
24

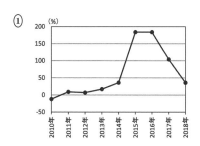

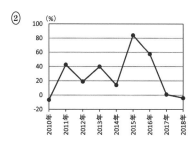

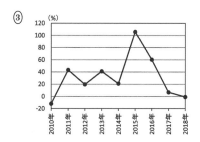

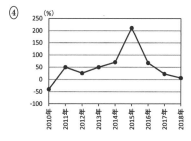

問12 次の度数分布表は，ある中学校の 3 年生200人の休日における学習時間をまとめたものである。

（単位：人）

時間	度数
30 分未満	7
30 分以上 1 時間未満	16
1 時間以上 1 時間 30 分未満	59
1 時間 30 分以上 2 時間未満	34
2 時間以上 2 時間 30 分未満	46
2 時間 30 分以上	38
合計	200

〔1〕 上の度数分布表から読み取れることとして，次の（ア），（イ）の意見があった。読み取れる意見には○を，読み取れない意見には×をつけるとき，その組合せとして，下の①～④のうちから最も適切なものを一つ選べ。 **25**

（ア）学習時間の中央値は， 1 時間以上 1 時間30分未満の階級に含まれる。

（イ）学習時間の度数が最も大きい階級は， 1 時間以上 1 時間30分未満である。

① （ア）：○ （イ）：○　　② （ア）：○ （イ）：×

③ （ア）：× （イ）：○　　④ （ア）：× （イ）：×

統計検定　4級

〔2〕　今回調査した生徒の休日における学習時間の平均値を30分増やしたいため，次の（ウ），（エ），（オ）の方法を考えた。これらの方法について，学習時間の平均値が30分以上増える方法には○を，30分以上増えない方法には×をつけるとき，その組合せとして，下の①～⑤のうちから最も適切なものを一つ選べ。 26

（ウ）200人の生徒全員の学習時間を30分ずつ増やす。

（エ）学習時間が1時間30分未満の生徒の学習時間を45分ずつ増やし，学習時間が1時間30分以上の生徒の学習時間を15分ずつ増やす。

（オ）学習時間が2時間未満の生徒の学習時間を60分ずつ増やす。

① （ウ）：○　（エ）：○　（オ）：○
② （ウ）：○　（エ）：×　（オ）：○
③ （ウ）：○　（エ）：×　（オ）：×
④ （ウ）：×　（エ）：○　（オ）：×
⑤ （ウ）：×　（エ）：×　（オ）：○

2019年6月　問題

277

問13 次の帯グラフは，1992年と2015年における移動の交通手段の構成比を，平日と休日に分けて比べたものである。ただし，自動車（運転）は自分で自動車を運転すること，自動車（同乗）は誰かが運転する自動車に乗せてもらうことを表している。

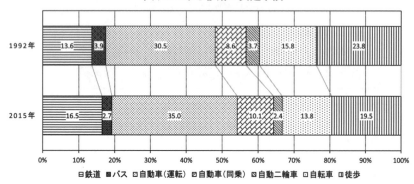

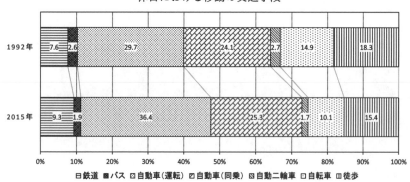

資料：国土交通省「平成27年全国都市交通特性調査」

統計検定　4級

〔1〕　2015年の帯グラフから読み取れることとして，次の（ア），（イ）の意見があった。読み取れる意見には○を，読み取れない意見には×をつけるとき，その組合せとして，下の①〜④のうちから最も適切なものを一つ選べ。　| 27 |

（ア）平日の自転車の割合と徒歩の割合を合わせるとほぼ3分の1となる。

（イ）休日の鉄道の割合は，全体の1割に満たない。

① （ア）：○　（イ）：○　　② （ア）：○　（イ）：×

③ （ア）：×　（イ）：○　　④ （ア）：×　（イ）：×

〔2〕　1992年と2015年の帯グラフから読み取れることとして，次の（ウ），（エ），（オ）の意見があった。読み取れる意見には○を，読み取れない意見には×をつけるとき，その組合せとして，下の①〜⑤のうちから最も適切なものを一つ選べ。
| 28 |

（ウ）1992年と2015年を比べると，休日の鉄道とバスを合わせた割合は変わらない。

（エ）1992年と2015年を比べると，自動車（運転）の割合は，1992年では休日より平日の方が大きかったが，2015年では平日より休日の方が大きくなった。

（オ）1992年と2015年を比べると，自転車の割合と徒歩の割合のそれぞれが，平日と休日のいずれにおいても小さくなった。

① （ウ）：○　（エ）：○　（オ）：×

② （ウ）：○　（エ）：×　（オ）：○

③ （ウ）：×　（エ）：○　（オ）：○

④ （ウ）：×　（エ）：○　（オ）：×

⑤ （ウ）：×　（エ）：×　（オ）：○

問14 2019年9月から日本でワールドカップが開催されるラグビーは，番狂わせ（下位チームが上位チームに勝つこと）が最も起こりにくいスポーツの一つとされている。本当に起こりにくいのか，はるかさんとみさきさんは手分けして調べることにした。

〔1〕 はるかさんは，ワールドカップ過去3大会（2007年，2011年，2015年）の全試合を対象として，そのワールドカップ直前の世界ランキングで上位のチームが勝利した回数と下位のチームが勝利した回数を数え，次の表を得た。

大会	2007年	2011年	2015年
上位チームの勝利	36	43	43
引き分け	1	1	0
下位チームの勝利	11	4	5
合計	48	48	48

資料：WorldRugby

次に，対戦した2チームの世界ランキングが5以上離れている試合（以下「ランク差の大きい試合」と呼ぶ）に限定したところ，次の表のようになった。

大会	2007年	2011年	2015年
上位チームの勝利	29	27	27
下位チームの勝利	3	2	2
合計	32	29	29

資料：WorldRugby

上の表から読み取れることとして，次の（ア），（イ）の意見があった。読み取れる意見には○を，読み取れない意見には×をつけるとき，その組合せとして，下の①～④のうちから最も適切なものを一つ選べ。 **29**

> （ア）3大会の全試合のうち下位チームが勝利した割合が最も高いのは2007年であり，およそ23%である。
>
> （イ）どの大会でも，下位チームが勝利した割合は，全試合よりもランク差の大きい試合のほうが小さく，2つの割合の差が最も小さいのは2011年である。

① （ア）：○ （イ）：○　　② （ア）：○ （イ）：×
③ （ア）：× （イ）：○　　④ （ア）：× （イ）：×

〔2〕 みさきさんは，〔1〕で述べたランク差の大きい試合（90試合）について「上位チームの得点－下位チームの得点」を計算し，次のヒストグラムをかいた。なお，ヒストグラムの階級はそれぞれ，－28点以上－21点未満，…，－7点以上0点未満，0点以上7点未満，…，91点以上98点未満のように区切られている。

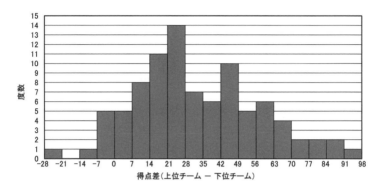

資料：WorldRugby

1プレイ（7点）で下位チームが逆転する可能性のある「0点以上7点未満」を「僅差」（きんさ），3プレイで逆転できない差（21点以上）を「大差」と考えることにする。このとき，上のヒストグラムから読み取れることとして，次の（ウ），（エ），（オ）の意見があった。読み取れる意見には○を，読み取れない意見には×をつけるとき，その組合せとして，下の①～⑤のうちから最も適切なものを一つ選べ。 30

（ウ）得点差の中央値は大差である。

（エ）下位チームの勝利の割合は低く，それは70点差以上で負けた割合と等しい。

（オ）僅差もしくは下位チームの勝利は，10試合に1試合の割合でしか起きない。

① （ウ）：○　（エ）：○　（オ）：○
② （ウ）：○　（エ）：○　（オ）：×
③ （ウ）：○　（エ）：×　（オ）：○
④ （ウ）：×　（エ）：○　（オ）：○
⑤ （ウ）：×　（エ）：×　（オ）：×

統計検定4級　2019年6月　正解一覧

　次ページ以降に解説を掲載しています。問題の趣旨やその考え方を理解するために活用してください。

問		解答番号	正解
問1	[1]	1	③
	[2]	2	②
問2	[1]	3	④
	[2]	4	③
問3	[1]	5	④
	[2]	6	⑤
	[3]	7	①
問4	[1]	8	⑤
	[2]	9	③
問5	[1]	10	③
	[2]	11	⑤
	[3]	12	①
問6	[1]	13	②
	[2]	14	①
問7	[1]	15	③
	[2]	16	④

問		解答番号	正解
問8	[1]	17	④
	[2]	18	⑤
問9	[1]	19	②
	[2]	20	②
問10	[1]	21	②
	[2]	22	④
問11	[1]	23	⑤
	[2]	24	④
問12	[1]	25	③
	[2]	26	②
問13	[1]	27	①
	[2]	28	③
問14	[1]	29	①
	[2]	30	②

統計検定　4級

問1

量的データと質的データの違いを理解しているかどうかを問う問題である。
統計の調査項目は，大きく質的データと量的データに分けることができる。

〔1〕　**1**　……………………………………………………………………… **正解** ③

量的データは，大きさや量など，数量として記録したデータである。
A：**量的データ**である。マンションの各階の戸数は，5戸，8戸のような数値から
　なる量的データである。
B：質的データである。マンションの各戸の部屋番号は，616号室，2019室のよう
　に区別をするために数字や文字を用いただけの質的データである。
C：**量的データ**である。マンションの各戸の面積は，$33.70\mathrm{m}^2$，$78.50\mathrm{m}^2$のような数
　値からなる量的データである。
　以上から，量的データはAとCのみなので，正解は③である。

〔2〕　**2**　……………………………………………………………………… **正解** ②

質的データは，分類された種類（カテゴリー）の中から，どの種類をとったかを
記録したものである。
D：**質的データ**である。駅名は，彦根，金沢八景のような名称からなる質的データ
　である。
E：**質的データ**である。路線名は，近江鉄道本線，京浜急行電鉄逗子線のような名
　称からなる質的データである。
F：量的データである。最寄り駅からの所要時間は，10分，24分のような数値から
　なる量的データである。
　以上から，質的データはDとEのみなので，正解は②である。

問2

時系列データに関する総合問題である。

〔1〕　**3**　……………………………………………………………………… **正解** ④

時系列データの読み取りに関する問題である。
はじめに与えられた記録からヘチマの1日あたりの成長を算出する。
5月1日から5月2日にかけて，$115-110=5$〔cm〕成長した。
5月2日から5月3日にかけて，$119-115=4$〔cm〕成長した。
5月3日から5月6日までの3日間で，$136-119=17$〔cm〕成長したというこ
とは，1日あたりに換算すると，$17\div3≒5.67$〔cm〕成長したことになる。

2019年6月

解説

283

5月6日から5月11日までの5日間で，161－136＝25〔cm〕成長したということは，1日あたりに換算すると，25÷5＝5〔cm〕成長したことになる。

(ア)：誤り。1日あたりに換算して比べると，最も成長している期間は5月3日から5月6日にかけてである。

(イ)：正しい。5月2日から5月3日にかけて4cm成長した。

(ウ)：誤り。5月3日から5月6日にかけては，1日あたりおよそ5.67cm成長している。

以上から，正しい記述は（イ）のみなので，正解は④である。

〔2〕 **4** ·· 正解 ③

成長記録は時間とともに変化する量のデータ，すなわち，時系列データである。時系列データをグラフに表す際の注意点は以下のとおりである。

(1) 折れ線グラフを用いる。

(2) 横軸の間隔は時間の間隔に沿うように表す。

①：誤り。折れ線グラフであるが，横軸の間隔は1日間隔，3日間隔，5日間隔がどれも同じ幅であり，時間の間隔に沿っていない。

②：誤り。円グラフである。一般に円グラフは，円を全体として，その中に占める構成比を扇形の面積で表したグラフである。

③：正しい。折れ線グラフであり，横軸の間隔は時間の間隔に沿っている。

④：誤り。レーダーチャートである。一般にレーダーチャートは，比較したい項目を正多角形の頂点で示し，中心から頂点までを評価点で区切る。たとえば，5段階評価であれば5等分する。各項目の評価をつなぐことで作成したグラフである。

よって，正解は③である。

問3

クロス集計表の読み取りに関する問題である。

〔1〕 **5** ·· 正解 ④

小学生女子は600人であり，そのうち「好き」を選んだ人は236人，「どちらかといえば好き」を選んだ人は292人であるから，「好き」または「どちらかといえば好き」を選んだ人の割合は，

$$\frac{236＋292}{600} \times 100 ＝ 88〔％〕$$

よって，正解は④である。

284

統計検定　4級

〔2〕　**6**　⋯⋯⋯⋯⋯⋯⋯⋯⋯⋯⋯⋯⋯⋯⋯⋯⋯⋯⋯⋯⋯⋯⋯⋯⋯⋯⋯　**正解** ⑤

「嫌い」を選んだ小学生は21人，中学生は32人であるから，「嫌い」を選んだ中学生の割合は，

$$\frac{32}{21+32} \times 100 = 60.377\cdots \fallingdotseq 60.4 \,〔\%〕$$

よって，正解は⑤である。

〔3〕　**7**　⋯⋯⋯⋯⋯⋯⋯⋯⋯⋯⋯⋯⋯⋯⋯⋯⋯⋯⋯⋯⋯⋯⋯⋯⋯⋯⋯　**正解** ①

S市全体の小学生と中学生の比が2：1であることから，はじめに，表の小学生の人数が中学生の人数の2倍になるように，小学生は1200×4＝4800〔人〕，中学生は800×3＝2400〔人〕と調整する。

また，「どちらかといえば嫌い」を選んだ小学生と中学生についても，小学生は117×4＝468〔人〕，中学生は160×3＝480〔人〕と調整する。

これらから，S市全体の小学生と中学生のうち，「どちらかといえば嫌い」を選ぶ割合は，上で調整した人数をもとに，

$$\frac{468+480}{4800+2400} \times 100 = \frac{948}{7200} \times 100 = 13.166\cdots \fallingdotseq 13.2 \,〔\%〕$$

と予想される。

よって，正解は①である。

問4

適切なデータ収集方法として，実験や調査・観察に関する理解を問う問題である。

〔1〕　**8**　⋯⋯⋯⋯⋯⋯⋯⋯⋯⋯⋯⋯⋯⋯⋯⋯⋯⋯⋯⋯⋯⋯⋯⋯⋯⋯⋯　**正解** ⑤

日光条件と化学肥料の分量の条件を組合せると，次の6通りある。

「日なた，10g」，「日なた，20g」，「日なた，30g」，
「日かげ，10g」，「日かげ，20g」，「日かげ，30g」，

この6通りそれぞれに5個のプランターが必要であるから，実験で用いるプランターの総数は6×5＝30〔個〕である。

よって，正解は⑤である。

〔2〕　**9**　⋯⋯⋯⋯⋯⋯⋯⋯⋯⋯⋯⋯⋯⋯⋯⋯⋯⋯⋯⋯⋯⋯⋯⋯⋯⋯⋯　**正解** ③

（ア）：誤り。化学肥料の影響をみたいとき，葉の数の多い順と化学肥料の分量になんらかの関係をつけてはいけない。もともと，葉の数が多いほど実がなりやすいかもしれないのでこのようなことはしてはいけない。

（イ）：正しい。各プランターにどの苗を植えるかを決めるときには，実験者の意図

が入らないよう6つの条件が割り当てられるこのような方法が好ましい。

以上から，正しい記述は（イ）のみなので，正解は③である。

問5

確率に関する基本事項を問う問題である。

ありえる合計金額を数え上げると次のとおりである。

Aさん	100円	10円	合計
a	表	表	110円
b	表	裏	100円
c	裏	表	10円
d	裏	裏	0円

Bさん	50円	50円	合計
e	表	表	100円
f	表	裏	50円
g	裏	表	50円
h	裏	裏	0円

すべての場合の数は，$4 \times 4 = 16$〔通り〕であり，どの場合も同様に確からしい。

〔1〕 **10** ⋯⋯⋯⋯⋯⋯⋯⋯⋯⋯⋯⋯⋯⋯⋯⋯⋯ **正解** ③

引き分けになる場合は「bとe」,「dとh」の2通りであるから，求める確率は

$\dfrac{2}{16} = \dfrac{1}{8}$である。

よって，正解は③である。

〔2〕 **11** ⋯⋯⋯⋯⋯⋯⋯⋯⋯⋯⋯⋯⋯⋯⋯⋯⋯ **正解** ⑤

Aさんが勝つ場合は「aとe」,「aとf」,「aとg」,「aとh」,「bとf」,「bとg」,

「bとh」,「cとh」の8通りであるから，求める確率は$\dfrac{8}{16} = \dfrac{1}{2}$である。

よって，正解は⑤である。

〔3〕 **12** ⋯⋯⋯⋯⋯⋯⋯⋯⋯⋯⋯⋯⋯⋯⋯⋯⋯ **正解** ①

Bさんが勝つ場合は「cとe」,「cとf」,「cとg」,「dとe」,「dとf」,「dとg」

の6通りであるから，Bさんが勝つ確率は$\dfrac{6}{16} = \dfrac{3}{8}$である。

したがって，（Aさんの勝つ確率）＞（Bさんの勝つ確率）であるから，Aさん

が有利で，Bさんが不利である。

よって，正解は①である。

統計検定　4級

（参考）〔1〕と〔2〕より，引き分けの確率とAさんが勝つ確率がわかっているから，Bさんの勝つ確率は$1-\left(\dfrac{1}{8}+\dfrac{1}{2}\right)=\dfrac{3}{8}$と求めることもできる。

問6

代表値に関する理解を問う問題である。

〔1〕　**13**　正解 ②

平均値は，

$(0\times2+1\times1+2\times5+3\times11+4\times18+5\times4+6\times3+7\times2+8\times1)\div47$

$=176\div47=3.744\cdots\fallingdotseq3.74$

よって，正解は②である。

〔2〕　**14**　正解 ①

中央値は，大きさの順に並べて小さい方から数えて24番目の数である。累積度数を求めると次の表のようになるから，中央値は4であることがわかる。

隣接している都道府県数	0	1	2	3	4	5	6	7	8	合計
度数	2	1	5	11	18	4	3	2	1	47
累積度数	2	3	8	19	37	41	44	46	47	

最頻値は度数が最も大きい4である。

以上から，平均値＜中央値＝最頻値なので，正解は①である。

問7

ドットプロットに関する理解を問う問題である。

〔1〕　**15**　正解 ③

（ア）：正しい。1組の虫歯が1本以下の児童は$5+11=16$〔人〕であり，2組の虫歯が1本以下の児童は$3+5=8$〔人〕であるから，1組の方が2組より多い。

（イ）：誤り。1組，2組ともに30人であるから，中央値は小さい方から数えて15番目と16番目の真ん中の値である。1組の15番目，16番目はともに1本より，中央値は$\dfrac{1+1}{2}=1$〔本〕である。2組の15番目，16番目はともに3本より，中央値は$\dfrac{3+3}{2}=3$〔本〕であるから，1組の方が2組より小さい。

287

（ウ）：誤り。虫歯がある児童の人数は，次のように全体から虫歯0本の児童の人数を引いて数えるとよい。

（1組の虫歯がある児童の人数）= 30 − 5 = 25〔人〕

（2組の虫歯がある児童の人数）= 30 − 3 = 27〔人〕

よって，2組の方が1組より多い。

以上から，正しい記述は（ア）のみなので，正解は③である。

（参考）（ウ）において，虫歯がある児童の人数を数え上げると次のようになる。

（1組の虫歯がある児童の人数）= 11 + 6 + 4 + 2 + 1 + 1 = 25〔人〕

（2組の虫歯がある児童の人数）= 5 + 6 + 7 + 5 + 3 + 1 = 27〔人〕

〔2〕 **16** ･･････････････････････････････････････ 正解 ④

外れ値は12本である。この1人を除いた29人の平均値は30人の平均値より小さくなる。中央値は除く前が1本，除いた後も1本（29人なので小さい方から数えて15番目）であるから変わらない。最頻値は除く前が1本，除いた後も1本であるから変わらない。

以上から，外れ値を除く前の値と比べて小さくなった値は平均値のみなので，正解は④である。

（参考）実際に平均値を求めると，次のようになる。

外れ値を除く前：

$(0×5 + 1×11 + 2×6 + 3×4 + 4×2 + 5×1 + 12×1) ÷ 30 = 60 ÷ 30 = 2$

外れ値を除いた後：

$(0×5 + 1×11 + 2×6 + 3×4 + 4×2 + 5×1) ÷ 29 = 48 ÷ 29 = 1.655\cdots$

問8

度数分布表および相対度数に関する理解を問う問題である。

〔1〕 **17** ･･････････････････････････････････････ 正解 ④

4000km^{2}以上6000km^{2}未満の階級の度数は14であるから，相対度数（ウ）は，

$$\frac{14}{47} = 0.29787\cdots ≒ 0.30$$

よって，正解は④である。

〔2〕 **18** ･･････････････････････････････････････ 正解 ⑤

2000km^{2}以上4000km^{2}未満の階級の度数（ア）は $47 × 0.15 = 7.05 ≒ 7$ であるから，

統計検定　4級

度数（イ）は47 − (2 + 7 + 14 + 12 + 2 + 3 + 1 + 1) = 5である。
　　よって，正解は⑤である。

問9

棒グラフの読み取りと計算に関する問題である。

〔1〕　**19**　……………………………………………………………………　**正解** ②
（ア）：正しい。自給率が50％未満の品目は，小麦，豆類，果実，砂糖類，油脂類の
　　　　5品目である。
（イ）：誤り。この棒グラフは品目別食料自給率を示したものであり，商品価値や輸
　　　　出量に関する情報は読み取ることはできない。
　　　以上から，正しい記述は（ア）のみなので，正解は②である。

〔2〕　**20**　……………………………………………………………………　**正解** ②
与えられた算出式

$$食料自給率 = \frac{（その品目の国内生産量）}{（その品目の国内消費仕向量）} \times 100$$

を変形すると，

$$その品目の国内生産量 = \frac{（食料自給率）\times（その品目の国内消費仕向量）}{100}$$

であるから，

$$鶏卵の国内生産量 = \frac{96 \times 271万}{100} = 260.16万 ≒ 260.2万〔トン〕$$

よって，正解は②である。

問10

ヒストグラムの読み取りに関する問題である。

〔1〕　**21**　……………………………………………………………………　**正解** ②
（ア）：正しい。長野の日平均気温のうち，最も度数の大きい階級は −1℃以上0℃
　　　　未満である。また，度数分布表にまとめると下の（参考）のとおりである。
（イ）：誤り。一般的に，ヒストグラムの形状から正確な平均値を求めるのは難しい。
　　　　そこで，ヒストグラムの各階級の右端の値を用いて平均値の上限を求めると，
　　　　$((-4) \times 0 + (-3) \times 0 + (-2) \times 0 + (-1) \times 2 + 0 \times 1 + 1 \times 8 + 2 \times 9 + 3 \times 7 + 4 \times$

$1 + 5 \times 3) \div 31 = 64 \div 31 = 2.064 \cdots < 2.1$

である。このことから，31日間の平均値は2.1℃以上にならないことがわかる。

以上から，正しい記述は（ア）のみなので，正解は②である。

〔2〕 **22** ·· **正解** ▶ ④

（ウ）：誤り。長野の範囲は $3 - (-4) = 7$〔℃〕より大きい。飯田の範囲は $5 - (-2)$ $= 7$〔℃〕より小さい。よって，飯田の方が範囲が小さい。

（エ）：正しい。2019年1月の31日間の日平均気温を，大きさの順に並べて小さい方から16番目の値が中央値である。長野の中央値は−1℃以上0℃未満の階級に含まれ，飯田の中央値は1℃以上2℃未満の階級に含まれているので，飯田の中央値の方が $1 - 0 = 1$〔℃〕以上大きいことがわかる。

（オ）：誤り。ヒストグラムから1月何日のデータであるかは特定できず，長野で最も日平均気温が高い（3℃以上4℃未満の）日が，飯田で日平均気温が高い（4℃以上5℃未満の）3日のうちの1日であるとはわからない。

以上から，正しい記述は（エ）のみなので，正解は④である。

（参考）与えられたヒストグラムから累積度数を付記した度数分布表を作成すると，次のとおりである。

長野

気温	度数	累積度数
−5℃以上−4℃未満	1	1
−4℃以上−3℃未満	0	1
−3℃以上−2℃未満	1	2
−2℃以上−1℃未満	8	10
−1℃以上　0℃未満	11	21
0℃以上　1℃未満	9	30
1℃以上　2℃未満	0	30
2℃以上　3℃未満	0	30
3℃以上　4℃未満	1	31
4℃以上　5℃未満	0	31
合計	31	

飯田

気温	度数	累積度数
−5℃以上−4℃未満	0	0
−4℃以上−3℃未満	0	0
−3℃以上−2℃未満	0	0
−2℃以上−1℃未満	2	2
−1℃以上　0℃未満	1	3
0℃以上　1℃未満	8	11
1℃以上　2℃未満	9	20
2℃以上　3℃未満	7	27
3℃以上　4℃未満	1	28
4℃以上　5℃未満	3	31
合計	31	

問11

積み上げ棒グラフの読み取りに関する問題である。

統計検定　4級

〔1〕　**23**　正解 ⑤

　たとえば，（男性の患者数）÷（女性の患者数）の値が4以下であれば女性の患者数の割合が20%を超えていることがわかる。すると，はじめて女性の患者数の割合が20%を超えたのは，2015年であることがわかる。

　よって，正解は⑤である。

（参考）各年の（男性の患者数）÷（女性の患者数）の値（小数第2位を四捨五入）および，男女の割合（単位は%，小数第2位を四捨五入）をまとめると次の表のようになる。

年	2009	2010	2011	2012	2013	2014	2015	2016	2017	2018
$\dfrac{\text{男性の患者数}}{\text{女性の患者数}}$	5.5	8.6	8.2	7.7	7.2	4.8	2.9	2.7	2.2	2.0
男性の割合	84.7	89.6	89.1	88.6	87.8	82.8	74.0	72.8	68.7	66.5
女性の割合	15.3	10.4	10.9	11.4	12.2	17.2	26.0	27.2	31.3	33.5

〔2〕　**24**　正解 ④

　2010年の女性の患者数の増加率を求めると $\dfrac{18-30}{30}\times100=-40$〔%〕であり，4つのグラフの中で2010年の増加率が−40%になっているのは④だけである。

①：誤り。このグラフは，（その年の女性の患者数）−（その前年の女性の患者数）をグラフにしたものと考えられる。ただし，その場合の縦軸の単位は（%）ではなく（人）である。

②：誤り。このグラフは，男性の患者数の増加率をグラフにしたものと考えられる。

③：誤り。このグラフは，男性・女性の合計の患者数の増加率をグラフにしたものと考えられる。

④：正しい。2010年の増加率が−40%になっており，また，下の表とすべてが一致している。

　よって，正解は④である。

（参考）各年の女性の患者数の増加率（単位は%，小数第1位を四捨五入）をまとめると次の表のようになる。

年	2010	2011	2012	2013	2014	2015	2016	2017	2018
女性	−40	50	26	50	71	211	68	23	6

問12

度数分布表の読み取りと平均値の計算に関する問題である。

〔1〕 **25** ⋯⋯⋯⋯⋯⋯⋯⋯⋯⋯⋯⋯⋯⋯⋯⋯⋯⋯⋯⋯⋯⋯⋯⋯⋯⋯⋯ **正解** ③

（ア）：誤り。3年生200人の休日における学習時間を，大きさの順に並べて小さい
方から100番目と101番目の真ん中の値が学習時間の中央値である。100番目
と101番目はともに1時間30分以上2時間未満の階級に含まれている。

（イ）：正しい。度数59が最も大きく，その階級は1時間以上1時間30分未満の階級
である。

以上から，正しい記述は（イ）のみなので，正解は③である。

〔2〕 **26** ⋯⋯⋯⋯⋯⋯⋯⋯⋯⋯⋯⋯⋯⋯⋯⋯⋯⋯⋯⋯⋯⋯⋯⋯⋯⋯⋯ **正解** ②

平均値を30分増やすということは，全体で$30 \times 200 = 6000$〔分〕増やすことに等
しい。

（ウ）：正しい。全員の学習時間を一律で30分増やせば，学習時間の平均値も30分増
える。

（エ）：誤り。ここで示された方法で学習時間がどれだけ増えたか求めてみると，
$45 \times (7 + 16 + 59) + 15 \times (34 + 46 + 38) = 3690 + 1770 = 5460$〔分〕であるから，
$6000 - 5460 = 540$〔分〕足りないことがわかる。

（オ）：正しい。ここで示された方法で学習時間がどれだけ増えたか求めてみると，
$60 \times (7 + 16 + 59 + 34) = 6960$〔分〕であるから，6000分を超えていることが
わかる。

以上から，正しい記述は（ウ）と（オ）のみなので，正解は②である。

問13

帯グラフの読み取りに関する問題である。

〔1〕 **27** ⋯⋯⋯⋯⋯⋯⋯⋯⋯⋯⋯⋯⋯⋯⋯⋯⋯⋯⋯⋯⋯⋯⋯⋯⋯⋯⋯ **正解** ①

（ア）：正しい。2015年の平日における移動の交通手段の帯グラフにおいて，自転車
の割合と徒歩の割合を合わせると$13.8 + 19.5 = 33.3$〔％〕であるから，全体
のほぼ3分の1である。

（イ）：正しい。2015年の休日における移動の交通手段の帯グラフにおいて，鉄道の
割合は9.3％であるから，全体の1割に満たない。

以上から，正しい記述は（ア）と（イ）なので，正解は①である。

統計検定　4級

〔2〕　**28** ⋯⋯⋯⋯⋯⋯⋯⋯⋯⋯⋯⋯⋯⋯⋯⋯⋯⋯⋯⋯⋯⋯⋯⋯⋯⋯⋯⋯ **正解** ③

（ウ）：誤り。1992年のバスの右端の値と2015年のバスの右端の値を結ぶ点線が右下
　　　がりになっていることから，鉄道の割合とバスの割合を合わせた割合は1992
　　　年に比べて2015年の方が大きいことがわかる。実際，1992年の休日における
　　　移動の交通手段の帯グラフにおいて，鉄道の割合とバスの割合を合わせると
　　　7.6 + 2.6 = 10.2〔％〕であり，2015年の休日における移動の交通手段の帯グ
　　　ラフにおいて，鉄道の割合とバスの割合を合わせると9.3 + 1.9 = 11.2〔％〕で
　　　あり，2015年の方が大きいことがわかる。

（エ）：正しい。自動車（運転）の割合をみると下の表のとおりであり，1992年では
　　　休日より平日の方が大きく，2015年では平日より休日の方が大きい。

（オ）：正しい。自転車の割合と徒歩の割合の変化をみると下の表（単位：％）のと
　　　おりであり，いずれにおいても小さくなっていることがわかる。

　　以上から，正しい記述は（エ）と（オ）のみなので，正解は③である。

年		1992	2015
自動車	平日	30.5	35.0
（運転）	休日	29.7	36.4
自転車	平日	15.8	13.8
	休日	14.9	10.1
徒歩	平日	23.8	19.5
	休日	18.3	15.4

問14

〔1〕　**29** ⋯⋯⋯⋯⋯⋯⋯⋯⋯⋯⋯⋯⋯⋯⋯⋯⋯⋯⋯⋯⋯⋯⋯⋯⋯⋯⋯⋯ **正解** ①

クロス集計表の読み取りに関する問題である。

（ア）：正しい。各大会の全試合のうち下位チームが勝利した割合を求めると，

$$2007年：\frac{11}{48} \times 100 = 22.9\cdots ≒ 23〔％〕 \qquad 2011年：\frac{4}{48} \times 100 = 8.3\cdots ≒ 8〔％〕$$

$$2015年：\frac{5}{48} \times 100 = 10.4\cdots ≒ 10〔％〕$$

であるから，2007年がおよそ23％で最も高い。

（イ）：正しい。各大会のランク差の大きい試合のうち下位チームが勝利した割合を
　　　求めると，

$$2007年：\frac{3}{32} \times 100 = 9.375\cdots ≒ 9〔％〕 \qquad 全試合との差は23 - 9 = 14〔％〕$$

2011年：$\dfrac{2}{29} \times 100 = 6.8\cdots \fallingdotseq 7$ 〔%〕　　　　全試合との差は $8-7=1$ 〔%〕

2015年：$\dfrac{2}{29} \times 100 = 6.8\cdots \fallingdotseq 7$ 〔%〕　　　　全試合との差は $10-7=3$ 〔%〕

であるから，2つの割合の差が最も小さいのは2011年である。

以上から，正しい記述は（ア）と（イ）なので，正解は①である。

〔2〕 **30** ･･ **正解** ②

ヒストグラムの読み取りに関する問題である。

（ウ）：正しい。データの大きさは90であるから，大きさの順に並べて小さい方から45番目と46番目の真ん中の値が得点差の中央値である。45番目は21点以上28点未満の階級に含まれ，46番目は28点以上35点未満の階級に含まれているから，中央値は $(21+28) \div 2 = 24.5$ 〔点〕以上になり，大差である。

（エ）：正しい。下位チームが勝利したときの得点差は0点未満である。0点未満の試合数（度数）を求めると，$1+1+5=7$ 〔試合〕である。下位チームが70点差以上で負けた試合数（度数）を求めると，$2+2+2+1=7$ 〔試合〕である。どちらも7試合で等しいので，割合も等しい。

（オ）：誤り。僅差は0点以上7点未満で5試合あり，下位チームの勝利は7試合あるから，合わせた割合は $\dfrac{5+7}{90} = \dfrac{12}{90}$ である。10試合に1試合の割合は $\dfrac{1}{10} = \dfrac{9}{90}$ であり，9試合に1試合の割合は $\dfrac{1}{9} = \dfrac{10}{90}$ である。$\dfrac{12}{90} > \dfrac{10}{90}$ より，僅差もしくは下位チームの勝利は9試合に1試合の割合よりも大きい。

以上から，正しい記述は（ウ）と（エ）のみなので，正解は②である。

PART 10

4級
2018年11月
問題／解説

2018年11月に実施された
統計検定4級で実際に出題された問題文を掲載します。
問題の趣旨やその考え方を理解できるように、
正解番号だけでなく解説を加えました。

問題‥‥‥‥297

正解一覧‥‥‥‥318

解説‥‥‥‥319

統計検定　4級

問1　体力測定の際に生徒から収集したデータのうち，質的データはどれか。次の①〜⑤のうちから最も適切なものを一つ選べ。　 1

①　50m 走のタイム
②　反復横跳びの回数
③　走り幅跳びの距離
④　最初に行った種目名
⑤　垂直跳びの高さ

問2　定期試験の際に生徒から収集したデータのうち，量的データはどれか。次の①〜⑤のうちから最も適切なものを一つ選べ。　 2

①　氏名
②　出席番号
③　試験前日の勉強時間
④　クラス名
⑤　ある試験問題における解答選択肢の番号

問3 離散データの代表値について，次の①〜⑤のうちから最も適切なものを一つ選べ。
   3

   ① 最も大きな度数をとる値が2つ以上あるとき，最頻値はそれらの平均値である。
   ② 中央値と最頻値が等しくなることはない。
   ③ 外れ値があるときの平均値の定義は，外れ値を除いたデータの平均値である。
   ④ 中央値は平均値より大きくならない。
   ⑤ 中央値は実際のデータにない値を取ることがある。

問4 次のドットプロットは，あるクラスで1日何回手を洗ったかを調べた結果のうち，3回洗った人の●が消えているものである。平均値が3.5回であるとき，3回洗った人数はいくつか。下の①〜⑤のうちから適切なものを一つ選べ。 4

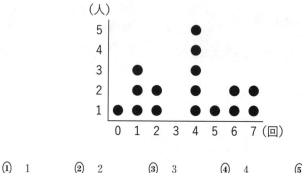

① 1   ② 2   ③ 3   ④ 4   ⑤ 5

統計検定　4級

問5　次のグラフは，平成28年の漁獲量上位7位までの魚種について，平成27年と平成28年を比較したものである。

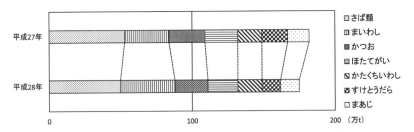

資料：農林水産省「平成28年漁業・養殖業生産統計」

〔1〕　上のグラフの名称は何か。次の①〜⑤のうちから適切なものを一つ選べ。　5

① 帯グラフ　　② 円グラフ　　③ 積み上げ横棒グラフ
④ 幹葉図　　　⑤ ヒストグラム

〔2〕　上のグラフから読み取れることとして，次の（ア），（イ），（ウ）の意見があった。グラフから読み取れる意見には○を，グラフから読み取れない意見には×をつけるとき，その組合せとして，下の①〜⑤のうちから最も適切なものを一つ選べ。　6

> （ア）　漁獲量が平成27年より平成28年の方が増加しているのは，「まいわし」と「かつお」の2種類のみである。
>
> （イ）　平成28年の「さば類」の漁獲量は約50万tである。
>
> （ウ）　平成27年の「さば類」，「まいわし」，「かつお」の漁獲量の合計と平成28年のこれらの漁獲量の合計は同じである。

① （ア）：○　（イ）：×　（ウ）：○
② （ア）：○　（イ）：○　（ウ）：×
③ （ア）：×　（イ）：○　（ウ）：○
④ （ア）：×　（イ）：○　（ウ）：×
⑤ （ア）：×　（イ）：×　（ウ）：○

問6 次の円グラフは，無償労働の男女別家事時間の構成比を表している。ただし，「その他」はここに挙げられた家事に関する分類にあてはまらない事項をまとめたものである。

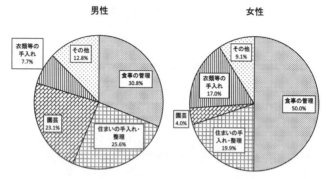

資料：総務省「平成28年社会生活基本調査結果」

〔1〕「住まいの手入れ・整理」にかけた時間は，男性が10分，女性が35分であった。このとき，男性と女性の家事時間の差

（女性の家事時間）－（男性の家事時間）

について，次の①〜⑤のうちから最も適切なものを一つ選べ。 7

① 127分　② 137分　③ 147分
④ 157分　⑤ 167分

〔2〕 上の円グラフを構成している項目ごとに男性の比率に対する女性の比率の比

$$\frac{（女性の比率）}{（男性の比率）}$$

を求めた。この比が1を超える項目の組合せについて，次の①〜⑤のうちから最も適切なものを一つ選べ。 8

① 「食事の管理」のみ
② 「食事の管理」と「住まいの手入れ・整理」のみ
③ 「住まいの手入れ・整理」と「衣類等の手入れ」のみ
④ 「食事の管理」と「衣類等の手入れ」のみ
⑤ 「住まいの手入れ・整理」と「園芸」のみ

統計検定　4級

〔3〕　上の円グラフから読み取れることとして，次の（ア），（イ），（ウ）の意見が
あった。円グラフから読み取れる意見には○を，円グラフから読み取れない意見
には×をつけるとき，その組合せとして，下の①～⑤のうちから最も適切なもの
を一つ選べ。　| 9 |

> （ア）男性では「住まいの手入れ・整理」および「衣類等の手入れ」に関す
> る家事時間の割合の合計が全体のおよそ3分の1である。
>
> （イ）女性では「食事の管理」に関する家事時間の割合が全体の2分の1で
> ある。
>
> （ウ）女性では平日の「食事の管理」に関する家事時間の割合が最も多く，
> 男性では週末の「園芸」に関する家事時間の割合が最も多かった。

① （ア）：○　（イ）：○　（ウ）：×
② （ア）：○　（イ）：×　（ウ）：○
③ （ア）：×　（イ）：○　（ウ）：○
④ （ア）：○　（イ）：○　（ウ）：○
⑤ （ア）：×　（イ）：○　（ウ）：×

2018年11月

問題

301

問7 次のグラフは，東京都の高校生約3,000人に対して行ったインターネット利用開始時期の調査をまとめたものである。棒グラフは各時期におけるインターネットを利用開始した生徒の割合を表し，折れ線グラフはこの棒グラフをもとに作成したものである。ただし，左軸の目盛は棒グラフの値に対応し，右軸の目盛は折れ線グラフの値に対応している。

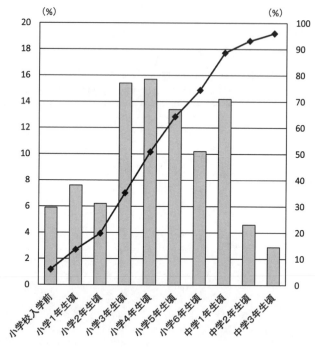

資料：東京都教育庁「平成29年度 児童・生徒のインターネット利用状況調査」

統計検定　4級

〔1〕　上の折れ線グラフが表しているものとして，次の①〜⑤のうちから最も適切なものを一つ選べ。　10

①　各時期におけるインターネットを利用開始した生徒の総数
②　各時期までにインターネットを利用開始した生徒の累積度数
③　各時期におけるインターネットを利用開始した生徒の前の時期からの増減率
④　各時期におけるインターネットを利用開始した生徒の比率
⑤　各時期までにインターネットを利用開始した生徒の累積比率

〔2〕　上のグラフから読み取れることとして，次の①〜⑤のうちから最も適切なものを一つ選べ。　11

①　小学校3年生頃までにインターネットを利用開始した生徒の割合は全体の50％以上である。
②　中学校2年生頃までにインターネットを利用開始した生徒の割合は全体の90％以上である。
③　小学校卒業後にインターネットを利用開始した生徒の割合は全体の10％未満である。
④　小学校3年生頃，小学校4年生頃にインターネットを利用開始した生徒の割合が高いのは学校の授業でパソコンを使ったからである。
⑤　小学校入学前までにインターネットを利用開始した生徒がいるのはスマートフォンを利用していたからである。

2018年11月

問題

303

問8 次のクロス集計表は，ある中学校のサッカー部，野球部，水泳部，テニス部の4つの部活動に所属している生徒数をまとめたものである。ただし，2つ以上の部活動に所属している生徒はいない。

(単位：人)

	1年	2年	3年	合計
サッカー部	10	9	8	27
野球部	9	9	5	23
水泳部	6	8	5	19
テニス部	6	3	11	20
合計	31	29	29	89

〔1〕各部活動における学年別構成比を比較したい。そのためのグラフとして，次の①〜④のうちから最も適切なものを一つ選べ。 12

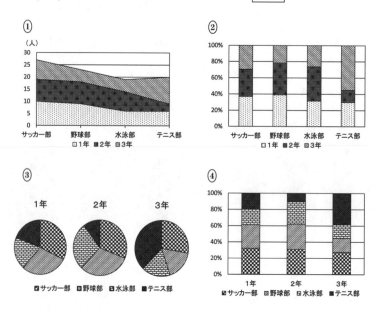

統計検定　4級

〔2〕　上のクロス集計表から読み取れることとして，次の（ア），（イ），（ウ）の意見があった。クロス集計表から読み取れる意見には○を，クロス集計表から読み取れない意見には×をつけるとき，その組合せとして，下の①〜⑤のうちから最も適切なものを一つ選べ。 13

> （ア）サッカー部に所属している生徒のうち2年生の割合は，水泳部に所属している生徒のうち2年生の割合より低い。
>
> （イ）4つの部活動に所属している1年生において野球部に所属している生徒の割合と，4つの部活動に所属している2年生において野球部に所属している生徒の割合は等しい。
>
> （ウ）4つの部活動に所属している3年生においてテニス部に所属している生徒の割合は50%を超えている。

① （ア）：○　（イ）：○　（ウ）：○
② （ア）：○　（イ）：×　（ウ）：×
③ （ア）：×　（イ）：○　（ウ）：○
④ （ア）：×　（イ）：×　（ウ）：○
⑤ （ア）：×　（イ）：×　（ウ）：×

問9 次のヒストグラムは，ある中学校の40人ずつからなるA組，B組で行われた50点満点のテストの結果をまとめたものである。ただし，ヒストグラムの階級はそれぞれ，0点以上10点未満，10点以上20点未満，20点以上30点未満，30点以上40点未満，40点以上50点未満のように区切られている。また，このテストで50点の生徒はいなかった。

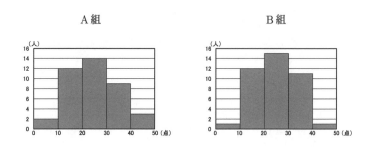

〔1〕 まなみさんはA組のテストの結果をもっと細かくとらえたいと考え，階級を0点以上5点未満，5点以上10点未満，…，40点以上45点未満，45点以上50点未満へと変えたヒストグラムを作った。このとき，上のヒストグラムと矛盾しないものとして，次の①～④のうちから最も適切なものを一つ選べ。 14

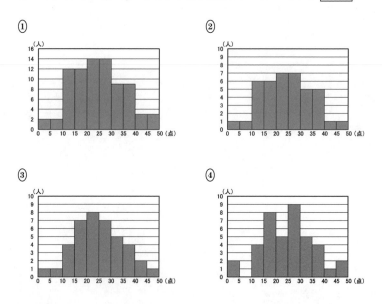

〔2〕 まさおくんも B 組のテストの結果をもっと細かくとらえたいと考え，階級を 0 点以上 5 点未満，5 点以上10点未満，…，40点以上45点未満，45点以上50点未満へと変えた次のヒストグラムを作った。

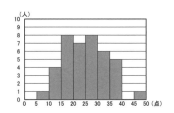

上のヒストグラムから読み取れることとして，次の（ア），（イ），（ウ）の意見があった。ヒストグラムから読み取れる意見には○を，ヒストグラムから読み取れない意見には×をつけるとき，その組合せとして，下の①〜⑤のうちから最も適切なものを一つ選べ。 15

(ア) 階級を変えたことによって，もとのデータを用いて求めた平均値が20点以上30点未満であると読み取れるようになった。

(イ) 階級を変えたことによって，中央値が25点以上30点未満であると読み取れるようになった。

(ウ) 階級を変えたことによって，1番高い点数と2番目に高い点数の差が10点以上あると読み取れるようになった。

① (ア)：○ (イ)：× (ウ)：○
② (ア)：○ (イ)：× (ウ)：×
③ (ア)：× (イ)：○ (ウ)：×
④ (ア)：× (イ)：○ (ウ)：○
⑤ (ア)：× (イ)：× (ウ)：○

問10 次の折れ線グラフは，アメリカ，中国，イギリス，ロシア，日本，オーストラリアの6ヶ国について，過去6回の夏季オリンピックでのメダル獲得数を調べた結果である。なお，夏季オリンピックの開催国は，1996年アメリカ，2000年オーストラリア，2004年ギリシャ，2008年中国，2012年イギリス，2016年ブラジルである。

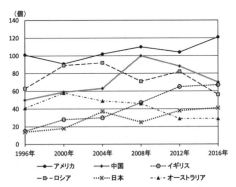

資料：国際オリンピック委員会

〔1〕 上の折れ線グラフから読み取れることとして，次の（ア），（イ），（ウ）の意見があった。折れ線グラフから読み取れる意見には○を，折れ線グラフから読み取れない意見には×をつけるとき，その組合せとして，下の①～⑤のうちから最も適切なものを一つ選べ。 16

> （ア）自国開催のオリンピックのときはメダルを多く獲得する傾向があり，1996年アメリカ，2000年オーストラリア，2008年中国，2012年イギリスはいずれも，自国開催のときのメダル獲得数は自国開催の次に行われるオリンピックのときよりも多い。
>
> （イ）アメリカとロシアのメダル獲得数は，一方の国が前回より増えるともう一方の国は減少する関係にある。
>
> （ウ）中国と日本のメダル獲得数の差が最も大きいのは2008年である。

① （ア）：○ （イ）：○ （ウ）：○
② （ア）：○ （イ）：○ （ウ）：×
③ （ア）：× （イ）：× （ウ）：○
④ （ア）：× （イ）：○ （ウ）：○
⑤ （ア）：× （イ）：× （ウ）：×

〔2〕 アメリカと日本のメダル獲得数の変化率

$$\frac{(その年のメダル獲得数)-(4年前のメダル獲得数)}{(4年前のメダル獲得数)}\times 100\ (\%)$$

を表しているグラフとして，次の①〜④のうちから最も適切なものを一つ選べ。
17

①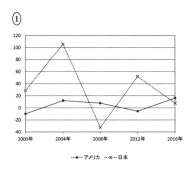

②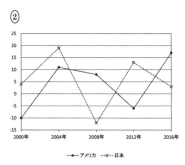

③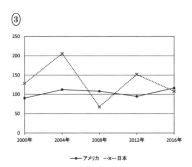

④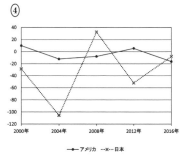

問11 次の度数分布表は，ある会社の社員50人の往復の通勤時間を表したものである。

(単位：人)

階級	度数
0分以上　30分未満	2
30分以上　60分未満	4
60分以上　90分未満	8
90分以上 120分未満	13
120分以上 150分未満	9
150分以上 180分未満	7
180分以上 210分未満	3
210分以上 240分未満	2
240分以上 270分未満	2
合計	50

〔1〕　往復の通勤時間が長い方から13番目の人が含まれる階級として，次の①～⑤のうちから適切なものを一つ選べ。 **18**

① 60分以上90分未満　　　　② 90分以上120分未満

③ 120分以上150分未満　　　④ 150分以上180分未満

⑤ 180分以上210分未満

〔2〕　もとのデータを用いて求めた平均値を m 分，中央値を a 分，度数の最も大きい階級の階級値を b 分とおく。$m = 126$ とわかったとき，m，a，b の大小関係として，次の①～⑤のうちから適切なものを一つ選べ。 **19**

① $a = m$，$b = m$　　　② $a = m$，$b > m$　　　③ $a < m$，$b = m$

④ $a < m$，$b < m$　　　⑤ $a > m$，$b < m$

310

問12 次の図は，2017年における二人以上の世帯の1世帯当たり1か月の主要費目ごとの平均消費支出金額の対前年増減率（％）をまとめたものである。

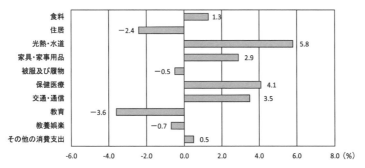

資料：総務省「家計調査結果」

上の図から読み取れることとして，次の（ア），（イ），（ウ）の意見があった。図から読み取れる意見には○を，図から読み取れない意見には×をつけるとき，その組合せとして，下の①〜⑤のうちから最も適切なものを一つ選べ。 20

（ア）支出金額が最も小さくなったのは「教育」である。

（イ）支出金額の増加率が最も大きかったのは「光熱・水道」である。

（ウ）「被服及び履物」の支出金額の減額と「その他の消費支出」の支出金額の増額は同じ金額である。

① （ア）：× （イ）：○ （ウ）：×
② （ア）：× （イ）：○ （ウ）：○
③ （ア）：× （イ）：× （ウ）：○
④ （ア）：○ （イ）：○ （ウ）：○
⑤ （ア）：○ （イ）：× （ウ）：○

問13 次の折れ線グラフは，ゴルフ，ゲートボール，ウォーキング・軽い体操の年齢階級別の行動者数を表したものである。

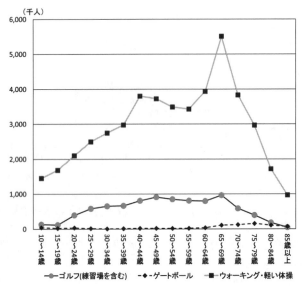

資料：総務省「平成28年社会生活基本調査結果」

〔1〕 上の折れ線グラフから読み取れることとして，次の（ア），（イ），（ウ）の意見があった。折れ線グラフから読み取れる意見には○を，折れ線グラフから読み取れない意見には×をつけるとき，その組合せとして，下の①～⑤のうちから最も適切なものを一つ選べ。 21

> （ア）ウォーキング・軽い体操の行動者数はどの年齢階級においても60万人以下である。
>
> （イ）ゴルフの行動者数は20～24歳の年齢階級で急に増加するが，それは仕事でゴルフを始めることと関係がある。
>
> （ウ）ゲートボールの行動者数が最も多い年齢階級は75～79歳である。

① （ア）：× （イ）：○ （ウ）：×
② （ア）：× （イ）：○ （ウ）：○
③ （ア）：× （イ）：× （ウ）：○
④ （ア）：○ （イ）：○ （ウ）：×
⑤ （ア）：○ （イ）：× （ウ）：○

統計検定　4級

〔2〕　上のグラフのままでは，ゲートボールにおける年齢階級別の変化の様子と他の運動種目における年齢階級別の変化の様子を詳しく比較することが難しいためグラフを加工したい。次の①～⑤のうちから最も適切なものを一つ選べ。　22

①　運動種目ごとに10～14歳の階級における行動者数を基準に指数化して折れ線グラフにする。
②　運動種目ごとに前の階級における行動者数との差を求めてヒストグラムにする。
③　運動種目ごとに3つの階級ごとの移動平均を求めて折れ線グラフにする。
④　運動種目ごとに階級の幅を10歳にしてヒストグラムにする。
⑤　縦軸の0人から1,000千人の幅を1,000千人から6,000千人までの幅と同じにして折れ線グラフにする。

2018年11月
問題

313

問14 次の棒グラフは，1995年から2015年までの全国の田と畑の耕地面積について，5年ごとにまとめたものである。

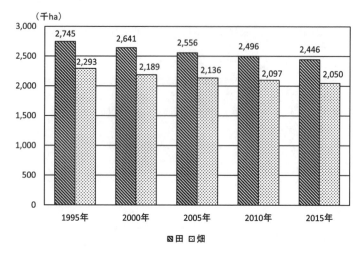

資料：農林水産省「耕地及び作付面積統計」

〔1〕 上の棒グラフから読み取れることとして，次の（ア），（イ），（ウ）の意見があった。棒グラフから読み取れる意見には○を，棒グラフから読み取れない意見には×をつけるとき，その組合せとして，下の①～⑤のうちから最も適切なものを一つ選べ。 23

（ア）田の耕地面積と畑の耕地面積はともに減少傾向にある。

（イ）1995年から2015年の20年間，田の耕地面積は毎年約12,150ha減少している。

（ウ）このままの傾向が続けば，数十年後には田の耕地面積が畑の耕地面積より小さくなる。

① （ア）：○ （イ）：× （ウ）：×
② （ア）：○ （イ）：○ （ウ）：×
③ （ア）：○ （イ）：○ （ウ）：○
④ （ア）：× （イ）：× （ウ）：×
⑤ （ア）：× （イ）：○ （ウ）：×

統計検定　4級

〔2〕　次の表は，2015年の米の平均価格を100として2012年から2017年までの平均価格の指数を表したものである。

	2012年	2013年	2014年	2015年	2016年	2017年
	125.4	127.3	111.5	100.0	112.4	122.5

資料：農林水産省「平成29年農業物価指数－平成27年基準－」

　上の表から読み取れることとして，次の（エ），（オ），（カ）の意見があった。表から読み取れる意見には○を，表から読み取れない意見には×をつけるとき，その組合せとして，下の①～⑤のうちから最も適切なものを一つ選べ。　24

　（エ）米の平均価格は上下動をしているが上昇傾向にある。

　（オ）米の平均価格が一番安かったのは2015年である。

　（カ）米の生産量が一番大きかったのは2013年である。

① （エ）：○　（オ）：×　（カ）：×
② （エ）：○　（オ）：○　（カ）：×
③ （エ）：×　（オ）：○　（カ）：○
④ （エ）：×　（オ）：×　（カ）：×
⑤ （エ）：×　（オ）：○　（カ）：×

2018年11月　問題

315

問15 次のグラフは，札幌の2017年の月ごとの平均気温と降水量を表したものである。

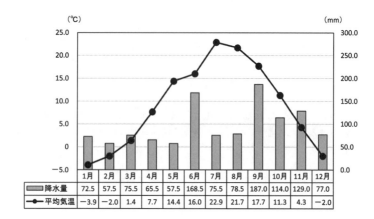

資料：気象庁「過去の気象データ検索」

〔1〕 降水量の12か月分のデータの平均値（単位はmm）として，次の①～⑤のうちから適切なものを一つ選べ。 25

① −4.5　　② 0.5　　③ 6.5　　④ 46.5　　⑤ 96.5

〔2〕 平均気温の12か月分のデータの中央値（単位は℃）として，次の①～⑤のうちから適切なものを一つ選べ。 26

① 6.5　　② 9.5　　③ 10.2　　④ 15.2　　⑤ 19.5

〔3〕 平均気温の12か月分のデータの範囲（単位は℃）として，次の①～⑤のうちから適切なものを一つ選べ。 27

① 11.8　　② 15.6　　③ 21.8　　④ 22.9　　⑤ 26.8

問16 赤球2個と白球3個が入ったつぼがある。このつぼから1回に1個の球を取り出し，色を記録した後，つぼに球を戻すという操作を行う。球は色以外では区別がつかず，つぼの中は見えない状態で操作するものとする。

〔1〕 この操作を2回繰り返したとき，2回とも白球を取り出す確率はいくらか。次の①～⑤のうちから適切なものを一つ選べ。 28

① $\dfrac{4}{25}$　　② $\dfrac{1}{4}$　　③ $\dfrac{9}{25}$　　④ $\dfrac{1}{9}$　　⑤ $\dfrac{3}{5}$

統計検定　4 級

〔2〕　次の表は，この操作を 4 回繰り返した結果をまとめたものである。

1回目	2回目	3回目	4回目
白	赤	白	白

　5 回目の操作を行うに前に，次のような（ア），（イ），（ウ）の意見があった。正しい意見には○を，正しくない意見には×をつけるとき，その組合せとして，下の①～⑤のうちから最も適切なものを一つ選べ。　29

> （ア）　4 回目までに白球が 3 回取り出されたから，5 回目には赤球が取り出される。
>
> （イ）　3 回目と 4 回目で続けて白球が取り出されたから，5 回目も白球が取り出される。
>
> （ウ）　4 回目までの結果に関係なく 5 回目も赤球よりも白球が取り出される確率の方が大きい。

① 　（ア）：○　（イ）：×　（ウ）：○
② 　（ア）：○　（イ）：×　（ウ）：×
③ 　（ア）：×　（イ）：○　（ウ）：○
④ 　（ア）：○　（イ）：○　（ウ）：×
⑤ 　（ア）：×　（イ）：×　（ウ）：○

〔3〕　次の 2 パターンでつぼの中にある球の個数を変えたとき，赤球を取り出す確率はどのように変化するか。その組合せとして，下の①～⑤のうちから適切なものを一つ選べ。　30

　　　　変更 A：赤球を 1 個加え，白球を 1 個加える。
　　　　変更 B：赤球を 1 個減らし，白球を 2 個減らす。

① 　変更 A：変わらない　　変更 B：小さくなる
② 　変更 A：変わらない　　変更 B：大きくなる
③ 　変更 A：小さくなる　　変更 B：小さくなる
④ 　変更 A：大きくなる　　変更 B：小さくなる
⑤ 　変更 A：大きくなる　　変更 B：大きくなる

2018年11月　問題

統計検定4級　2018年11月　正解一覧

　次ページ以降に解説を掲載しています。問題の趣旨やその考え方を理解するために活用してください。

問		解答番号	正解
問1		1	④
問2		2	③
問3		3	⑤
問4		4	④
問5	〔1〕	5	③
	〔2〕	6	④
問6	〔1〕	7	②
	〔2〕	8	④
	〔3〕	9	①
問7	〔1〕	10	⑤
	〔2〕	11	②
問8	〔1〕	12	②
	〔2〕	13	②
問9	〔1〕	14	④
	〔2〕	15	②

問		解答番号	正解
問10	〔1〕	16	③
	〔2〕	17	①
問11	〔1〕	18	④
	〔2〕	19	④
問12		20	①
問13	〔1〕	21	③
	〔2〕	22	①
問14	〔1〕	23	①
	〔2〕	24	⑤
問15	〔1〕	25	⑤
	〔2〕	26	②
	〔3〕	27	⑤
問16	〔1〕	28	③
	〔2〕	29	⑤
	〔3〕	30	⑤

統計検定　4級

問1・問2

　問1および問2は質的データと量的データの違いを理解しているかどうかを問う問題である。

　統計の調査項目は，大きく質的データと量的データに分けることができる。

1　···　**正解** ④

　質的データは，分類された種類（カテゴリー）の中から，どの種類をとったかを記録したものである。

①：量的データである。50m走のタイムは，7.44秒のような数値からなる量的データである。

②：量的データである。たとえば反復横跳びで20秒間にラインを通過した回数は，56回のような数値からなる量的データである。

③：量的データである。走り幅跳びの距離は，4.70mのような数値からなる量的データである。

④：**質的データ**である。最初に行った種目名は，50m走，反復横跳びのような名称からなり，種類を分類する質的データである。

⑤：量的データである。垂直跳びの高さは，55cmのような数値からなる量的データである。

　よって，正解は④である。

2　···　**正解** ③

　量的データは，大きさや量など，数量として記録したデータである。

①：質的データである。氏名は，田中実，鈴木茂のような名称からなる質的データである。

②：質的データである。出席番号は，18番，26番のように区別をするために数字を用いただけの質的データである。

③：**量的データ**である。試験前日の勉強時間は，5時間30分のような数値からなる量的データである。

④：質的データである。クラス名は，1組，2組，い組，ろ組のように区別をするために数字や文字を用いただけの質的データである。

⑤：質的データである。ある試験問題における解答選択肢の番号は，①，②のように区別をするために数字を用いただけの質的データである。

　よって，正解は③である。

2018年11月

解説

319

問3

離散データの代表値に関する問題である。

3　　正解 ⑤

①：誤り。最も大きな度数をとる値が2つ以上あるとき，その1つ1つの値すべてが最頻値である。

②：誤り。たとえば，右のドットプロットで示される10個のデータの中央値は小さい方から並べて5番目と6番目の平均値であるから $(3+3) \div 2 = 3$，最頻値も3であり，等しくなる。

③：誤り。外れ値の有無にかかわらず，n 個のデータの平均値は次の式で与えられる。

$$\bar{x} = \frac{1}{n}(x_1 + x_2 + \cdots + x_n)$$

④：誤り。たとえば，右上のドットプロットで示される10個のデータの中央値は3であるが，平均値は $(1 \times 1 + 2 \times 3 + 3 \times 4 + 4 \times 2) \div 10 = 2.7$ であり，中央値の方が平均値より大きくなる。

⑤：正しい。たとえば，8人の生徒の小テストの正答数のデータ1，2，3，3，4，5，5，5の中央値は小さい方から並べて4番目と5番目の平均値であるから $(3+4) \div 2 = 3.5$ である。3.5はこのデータにはない値である。

よって，正解は⑤である。

問4

ドットプロットに関する問題である。

4　　正解 ④

1日3回手を洗った人数を x 人とする。1日に手を洗った回数と人数の関係を表にまとめると次のようになる。

回数（回）	0	1	2	3	4	5	6	7	合計
人数（人）	1	3	2	x	5	1	2	2	$x+16$

平均値が3.5回とわかっているので，（回数）×（人数）の関係で式を立てると，

$$3.5(x+16) = 0 \times 1 + 1 \times 3 + 2 \times 2 + 3 \times x + 4 \times 5 + 5 \times 1 + 6 \times 2 + 7 \times 2$$

$$3.5x + 56 = 3x + 58$$

$$3.5x - 3x = 58 - 56$$

$$0.5x = 2$$

$$x = 4$$

統計検定　4級

以上より，1日3回手を洗った人数は4人である。
よって，正解は④である。

問5

〔1〕　**5**　‥‥‥‥‥‥‥‥‥‥‥‥‥‥‥‥‥‥‥‥‥‥‥‥‥‥‥‥‥‥‥‥‥‥‥‥ **正解** ③

統計グラフについての知識を問う問題である。

①：適切でない。帯グラフは幅をそろえた長方形を並べ，それぞれの長方形の中に構成比を幅の長さによって示すグラフである。

②：適切でない。円グラフは円を全体として，その中に占める構成比を扇形の面積で表したグラフである。

③：適切である。積み上げ横棒グラフは1本の横棒に複数の要素を積み上げ，全体の数量を表したグラフである。

④：適切ではない。幹葉図は，数字を幹の桁と葉の桁に分けて幹の桁ごとに葉の値を大きさの順に積み上げ，分布を表現したグラフである。

⑤：適切ではない。ヒストグラムは度数分布表をもとに，連続型の量的データがどのように分布しているのかを表したグラフである。

よって，正解は③である。

〔2〕　**6**　‥‥‥‥‥‥‥‥‥‥‥‥‥‥‥‥‥‥‥‥‥‥‥‥‥‥‥‥‥‥‥‥‥‥‥‥ **正解** ④

積み上げ横棒グラフの読み取りに関する問題である。

（ア）：誤り。「かつお」の漁獲量を表す部分の横幅は，平成27年より平成28年の方が短い。つまり，「かつお」の漁獲量は平成27年より平成28年の方が減少している。

（イ）：正しい。平成28年の「さば類」の漁獲量を表す部分の横幅は，横軸の目盛りから約50万 t であることが読み取れる。

（ウ）：誤り。「さば類」と「まいわし」と「かつお」の漁獲量の合計を表す部分の横幅の合計は，平成27年より平成28年の方が長い。つまり，これらの漁獲量の合計は平成27年より平成28年の方が増加している。

以上から，正しい記述は（イ）のみなので，正解は④である。

2018年11月

解説

321

問6

円グラフの読み取りに関する問題である。

〔1〕 **7** ⋯⋯⋯⋯⋯⋯⋯⋯⋯⋯⋯⋯⋯⋯⋯⋯⋯⋯⋯⋯⋯⋯⋯ **正解** ②

男性の家事時間：$10 \times \dfrac{100}{25.6} = 39.0625$ より，約39分。

女性の家事時間：$35 \times \dfrac{100}{19.9} = 175.8793\cdots$ より，約176分。

以上より，男性と女性の家事時間の差は，$176 - 39 = 137$〔分〕である。
よって，正解は②である。

〔2〕 **8** ⋯⋯⋯⋯⋯⋯⋯⋯⋯⋯⋯⋯⋯⋯⋯⋯⋯⋯⋯⋯⋯⋯⋯ **正解** ④

$\dfrac{（女性の比率）}{（男性の比率）}$ が1より大きいということは，（女性の比率）＞（男性の比率）である。円グラフからこの関係にある項目を探すと，「食事の管理」と「衣類等の手入れ」のみである。

よって，正解は④である。

(注) 各項目の $\dfrac{（女性の比率）}{（男性の比率）}$ を小数第1位までで表すと，次の表のとおりである。

	食事の管理	住まいの手入れ・整理	園芸	衣類等の手入れ
女性	50.0%	19.9%	4.0%	17.0%
男性	30.8%	25.6%	23.1%	7.7%
$\dfrac{（女性の比率）}{（男性の比率）}$	1.6	0.8	0.2	2.2

〔3〕 **9** ⋯⋯⋯⋯⋯⋯⋯⋯⋯⋯⋯⋯⋯⋯⋯⋯⋯⋯⋯⋯⋯⋯⋯ **正解** ①

(ア)：正しい。男性の「住まいの手入れ・整理」および「衣類等の手入れ」に関する家事時間の割合の合計は，$25.6 + 7.7 = 33.3$〔%〕であるから，全体のおよそ3分の1である。

(イ)：正しい。女性は「食事の管理」に関する家事時間の割合は50.0%であるから，全体の2分の1である。

(ウ)：誤り。与えられた円グラフからでは平日や週末に関する情報は得られない。
　　　以上から，正しい記述は(ア)と(イ)なので，正解は①である。

統計検定　4級

問7

複合グラフの読み取りに関する問題である。

〔1〕　**10**　‥‥‥‥‥‥‥‥‥‥‥‥‥‥‥‥‥‥‥‥‥‥‥‥‥‥‥‥‥　**正解** ⑤

　折れ線グラフの数値を右側の縦軸の目盛りから読むと，棒グラフに表された各時期におけるインターネットを利用開始した生徒の割合を左から累積した値と一致している。よって，折れ線グラフは，各時期までにインターネットを利用開始した生徒の累積比率（割合の合計）を表していることがわかる。また，折れ線グラフの値に対応する右軸の目盛りが 0 ％から100％であることからも，折れ線グラフが累積比率を表していると見当がつく。

①：適切でない。このグラフの縦軸は割合であり，各時期におけるインターネットを利用開始した生徒の総数を表していない。

②：適切でない。このグラフの縦軸は割合であり，各時期までにインターネットを利用開始した生徒の累積度数を表していない。

③：適切でない。このグラフは単調に増加しており，各時期における前の時期からのインターネットを利用開始した生徒の増減率を表していない。

④：適切でない。このグラフは単調に増加しており，各時期におけるインターネットを利用開始した生徒の比率を表していない。

⑤：適切である。このグラフは各時期までにインターネットを利用開始した生徒の累積比率を表している。

　よって，正解は⑤である。

〔2〕　**11**　‥‥‥‥‥‥‥‥‥‥‥‥‥‥‥‥‥‥‥‥‥‥‥‥‥‥‥‥‥　**正解** ②

①：適切でない。折れ線グラフから，小学校 3 年生頃までにインターネットを利用開始した生徒の割合は全体の30％〜40％である。

②：適切である。折れ線グラフから，中学校 2 年生頃までにインターネットを利用開始した生徒の割合は全体の90％以上である。

③：適切でない。折れ線グラフから，小学校 6 年生頃までにインターネットを利用開始した生徒の割合は全体の90％未満である。つまり，小学校卒業後にインターネットを利用開始した生徒は全体の10％以上である。

④：適切でない。小学校 3 年生頃，小学校 4 年生頃にインターネットの利用開始した生徒の割合が高いのは学校の授業でパソコンを使っていたからなのかは，このグラフでは判断できない。

⑤：適切でない。小学校入学前までにインターネットを利用開始した生徒がいるのはスマートフォンを利用していたからなのかは，このグラフでは判断できない。

　よって，正解は②である。

2018年11月

解説

問8

〔1〕　**12**　..　**正解** ②

　クロス集計表をもとに目的に応じてグラフを作成できるかを問う問題である。本問のような「各部活動における学年別構成比を比較したい」場合には帯グラフか円グラフが適切である。本問のように 3 つ以上のものを同時に比較するときは帯グラフが好ましい。

①：適切でない。このグラフは面グラフである。各部活動における 3 つの学年の生徒数を加算したものは，各部活動における学年別構成比を比較することにおいて特に意味のあるものではなく適切でない。

②：適切である。このグラフは帯グラフである。部活動別に幅をそろえた長方形を並べ，それぞれの長方形の中に構成比を幅の高さによって示すグラフであり，各部活動における学年別構成比を比較するのに適している。

③：適切でない。このグラフは円グラフである。この円グラフでは各学年における部活動別構成比を比較することは可能であるが，各部活動における学年別構成比を比較することはできない。

④：適切でない。このグラフは帯グラフである。②との違いは，部活動別でなく，学年別に幅をそろえた長方形を並べ，それぞれの長方形の中に構成比を幅の高さによって示している。各学年における部活動別構成比を比較することは可能であるが，各部活動における学年別構成比を比較することはできない。

　よって，正解は②である。

〔2〕　**13**　..　**正解** ②

　クロス集計表の読み取りに関する問題である。

（ア）：正しい。サッカー部に所属している生徒のうち 2 年生の割合は，

$$\frac{9}{27} \times 100 = 33.3 \cdots \ [\%]$$

水泳部に所属している生徒のうち 2 年生の割合は，

$$\frac{8}{19} \times 100 = 42.1 \cdots \ [\%]$$

　したがって，サッカー部に所属している生徒のうち 2 年生の割合は水泳部に所属している生徒のうち 2 年生の割合より低い。

（イ）：誤り。4 つの部活動に所属している 1 年生において野球部に所属している生徒数の割合は，

$$\frac{9}{31} \times 100 = 29.0 \cdots \ [\%]$$

　4 つの部活動に所属している 2 年生において野球部に所属している生徒数

の割合は，

$$\frac{9}{29} \times 100 = 31.0\cdots (\%)$$

したがって，4つの部活動に所属している1年生において野球部に所属している生徒数の割合と，4つの部活動に所属している2年生において野球部に所属している生徒数の割合は等しくない。

(ウ)：誤り。4つの部活動に所属している3年生においてテニス部に所属している生徒数の割合は，

$$\frac{11}{29} \times 100 = 37.9\cdots (\%)$$

したがって，4つの部活動に所属している3年生においてテニス部に所属している生徒数の割合は50％を超えていない。

以上から，正しい記述は（ア）のみなので，正解は②である。

問9

ヒストグラムの読み取りに関する問題である。

〔1〕 **14**  正解 ④

10点刻みを5点刻みに変更する場合，10点刻みのときの度数と対応する2つの5点刻みの度数の和が同じにならなければならない。

①：適切でない。A組の10点刻みのヒストグラムにおける階級0点以上10点未満の度数は2である。しかし，5点刻みのヒストグラムでは，階級0点以上5点未満の度数が2，階級5点以上10点未満の度数が2であるから，階級0点以上10点未満の度数は4になり矛盾する。その他の階級においても同様のことがみられる。

②：適切でない。A組の10点刻みのヒストグラムにおける階級30点以上40点未満の度数は9である。しかし，5点刻みのヒストグラムでは，階級30点以上35点未満の度数が5，階級35点以上40点未満の度数が5であるから，階級40点以上50点未満の度数は10になり矛盾する。

また，階級40点以上50点未満の度数は3である。階級40点以上45点未満の度数が1，階級45点以上50点未満の度数が1であるから，階級40点以上50点未満の度数は2になり矛盾する。

③：適切でない。A組の10点刻みのヒストグラムにおける階級10点以上20点未満の度数は12である。しかし，5点刻みのヒストグラムでは，階級10点以上15点未満の度数が4，階級15点以上20点未満の度数が7であるから，階級20点以上30点未満の度数は11になり矛盾する。

また，階級20点以上30点未満の度数は14である。階級20点以上25点未満の度数が8，階級25点以上30点未満の度数が7であるから，階級20点以上30点未満の度数は15になり矛盾する。

④：適切である。A組の10点刻みのヒスグラムと5点刻みのヒストグラムをもとに書いた度数分布表は次のとおり。表2において，右端の列は階級の幅を10にとったときの度数を表している。表1と表2から2つのヒストグラムは矛盾しない。

表1

階級	度数
0点以上10点未満	2
10点以上20点未満	12
20点以上30点未満	14
30点以上40点未満	9
40点以上50点未満	3
合計	40

表2

階級	度数	
0点以上5点未満	2	2
5点以上10点未満	0	
10点以上15点未満	4	12
15点以上20点未満	8	
20点以上25点未満	5	14
25点以上30点未満	9	
30点以上35点未満	5	9
35点以上40点未満	4	
40点以上45点未満	1	3
45点以上50点未満	2	
合計	40	40

よって，正解は④である。

（コメント）ヒストグラムを作るとき，柱の面積が各度数に比例するように作らなければならない。$(度数密度) = \dfrac{(階級の度数)}{(階級の幅)}$ を考え，柱の高さをこの値に比例するようにとればよい。

〔2〕 **15** ・・・ **正解**▶②

（ア）：正しい。もとのヒストグラムにおいて，各階級に含まれる値がすべて左端の値であるとすると，平均値は，

$$(0 \times 1 + 10 \times 12 + 20 \times 15 + 30 \times 11 + 40 \times 1) \div 40 = 790 \div 40 = 19.75 〔点〕$$

の可能性があり，20点以上30点未満であると断定できない。しかし，まさおくんの作ったヒストグラムにおいて同様に平均値を求めると，

$$(5 \times 1 + 10 \times 4 + 15 \times 8 + 20 \times 7 + 25 \times 8 + 30 \times 6 + 35 \times 5 + 45 \times 1) \div 40$$
$$= 905 \div 40 = 22.625 〔点〕$$

であることがわかる。また，各階級に含まれる値がすべて右端の値であると

統計検定　4級

すると，平均値は，$22.625 + 5 = 27.625$〔点〕である。したがって，階級を変えたことによって，もとのデータを用いて求めた平均値が20点以上30点未満であると読み取れるようになった。

(イ)：誤り。データ数が40であるから，中央値は大きさの順で20番目と21番目の点数の平均値になる。階級の変更前は，中央値は20点以上30点未満の階級に含まれることがわかる。階級を変えたことによって，20番目の点数は20点以上25点未満の階級に含まれ，21番目の点数は25点以上30点未満の階級に含まれることがわかる。したがって，中央値は30未満である。しかし，20番目の点数が20点，21番目の点数が25点の可能性があり，中央値が25点以上と読み取れるようにはなっていない。

(ウ)：誤り。階級を変えたことによって1番高い点数は45点以上50点未満の階級に含まれ，2番目に高い点数は35点以上40点未満の階級に含まれることがわかった。しかし，2番目に高い点数が39点であったとしても，1番高い点数が45点の可能性があり，1番高い点数と2番目に高い点の差が10点以上あると読み取れるようにはなっていない。

以上から，正しい記述は（ア）のみなので，正解は②である。

問10

折れ線グラフの読み取りに関する問題である。

〔1〕　**16**　……………………………………………………………………… **正解** ③

(ア)：誤り。イギリスは自国開催の2012年のメダル獲得数よりも次の2016年のメダル獲得数の方が多い。

(イ)：誤り。アメリカ，ロシアともに2000年から2004年にかけてメダル獲得数は増加している。

(ウ)：正しい。各年における中国のマーカー◆と日本のマーカー×との差をみると確かに2008年の差が最も大きい。

以上から，正しい記述は（ウ）のみなので，正解は③である。

〔2〕　**17**　……………………………………………………………………… **正解** ①

①：適切である。2000年におけるメダル獲得数の変化率を目盛りから読み取れるおよその値を用いて求めてみると次のようになる。

アメリカ：$\dfrac{90 - 100}{100} \times 100 = -10$〔%〕

日本：$\dfrac{19 - 15}{15} \times 100 = 26.6\cdots$〔%〕

これを満たすのは①のみであり，他の年の値についても矛盾がない。

②：適切でない。この折れ線グラフは変化率ではなく，メダル獲得数の変化量そのものを表したグラフであると考えられる。

③：適切でない。この折れ線グラフは変化率ではなく，1996年のメダル獲得数を100としたときの各年の指数を表したグラフであると考えられる。

④：適切でない。この折れ線グラフは変化率の式の分子の項を入れ換えた次式を計算して作られたグラフであると考えられる。

$$\frac{(4年前のメダル獲得数) - (その年のメダル獲得数)}{(4年前のメダル獲得数)} \times 100 〔\%〕$$

よって，正解は①である。

問11

度数分布表をもとに目的に応じてグラフを作成できるかを問う問題である。
累積度数分布表は次のとおりである。

（単位：人）

階級	度数	累積度数
0分以上30分未満	2	2
30分以上60分未満	4	6
60分以上90分未満	8	14
90分以上120分未満	13	27
120分以上150分未満	9	36
150分以上180分未満	7	43
180分以上210分未満	3	46
210分以上240分未満	2	48
240分以上270分未満	2	50
合計	50	

〔1〕 **18** ·· **正解** ④

往復の通勤時間が長い方から13番目ということは，この人よりも往復の通勤時間が長い人が12人いる。50－12＝38より，往復の通勤時間が長い方から13番目の人は往復の通勤時間が短い方から38番目ということになる。上の累積度数から38番目の人は150分以上180分未満の階級に含まれている。

よって，正解は④である。

〔2〕 **19** ·· **正解** ④

中央値は往復の通勤時間が短い方から25番目の時間と26番目の時間の平均値であ

るから，90分以上120分未満の階級に含まれる，すなわち$90 \leqq a < 120$である。したがって，$a < 120 < 126 = m$である。

次に度数の最も大きい階級は90分以上120分未満であるから，その階級値は$(90 + 120) \div 2 = 105$〔分〕である。したがって，$b = 105 < 126 = m$である。

以上から，$a < m$，$b < m$なので，正解は④である。

問12

目的に応じて作成されたグラフの読み取りに関する問題である。

20 ·· **正解** ①

（ア）：誤り。グラフから「教育」の支出金額の対前年減少率が最も大きいことはわかるが，「教育」の支出金額がここに挙げられた項目の中で前年に比べ最も小さくなったかは読み取れない。

（イ）：正しい。グラフから「光熱・水道」の支出金額の対前年増加率が最も大きいことが読み取れる。

（ウ）：誤り。グラフから「被服及び履物」の支出金額の対前年増減率の絶対値と「その他の消費支出」の支出金額の対前年増減率の絶対値が等しいことはわかるが，「被服及び履物」の支出金額の減額と「その他の消費支出」の支出金額の増額が同じ金額であったかは読み取れない。

以上から，正しい記述は（イ）のみなので，正解は①である。

問13

〔1〕　**21** ·· **正解** ③

折れ線グラフの読み取りに関する問題である。

（ア）：誤り。目盛りを正しく読み取れているかが問われている。1,000千人は，

$1,000 \times 1,000 = 1,000,000 = 100$〔万人〕

である。したがって，ウォーキング・軽い体操の行動者数はどの年齢階級においても60万人以上いることがわかり，60万人以下とは読み取れない。

（イ）：誤り。グラフからゴルフの行動者数は20〜24歳の年齢階級で急に増加することはわかるが，その理由が仕事でゴルフを始めることと関係があるかは読み取れない。

（ウ）：正しい。グラフからゲートボールの行動者数が最も多い年齢階級は75〜79歳であることが読み取れる。

以上から，正しい記述は（ウ）のみなので，正解は③である。

〔2〕 22 ……………………………………………………………………………… 正解 ①

折れ線グラフをもとに目的に応じてグラフを作成できるかを問う問題である。

①：適切である。主に時系列データを加工する際に用いられる方法で，10〜14歳の年齢階級における運動種目ごとの行動者数をそれぞれ100として折れ線グラフを作ると次のようになる。基準を揃えたことで変化の様子がもとの折れ線グラフよりわかりやすくなった。

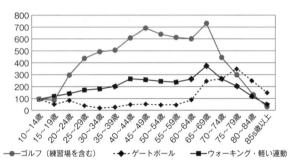

②：適切でない。ヒストグラムは連続型の量的データがどのように分布しているのかを表したグラフであり，運動種目ごとに前の階級における行動者数との差を表したものはヒストグラムではない。

③：適切でない。移動平均は時系列データにおいて不規則な値の変化が大きいとき，傾向を読みやすくするため，一定の期間ごとにずらしながら平均値をとる方法である。変化の傾向は読みやすくなるものの，年齢階級別の詳しい変化は読み取りにくくなる。

④：適切でない。ゲートボールの総行動者数が少ないので，ヒストグラムに書き直しても年齢階級別の変化の様子はわからない。また，もとの折れ線グラフの階級幅は5歳である。階級の幅を10歳にすると，もとの折れ線グラフのように階級の幅が5歳での変化の様子を知ることができない。

⑤：適切でない。軸の目盛りが等間隔でないものにしてしまうと各運動種目間の変化の様子の比較が困難になる。特に，0〜1,000千人の幅を拡げたとしてもゲートボール行動者の変化の様子は，総行動者数が少ないので，①のグラフほど見やすくはならない。

よって，正解は①である。

統計検定　4級

問14

〔1〕　**23**　　　　　　　　　　　　　　　　　　　　　　　　　　**正解** ①

集合棒グラフの読み取りに関する問題である。

（ア）：正しい。この棒グラフで示されていない間の年の状況はわからないが，5年ごとのそれぞれの棒グラフの高さ（データ）を見ると，田の耕地面積と畑の耕地面積はともに減少傾向にあることが読み取れる。

（イ）：誤り。この棒グラフで示されていない間の年の状況はわからないので毎年減少しているかまでは読み取れない。

（ウ）：誤り。田と畑の1995年から2015年の20年間で減少した耕地面積をそれぞれ求めると次のとおりである。

田：$2,745 - 2,446 = 299$〔千ha〕

畑：$2,293 - 2,050 = 243$〔千ha〕

20年間で減少した耕地面積は田の方が畑より$299 - 243 = 56$〔千ha〕だけ多いが，2015年の時点で田と畑の耕地面積の差は，$2,446 - 2,050 = 396$〔千ha〕である。20年間で差が56千ha縮まるとしても$396 \div 56 = 7.07\cdots \fallingdotseq 7$であるから，このままの傾向で減少し続けたとしても，少なくとも$20 \times 7 = 140$〔年〕は田と畑の耕地面積が逆転することはないと考えられる。

以上から，正しい記述は（ア）のみなので，正解は①である。

〔2〕　**24**　　　　　　　　　　　　　　　　　　　　　　　　　　**正解** ⑤

目的に応じて作成された表の読み取りに関する問題である。

（エ）：誤り。米の平均価格の指数は2012年が125.4に対して，2017年は122.5であり，この間の米の平均価格は上下動しながらも下降していると考えられ，上昇傾向にあるとは読み取れない。

（オ）：正しい。2015年以外の年はすべての年で米の平均価格の指数は100を超えているから，米の平均価格が一番安かったのは2015年であると読み取れる。

（カ）：誤り。この表は米の平均価格の指数についての表であり，米の生産量については読み取ることができない。

以上から，正しい記述は（オ）のみなので，正解は⑤である。

問15

代表値やばらつきを示す指標を計算する問題である。

〔1〕 **25** .... 正解 ⑤

降水量の12か月分のデータの平均値は,

$(72.5 + 57.5 + 75.5 + 65.5 + 57.5 + 168.5 + 75.5 + 78.5 + 187.0 + 114.0 + 129.0 + 77.0) \div 12$
$= 1158.0 \div 12 = 96.5$ 〔mm〕

である。

よって,正解は⑤である。

〔2〕 **26** .... 正解 ②

平均気温の12か月分のデータの中央値は,大きさの順に並べて 6 番目の温度と 7 番目の温度の平均値である。6 番目の温度は 4 月の7.7℃,7 番目の温度は10月の11.3℃であるから,中央値は,

$(7.7 + 11.3) \div 2 = 19.0 \div 2 = 9.5$ 〔℃〕

である。

よって,正解は②である。

〔3〕 **27** .... 正解 ⑤

平均気温の12か月分のデータの範囲は,平均温度の最大値と最小値との差である。平均温度の最大値は 7 月の22.9℃,平均温度の最小値は 1 月の-3.9℃であるから,範囲は,

$22.9 - (-3.9) = 26.8$ 〔℃〕

である。

よって,正解は⑤である。

332

統計検定　4級

問16

確率に関する基本事項を問う問題である。

〔1〕　**28**　·· 正解 ③

この操作を2回繰り返したとき，起こりうるすべての場合の数は5×5＝25〔通り〕である。また，2回とも白球を取り出す場合の数は3×3＝9〔通り〕である。したがって，2回とも白球を取り出す確率は$\frac{9}{25}$である。

よって，正解は③である。

〔2〕　**29**　·· 正解 ⑤

1回の操作ごとに取り出した球を戻す（復元抽出という）ので，毎回取り出される確率は変わらない。このことをきちんと理解しているかを問う問題である。

（ア）：誤り。つぼに赤球2個，白球3個の合計5個の球が入っている。取り出した球を戻すことを考えることなく，4回目までに白球が3個取り出されたなら，次は残りの赤球1個が絶対に出るという誤解である。

（イ）：誤り。続けて取り出すと「次もまた」という日常生活における感覚と，確率とのギャップから起こす誤解である。

（ウ）：正しい。このようなもとに戻す操作（復元抽出）において，前の結果に関係なく毎回赤球を取り出す確率は$\frac{2}{5}$，白球の取り出す確率は$\frac{3}{5}$である。したがって，常に赤球よりも白球が取り出される確率の方が大きい。

以上から，正しい記述は（ウ）のみなので，正解は⑤である。

〔3〕　**30**　·· 正解 ⑤

変更Aによって「つぼの中には，赤球3個，白球4個の合計7個の球が入っている」から，赤球を取り出す確率は$\frac{3}{7}＞\frac{2}{5}$と変更前より大きくなる。

変更Bによって「つぼの中には，赤球1個，白球1個の合計2個の球が入っている」から，赤球を取り出す確率は$\frac{1}{2}＞\frac{2}{5}$と変更前より大きくなる。

よって，正解は⑤である。

333

PART 11

4級
2018年6月
問題／解説

2018年6月に実施された
統計検定4級で実際に出題された問題文を掲載します。
問題の趣旨やその考え方を理解できるように、
正解番号だけでなく解説を加えました。

問題………337

正解一覧………360

解説………361

統計検定　4級

問1　ある宅配業者は，取り扱った配達物の情報を毎日記録している。次のA，B，C のうちで，量的データの組合せとして，下の①〜⑤のうちから最も適切なものを一つ選べ。　**1**

> A　荷物の重さ
>
> B　配達希望時間帯
>
> C　配達料金

① Aのみ　　　② Bのみ　　　③ AとBのみ

④ AとCのみ　　⑤ AとBとC

問2　次のA，B，Cのうちで，質的データの組合せとして，下の①〜⑤のうちから最も適切なものを一つ選べ。　**2**

> A　給食1食あたりのカロリー
>
> B　給食で一番好きなおかず
>
> C　給食1食あたりの品数

① Aのみ　　　② Bのみ　　　③ Cのみ

④ AとBのみ　　⑤ BとCのみ

2018年6月

問題

337

問3　ある中学校で生徒の学校生活について調査を行った。

〔1〕　男女別の通学方法を調査した結果，次の表が得られた。

（単位：人）

	徒歩	自転車	合計
男子	(a)	(b)	74
女子	(c)	(d)	83
合計	102	55	157

　この調査において，男子で徒歩通学の生徒は45人だった。このとき表における（d）の値について，次の①～⑤のうちから適切なものを一つ選べ。　$\boxed{3}$

①　10　　②　26　　③　29　　④　45　　⑤　57

〔2〕　男女別の部活動の所属状況を調査した結果，次の表が得られた。

（単位：人）

	体育系	文化系	所属なし	合計
男子	(e)	(f)	(g)	74
女子	(h)	(i)	(j)	83
合計	114	31	12	157

　この表において，（e）～（j）の6つの枠のうち，2つの枠の数値のみわかるものとする。このとき，残り4つの枠の数値を確定できない組合せとして，次の①～⑤のうちから適切なものを一つ選べ。　$\boxed{4}$

①　（e）と（f）　　②　（e）と（i）　　③　（h）と（j）
④　（g）と（i）　　⑤　（g）と（j）

問4　次のクロス集計表は，ある中学校3年生94人を対象に，一番好きなスポーツについてアンケート調査した結果である。

(単位：人)

性別	野球	サッカー	バスケット	バレー	卓球	その他	合計
男子	10	15	5	5	5	4	44
女子	0	5	8	10	20	7	50
合計	10	20	13	15	25	11	94

表に示された男子と女子の一番好きなスポーツについて，男女別の各種目の割合をグラフを用いて比較するとき，次の①〜④のうちから最も適切なものを一つ選べ。

5

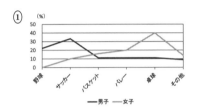
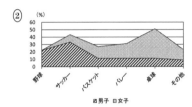
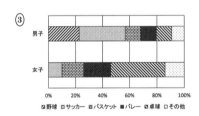
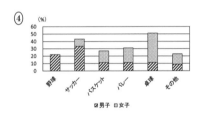

問5 次のドットプロットは，あるクラスの生徒35人を対象に，1週間で忘れ物をした件数を調べ，その結果をまとめたものである。

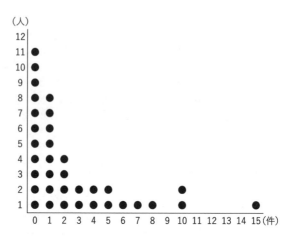

〔1〕 平均値，中央値，最頻値の大小関係として，次の①～⑤のうちから適切なものを一つ選べ。 6

① 最頻値＜中央値＜平均値　② 最頻値＜平均値＜中央値
③ 中央値＜最頻値＜平均値　④ 中央値＜平均値＜最頻値
⑤ 平均値＜中央値＜最頻値

〔2〕 次の文は，この調査結果について述べたものである。(a)，(b)，(c) に入る値の組合せとして，下の①～⑤のうちから最も適切なものを一つ選べ。 7

- 1週間で忘れ物をした件数の最頻値は（a）件であった。
- 1週間で忘れ物をした件数が2件未満の人の割合は全体の（b）％であった。
- 1週間で忘れ物をした件数が5件以上の人は（c）人であった。

① (a)：11　(b)：54.3　(c)：8
② (a)：11　(b)：65.7　(c)：8
③ (a)：11　(b)：54.3　(c)：7
④ (a)：0　(b)：54.3　(c)：8
⑤ (a)：0　(b)：65.7　(c)：7

問6 次の幹葉図は，ある野球の試合のあるイニングにおけるA投手とB投手の投球の球速（km/h）をまとめたものである。

```
        A投手              B投手
                      11│8 9 9
      7 7 7 6 5 5 4   12│0
          9 9 9 8 8   13│1 2 2 4 4
          9 3 3 2 2 1 14│4 5 5 5 7
                      15│0 0 1 2
```

ただし，たとえばA投手の158km/hとB投手の160km/h，163km/hは次のように表される。

```
    A投手        B投手
       8│1 5│
        │1 6│0 3
```

〔1〕 A投手の球速の範囲として，次の①〜⑤のうちから適切なものを一つ選べ。
　8

① 18km/h　　　② 25km/h　　　③ 34km/h
④ 149km/h　　⑤ 152km/h

〔2〕 B投手の球速の中央値として，次の①〜⑤のうちから適切なものを一つ選べ。
　9

① 131km/h　　② 138km/h　　③ 139km/h
④ 145km/h　　⑤ 147km/h

問7　次の2つの円グラフは，平日1日あたりの青少年のインターネットの利用時間を調査した結果である。なお「その他」は，利用していない，あるいは，利用時間がわからないといったものをまとめたものである。ただし，割合は小数点以下2位を四捨五入し小数点以下1位までを表示しているので，総和が100%にならないこともある。

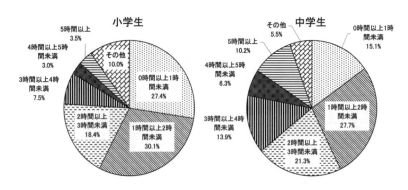

資料：内閣府「平成29年版　子供・若者白書」

上の円グラフから読み取れることとして，次の（ア），（イ），（ウ）の意見があった。円グラフから読み取れる意見には○を，円グラフから読み取れない意見には×をつけるとき，その組合せとして，下の①〜⑤のうちから最も適切なものを一つ選べ。ただし，「その他」を除く。| 10 |

> （ア）　中学生のインターネットの利用時間の中央値は，小学生のインターネットの利用時間の中央値よりも大きい。
>
> （イ）　インターネットの利用時間が2時間以上の小学生の割合は30%を超え，インターネットの利用時間が2時間以上の中学生の割合は60%を超えている。
>
> （ウ）　小学生，中学生ともにインターネットの利用時間が1時間以上3時間未満の割合は60%を超えない。

① （ア）：×　（イ）：○　（ウ）：○
② （ア）：×　（イ）：×　（ウ）：○
③ （ア）：○　（イ）：○　（ウ）：○
④ （ア）：○　（イ）：○　（ウ）：×
⑤ （ア）：○　（イ）：×　（ウ）：○

問8　次のグラフは，ある3年間の年齢階級別の交通事故と，そのうちのアクセルペダルとブレーキペダルの踏み間違え事故の件数をまとめたものである。

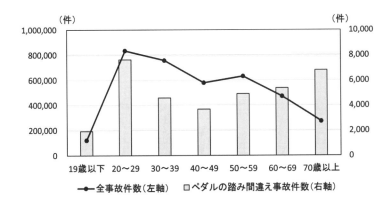

資料：財団法人国際交通安全学会「平成22年度　研究調査報告書」

上のグラフから読み取れることとして，次の①～⑤のうちから最も適切なものを一つ選べ。　11

① 年齢とともにペダルを踏み間違える人が増えている。
② 19歳以下は，全年齢階級の中で全事故件数が最も多い。
③ 40～49歳は，ペダルの踏み間違え事故件数が最も少ないので判断力が高い。
④ 70歳以上は，ペダルの踏み間違え事故件数が全事故件数を超えている。
⑤ 70歳以上は，全年齢階級の中で全事故件数に対するペダルの踏み間違え事故件数の割合が最も大きい。

問9　次の図は，52都市（47都道府県庁所在市および2010年4月現在で都道府県庁所在地ではない政令指定都市5都市）における1世帯あたりの1年間に購入するパン類の合計金額を2014年から2016年まで調べ，その平均値をヒストグラムで表したものである。ただし，ヒストグラムの階級はそれぞれ，20.0千円以上22.5千円未満，22.5千円以上25.0千円未満，…，40.0千円以上42.5千円未満のように区切られている。

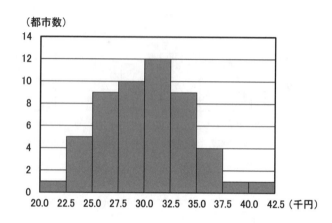

資料：総務省統計局「家計調査結果」

〔1〕　全国平均は30,004円であった。上のヒストグラムから求めた平均金額との差として，次の①〜⑤のうちから最も適切なものを一つ選べ。|　12　|

①　0.14円　　②　1.4円　　③　14円　　④　140円　　⑤　1400円

統計検定　4級

〔2〕　上のヒストグラムで中央値が含まれる階級として，次の①～⑤のうちから適
切なものを一つ選べ。　**13**

①　25.0千円以上27.5千円未満　　②　27.5千円以上30.0千円未満
③　30.0千円以上32.5千円未満　　④　32.5千円以上35.0千円未満
⑤　35.0千円以上37.5千円未満

〔3〕　上のヒストグラムから読み取れることとして，次の（ア），（イ），（ウ）の意
見があった。ヒストグラムから読み取れる意見には○を，ヒストグラムから読み
取れない意見には×をつけるとき，その組合せとして，下の①～⑤のうちから最
も適切なものを一つ選べ。　**14**

（ア）　20.0千円以上30.0千円未満の都市数は，32.5千円以上42.5千円未満の都
市数の2倍である。

（イ）52都市のうち約60％は27.5千円以上35.0千円未満である。

（ウ）2014年から2016年までの1年平均でパン類に35.0千円以上使っている
世帯が全世帯の10％以上ある。

①　（ア）：×　（イ）：○　（ウ）：×
②　（ア）：×　（イ）：○　（ウ）：○
③　（ア）：×　（イ）：×　（ウ）：○
④　（ア）：○　（イ）：×　（ウ）：○
⑤　（ア）：○　（イ）：×　（ウ）：×

問10 次の度数分布表は，ある高校の１年生男子136人の握力を測定し，その結果をまとめたものである。

階級	度数（人）
24.0kg 以上 28.0kg 未満	8
28.0kg 以上 32.0kg 未満	14
32.0kg 以上 36.0kg 未満	28
36.0kg 以上 40.0kg 未満	37
40.0kg 以上 44.0kg 未満	26
44.0kg 以上 48.0kg 未満	13
48.0kg 以上 52.0kg 未満	4
52.0kg 以上 56.0kg 未満	6
合計	136

〔1〕 累積相対度数分布を表したグラフとして，次の①～④のうちから最も適切なものを一つ選べ。 15

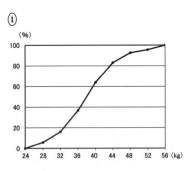
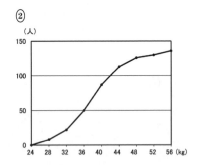
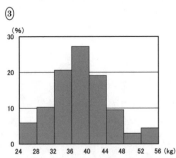
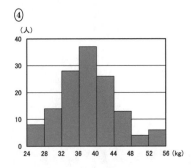

統計検定　4級

〔2〕　上の表から読み取れることとして，次の（ア），（イ），（ウ）の意見があった。
表から読み取れる意見には○を，表から読み取れない意見には×をつけるとき，
その組合せとして，下の①〜⑤のうちから最も適切なものを一つ選べ。　| 16 |

（ア）　範囲は24.0kg以下である。

（イ）　中央値は40.0kgである。

（ウ）　小さい方から35番目の人が含まれる階級の階級値は34.0kgである。

①　（ア）：×　（イ）：×　（ウ）：×
②　（ア）：×　（イ）：×　（ウ）：○
③　（ア）：×　（イ）：○　（ウ）：×
④　（ア）：○　（イ）：×　（ウ）：○
⑤　（ア）：○　（イ）：○　（ウ）：○

〔3〕　同じ学年の女子192人の握力を測定したところ，平均値は26.6kgであり，

（男子の握力の合計）−（女子の握力の合計）=169.6kg

であった。男子の握力の平均値として，次の①〜⑤のうちから最も適切なものを
一つ選べ。　| 17 |

①　27.8kg　　②　36.3kg　　③　38.8kg　　④　41.3kg　　⑤　43.8kg

2018年6月

問題

問11 ひかりさんは，人口変動についてのレポートを書くために，自分が産まれた2000年（平成12年）と直近の2015年（平成27年）の国勢調査における東京都の結果から，5歳ずつの年齢階級にした人口構成割合（男女合計の人口に対する割合）のピラミッドを作成した。ただし，割合は小数点以下2位を四捨五入し小数点以下1位までを表示しているので，総和が100％にならないこともある。

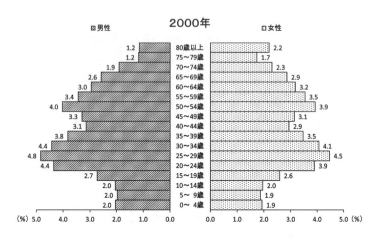

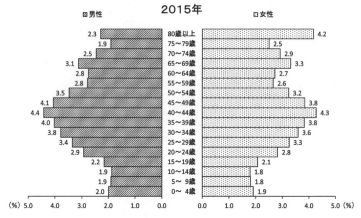

資料：総務省「国勢調査」

統計検定　4級

〔1〕　上のグラフから読み取れることとして，次の①～⑤のうちから最も適切なものを一つ選べ。　**18**

① 東京都の 0 ～14歳の人口は，2000年から2015年にかけて減少している。

② 東京都の15～64歳の人口の割合は，2000年から2015年にかけて減少している。

③ 2000年の東京都の65歳以上の人口の割合は，2000年の東京都の 0 ～14歳の人口の割合より小さい。

④ 2000年から2015年にかけて東京都の人口は増加している。

⑤ 2015年はいずれの年齢階級でも，東京都の男性は東京都の女性より人口の割合が小さい。

〔2〕　ひかりさんが上のグラフからまとめるレポートの結論として，次の①～⑤のうちから最も適切なものを一つ選べ。　**19**

① 2000年から2015年にかけて，東京都の出生率は上昇している。

② 2000年から2015年にかけて，東京都の死亡率は上昇している。

③ 2000年から2015年にかけて，東京都の平均寿命は上昇している。

④ 2000年から2015年にかけて，2000年に25～29歳であった東京都の男性のうち0.4％が都外に転出している。

⑤ 2000年から2015年にかけて，東京都の65歳以上の人口の割合は上昇している。

2018年6月

問題

問12 次の積み上げ棒グラフと折れ線グラフは，1985年から2016年までのAIDS患者（エイズ患者）及びHIV感染者の累積報告件数の年次推移（上図）と新規AIDS患者及び新規HIV感染者の報告件数の年次推移（下図）である。

AIDS患者及びHIV感染者の累積報告件数の推移

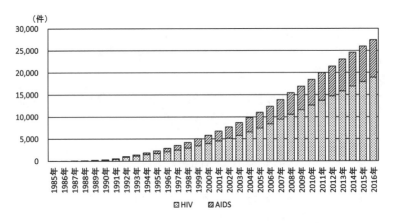

新規AIDS患者及び新規HIV感染者の報告件数の推移

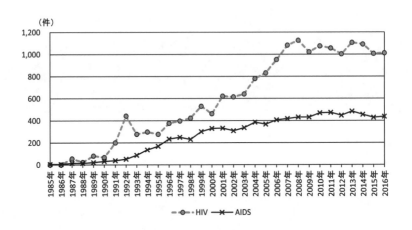

資料：厚生労働省「平成28（2016）年エイズ発生動向年報」

統計検定　4級

〔1〕　AIDS患者及びHIV感染者の累積報告件数における年次推移について，上図の積み上げ棒グラフから読み取れることとして，次の（ア），（イ），（ウ）の意見があった。積み上げ棒グラフから読み取れる意見には○を，積み上げ棒グラフから読み取れない意見には×をつけるとき，その組合せとして，下の①〜⑤のうちから最も適切なものを一つ選べ。　20

> （ア）　2005年以降はHIV感染者とAIDS患者の累積報告件数の合計が10,000件を超える。
>
> （イ）　1999年のHIV感染者とAIDS患者の累積報告件数の合計と比べて，2011年の累積報告件数の合計は5倍になった。
>
> （ウ）　HIV感染者の累積報告件数が10,000件をはじめて超えたのは，2009年である。

①　（ア）：○　（イ）：○　（ウ）：×
②　（ア）：○　（イ）：×　（ウ）：○
③　（ア）：○　（イ）：×　（ウ）：×
④　（ア）：×　（イ）：○　（ウ）：○
⑤　（ア）：×　（イ）：×　（ウ）：○

〔2〕　新規AIDS患者及び新規HIV感染者の報告件数における年次推移について，下図の折れ線グラフから読み取れることとして，次の（エ），（オ），（カ）の意見があった。折れ線グラフから読み取れる意見には○を，折れ線グラフから読み取れない意見には×をつけるとき，その組合せとして，下の①〜⑤のうちから最も適切なものを一つ選べ。　21

> （エ）　1992年の新規HIV感染者の報告件数は，前年の新規HIV感染者の報告件数の2倍より多い。
>
> （オ）　1985年から2008年までの新規AIDS患者及び新規HIV感染者の報告件数は，長期的にみれば増加の傾向がある。
>
> （カ）　新規HIV感染者の報告件数は，1992年以降は毎年400件を越えている。

①　（エ）：○　（オ）：○　（カ）：×
②　（エ）：○　（オ）：×　（カ）：○
③　（エ）：○　（オ）：×　（カ）：×
④　（エ）：×　（オ）：○　（カ）：○
⑤　（エ）：×　（オ）：×　（カ）：○

2018年6月　問題

問13 『大人になったらなりたいもの』というアンケート調査に関する次の各問に答えよ。

〔1〕 次の表は，男女それぞれの『大人になったらなりたいもの』の第1位から第3位までの回答比率をまとめたものである。

	男子（374人）		女子（726人）	
	なりたいもの	割合（％）	なりたいもの	割合（％）
第1位	学者・博士	8.8	食べ物屋さん	11.3
第2位	野球選手	7.2	看護師さん	9.5
第3位	サッカー選手	6.7	保育園・幼稚園の先生	6.9

資料：第一生命「2017年 第29回『大人になったらなりたいもの』アンケート調査」

男子で「学者・博士」と回答した人数をa人，女子で「看護師さん」と回答した人数をb人，女子で「保育園・幼稚園の先生」と回答した人数をc人とおく。a, b, cの大小関係として，次の①～⑤のうちから適切なものを一つ選べ。 **22**

① $a>b>c$ ② $a=b=c$ ③ $b>a>c$ ④ $b>a=c$ ⑤ $b>c>a$

〔2〕 次の折れ線グラフは，1997年から2017年までの男子で『大人になったらなりたいもの』について「野球選手」,「サッカー選手」と回答した割合を表したものである。1997年を100としたとき，1997年から2017年までの野球選手およびサッカー選手の指数の推移を表しているグラフとして，下の①〜④のうちから最も適切なものを一つ選べ。 23

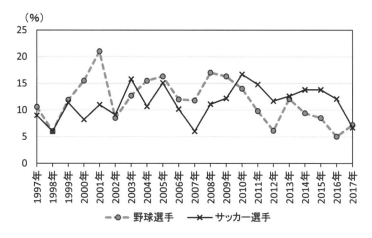

資料：第一生命「2017年 第29回『大人になったらなりたいもの』アンケート調査」

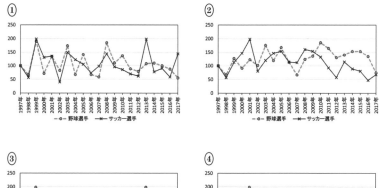

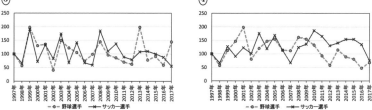

問14 花粉の飛散に関する2つの報道発表について、次の問に答えよ。

〔1〕 次の表は、平成29年春の花粉の飛散量に対する平成30年春に予測される花粉の飛散量の比を表したものである。ただし、北海道はシラカバ、その他の地方はスギ・ヒノキの花粉の飛散量を表している。

地方	予測飛散量の 前シーズン比（％）
北海道	50
東北	210
関東甲信	150
北陸	130
東海	120
近畿	110
中国	90
四国	150
九州	70

資料：日本気象協会「2018年 春の花粉飛散予測（第3報）2018年1月16日発表」

予測飛散量について、上の表から読み取れることとして、次の（ア），（イ），（ウ）の意見があった。表から読み取れる意見には○を、表から読み取れない意見には×をつけるとき、その組合せとして、下の①〜⑤のうちから最も適切なものを一つ選べ。 **24**

（ア） 平成30年春の予測飛散量が平成29年春の飛散量より少ない地方は3つある。

（イ） 平成30年春の予測飛散量の全国合計は平成29年春の飛散量の全国合計よりも多い。

（ウ）関東甲信地方と四国地方における平成30年春の予測飛散量は同じである。

① （ア）：○ （イ）：○ （ウ）：×
② （ア）：○ （イ）：× （ウ）：○
③ （ア）：○ （イ）：× （ウ）：×
④ （ア）：× （イ）：○ （ウ）：○
⑤ （ア）：× （イ）：× （ウ）：×

〔2〕 次の棒グラフは，平成20年から平成30年までの東京都内12地点における飛散花粉数（個/cm²）の平均値の推移をまとめたものである。ただし，平成30年の2つの数値は予測された飛散花粉数の下限と上限を表している。

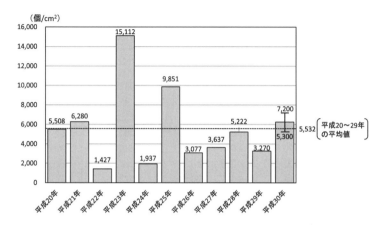

資料：東京都「29年度 東京都花粉症対策検討委員会（第2回）検討結果」

東京都内12地点における飛散花粉数の平均値の推移について，上の棒グラフから読み取れることとして，次の①～⑤のうちから最も適切なものを一つ選べ。25

① 平成30年の実際の飛散花粉数は前の年の飛散花粉数を上回った。
② 年ごとの飛散花粉数は，その前の年の気温と関係している。
③ 平成20年から平成29年までの飛散花粉数について，その平均値を上回った年は4つある。
④ 平成20年から平成29年までの飛散花粉数の平均値に対して3倍以上の飛散花粉数であった年がある。
⑤ 平成20年から平成29年までの飛散花粉数の平均値に対して3分の1以下の飛散花粉数であった年がある。

問15 次の表は，バスケットボールのB1リーグの2016-17シーズンにおいて，各クラブが挙げた得点を調べ，総得点が高い順に並べたものである。なお，3Pは3ポイントシュート（3得点のシュート）での得点，2Pは2ポイントシュート（2得点のシュート）での得点，FTはフリースロー（1得点のシュート）での得点である。

クラブ名	総得点	3P		2P		FT	
		得点	順位	得点	順位	得点	順位
川崎	5,057	1,314	8	2,904	3	839	1
三河	4,936	1,215		2,982	2	739	9
千葉	4,935	1,701	1	2,498		736	10
A東京	4,884	1,428	4	2,632	7	824	3
栃木	4,829	1,071		3,004	1	754	6
新潟	4,670	1,227		2,614	9	829	2
名古屋D	4,639	1,461	2	2,406		772	4
三遠	4,581	1,302	9	2,622	8	657	
富山	4,551	993		2,794	4	764	5
琉球	4,536	1,242	10	2,550		744	7
SR渋谷	4,488	1,422	5	2,430		636	
京都	4,487	1,137		2,610	10	740	8
滋賀	4,468	1,455	3	2,384		629	
大阪	4,466	1,419	6	2,378		669	
北海道	4,421	975		2,716	5	730	
横浜	4,366	1,044		2,654	6	668	
秋田	4,224	1,365	7	2,252		607	
仙台	4,052	975		2,522		555	

資料：公益社団法人ジャパン・プロフェッショナル・バスケットボールリーグ

〔1〕 川崎，千葉，名古屋D，北海道，秋田の5クラブのうち，総得点に占める2ポイントシュートでの得点の割合が最も小さいのはどのクラブか。次の①～⑤のうちから一つ選べ。　**26**

① 川崎　　② 千葉　　③ 名古屋D　　④ 北海道　　⑤ 秋田

統計検定　4級

〔2〕　チャンピオンシップと呼ばれる上位チームのみ出場できるトーナメント戦に出場できたのは，これら18クラブのうち次の8クラブである。

栃木，A東京，千葉，川崎，三遠，SR渋谷，三河，琉球

　この結果と上の表から読み取れることとして，次の（ア），（イ），（ウ）の意見があった。読み取れる意見には○を，読み取れない意見には×をつけるとき，その組合せとして，下の①～⑤のうちから最も適切なものを一つ選べ。　| 27 |

> （ア）　総得点上位5クラブはいずれもチャンピオンシップに出場している。
>
> （イ）　チャンピオンシップに出場した8クラブのうち，2ポイントシュートでの得点上位10クラブに含まれないクラブは3クラブである。
>
> （ウ）　3ポイントシュートでの得点上位5クラブのうち，チャンピオンシップに出場したクラブは3クラブである。

① （ア）：○　（イ）：○　（ウ）：○
② （ア）：○　（イ）：○　（ウ）：×
③ （ア）：○　（イ）：×　（ウ）：×
④ （ア）：×　（イ）：○　（ウ）：×
⑤ （ア）：×　（イ）：×　（ウ）：×

〔3〕　チャンピオンシップに出場した8クラブと，出場しなかった10クラブとを比較してわかることとして，次の（エ），（オ），（カ）の意見があった。読み取れる意見には○を，読み取れない意見には×をつけるとき，その組合せとして，下の①～⑤のうちから最も適切なものを一つ選べ。　| 28 |

> （エ）　総得点の中央値は，チャンピオンシップに出場したクラブのほうが，出場できなかったクラブよりも300以上大きい。
>
> （オ）　3ポイントシュートの得点の範囲は，チャンピオンシップに出場したクラブのほうが，出場できなかったクラブよりも大きい。
>
> （カ）　チャンピオンシップに出場したクラブにおいて，3ポイントシュートの得点の範囲のほうが，2ポイントシュートの得点の範囲よりも小さい。

① （エ）：×　（オ）：×　（カ）：×
② （エ）：×　（オ）：○　（カ）：×
③ （エ）：○　（オ）：×　（カ）：×
④ （エ）：○　（オ）：○　（カ）：×
⑤ （エ）：○　（オ）：○　（カ）：○

2018年6月　問題

問16 A君とB君がそれぞれさいころを投げる。A君には1または2の目が出たとき5点，出なかったとき0点を与え，B君には出た目と同じ得点を与える。

〔1〕 A君，B君がともに1回投げたとき，A君の得点の方がB君の得点より大きくなる確率はいくらか。次の①〜⑤のうちから適切なものを一つ選べ。 $\boxed{29}$

① $\dfrac{1}{18}$ ② $\dfrac{1}{9}$ ③ $\dfrac{2}{9}$ ④ $\dfrac{1}{3}$ ⑤ $\dfrac{2}{3}$

〔2〕 A君，B君がともに2回投げたとき，A君の合計得点とB君の合計得点がともに5より小さくなる確率はいくらか。次の①〜⑤のうちから適切なものを一つ選べ。 $\boxed{30}$

① $\dfrac{1}{36}$ ② $\dfrac{1}{27}$ ③ $\dfrac{1}{18}$ ④ $\dfrac{2}{27}$ ⑤ $\dfrac{1}{12}$

2018年6月

問題

統計検定4級　2018年6月　正解一覧

次ページ以降に解説を掲載しています。問題の趣旨やその考え方を理解するために活用してください。

問		解答番号	正解
問1		1	④
問2		2	②
問3	〔1〕	3	②
	〔2〕	4	⑤
問4		5	③
問5	〔1〕	6	①
	〔2〕	7	④
問6	〔1〕	8	②
	〔2〕	9	③
問7		10	⑤
問8		11	⑤
問9	〔1〕	12	④
	〔2〕	13	③
	〔3〕	14	①
問10	〔1〕	15	①
	〔2〕	16	②
	〔3〕	17	③

問		解答番号	正解
問11	〔1〕	18	②
	〔2〕	19	⑤
問12	〔1〕	20	③
	〔2〕	21	①
問13	〔1〕	22	⑤
	〔2〕	23	④
問14	〔1〕	24	③
	〔2〕	25	⑤
問15	〔1〕	26	②
	〔2〕	27	①
	〔3〕	28	④
問16	〔1〕	29	③
	〔2〕	30	④

統計検定　4級

問1

1 ··· 正解 ④

量的データと質的データの違いを理解しているかどうかを問う問題である。

統計の調査項目は，大きく質的データと量的データに分けることができる。量的データは，大きさや量など，数量として記録したデータである。

A：**量的データ**である。荷物の重さは，3kg，12kgのような数値からなる量的データである。

B：質的データである。配達希望時間帯は「午前中」，「19時～21時」のような項目からなる質的データである。

C：**量的データ**である。配達料金は，950円，1,280円のような数値からなる量的データである。

以上から，量的データはAとCのみなので，正解は④である。

問2

2 ··· 正解 ②

問1と同様，質的データと量的データの違いを理解しているかどうかを問う問題である。質的データは，分類された種類（カテゴリー）の中から，どの種類をとったかを記録したものである。

A：量的データである。給食1食当たりのカロリーは，590kcal，820kcalのような数値からなる量的データである。

B：**質的データ**である。給食で一番好きなおかずの品名は，スパゲティ，カレーのような名称からなる質的データである。

C：量的データである。給食1食当たりの品数は，3品，6品のような数値からなる量的データである。

以上から，質的データはBのみなので，正解は②である。

2018年6月

解説

361

問3

クロス集計表の読み取りに関する問題である。

〔1〕　**3**　⋯⋯⋯⋯⋯⋯⋯⋯⋯⋯⋯⋯⋯⋯⋯⋯⋯⋯⋯⋯⋯⋯⋯⋯⋯　**正解**　②

男子で徒歩通学の生徒は45人だったので（a）=45となる。

次いで，（b）=74−（a）=74−45=29，（c）=102−（a）=102−45=57

（d）=83−（c）=83−57=26となり，次の表を得る。

	徒歩	自転車	合計
男子	45	29	74
女子	57	26	83
合計	102	55	157

（d）=26なので，正解は②である。

〔2〕　**4**　⋯⋯⋯⋯⋯⋯⋯⋯⋯⋯⋯⋯⋯⋯⋯⋯⋯⋯⋯⋯⋯⋯⋯⋯⋯　**正解**　⑤

表には6つの枠があるがすべての数値を知る必要はなく，そのうちのいくつの数値がわかればその他は計算により求められる。2つの枠の数値がわかればその他の数値が確定できるか否かを問うている。

	体育系	文化系	所属なし	合計
男子	（e）	（f）	（g）	74
女子	（h）	（i）	（j）	83
合計	114	31	12	157

①：確定できる。（e）と（f）がわかるとき，たとえば，（h）=114−（e），
（i）=31−（f），（g）=74−（e）−（f），（j）=12−（g）より確定できる。

②：確定できる。（e）と（i）がわかるとき，たとえば，（h）=114−（e），
（f）=31−（i），（g）=74−（e）−（f），（j）=12−（g）より確定できる。

③：確定できる。（h）と（j）がわかるとき，たとえば，（e）=114−（h），
（g）=12−（j），（f）=74−（e）−（g），（i）=31−（f）より確定できる。

④：確定できる。（g）と（i）がわかるとき，たとえば，（f）=31−（i），
（j）=12−（g），（e）=74−（f）−（g），（h）=114−（e）より確定できる。

⑤：確定できない。（g）と（j）がわかるとき，（e）+（f）=74−（g），
（h）+（i）=83−（j）となるが，（e）と（f），（h）と（i）はともに1つに確定

362

できない。
よって，正解は⑤である。

問4

5 .... 正解 ③

クロス集計表をもとに目的に応じてグラフを作成できるかを問う問題である。本問のような「全体に対する各項目の割合」を調べるには円グラフか帯グラフが適切である。選択肢には帯グラフが示されている。また，男女の比較をするには帯グラフが好ましい。

①：適切でない。このグラフは折れ線グラフである。各種目の変化や種目間の差はわかるが，全体に対する割合の比較に関する情報は帯グラフほど明確には得られず，他の選択肢に帯グラフがあるので適切ではない。また，折れ線グラフは，時間変化を示すときに用い，それ以外では点の間をつなぐことはふさわしくない。

②：適切でない。このグラフは面グラフである。男子の割合に女子の割合を加算したものは，男女別の各種目の割合を比較することにおいて特に意味のあるものではなく適切ではない。

③：適切である。このグラフは帯グラフである。男女別に幅をそろえた長方形を並べ，それぞれの長方形の中に構成比を幅の長さによって示すグラフであり，男女別の各種目の割合を比較するのに適している。

④：適切でない。このグラフは積み上げ棒グラフである。男子の割合に女子の割合を加算したものは，男女別の各種目の割合を比較することにおいて特に意味のあるものではなく適切でない。

よって，正解は③である。

問5

ドットプロットの読み取りに関する問題である。

〔1〕 **6** ·· **正解** ①

平均値 $= (0 \times 11 + 1 \times 8 + 2 \times 4 + 3 \times 2 + 4 \times 2 + 5 \times 2 + 6 \times 1 + 7 \times 1 + 8 \times 1 + 10 \times 2 +$
$\qquad 15 \times 1) \div 35$

$\qquad = 96 \div 35 = 2.742\cdots$ 〔件〕

35人のデータであるから，件数の少ないほうから並べ，18人目の件数が中央値である。つまり，中央値は1件である。

最頻値は度数の最も多い件数であるから0件である。

以上から，最頻値＜中央値＜平均値なので，正解は①である。

〔2〕 **7** ·· **正解** ④

（a） 1週間で忘れ物をした件数の最頻値は0件である。

（b） 1週間で忘れ物をした件数が2件未満の人の割合は，

$\qquad \dfrac{11 + 8}{35} \times 100 = 54.28\cdots \fallingdotseq 54.3$ 〔%〕

（c） 1週間で忘れ物をした件数が5件以上の人は，

$\qquad 2 + 1 + 1 + 1 + 2 + 1 = 8$ 〔人〕

よって，正解は④である。

問6

幹葉図の読み取りに関する問題である。

〔1〕 **8** ·· **正解** ②

範囲＝最大値－最小値より，$149 - 124 = 25$ 〔km/h〕である。

よって，正解は②である。

〔2〕 **9** ·· **正解** ③

B投手の投球数は，$3 + 1 + 5 + 5 + 4 = 18$ 〔球〕であるから，球速の遅いほうから並べ，9番目と10番目の平均値が中央値である。

したがって，$(134 + 144) \div 2 = 139$ 〔km/h〕である。

よって，正解は③である。

統計検定　4級

問7

10 .... **正解** ⑤

円グラフの読み取りに関する問題である。

（ア）：正しい。中学生の「その他」を除いた割合は，

　　　$15.1 + 27.7 + 21.3 + 13.9 + 6.3 + 10.2 = 94.5$〔％〕

　　　したがって，中央値は，$94.5 \div 2 = 47.25$〔％〕あたりであるから，2時間以上3時間未満の階級に含まれる。

　　　小学生の「その他」を除いた割合は，

　　　$27.4 + 30.1 + 18.4 + 7.5 + 3.0 + 3.5 = 89.9$〔％〕

　　　したがって，中央値は，$89.9 \div 2 = 44.95$〔％〕あたりであるから，1時間以上2時間未満の階級に含まれる。

（イ）：誤り。インターネットの利用時間が2時間以上の割合は，

　　　小学生：$18.4 + 7.5 + 3.0 + 3.5 = 32.4$〔％〕

　　　中学生：$21.3 + 13.9 + 6.3 + 10.2 = 51.7$〔％〕

　　　なので，中学生に関する内容が誤っている。

（ウ）：正しい。インターネットの利用時間が1時間以上3時間未満の割合は，

　　　小学生：$30.1 + 18.4 = 48.5$〔％〕

　　　中学生：$27.7 + 21.3 = 49.0$〔％〕

　　　であり，いずれも60％を超えない。

　以上から，正しい記述は（ア）と（ウ）のみなので，正解は⑤である。

問8

11 .... **正解** ⑤

複合グラフの読み取りに関する問題である。

①：誤り。20～29歳のペダルの踏み間違え事故件数が最も多く，年齢とともにペダルの踏み間違える人が増えているとはいえないので誤り。

②：誤り。折れ線グラフをみると，19歳以下の全事故件数は全年齢階級の中で最も少ないので誤り。

③：誤り。ペダルの踏み間違え事故の件数が最も少ないのは19歳以下である。また，ペダルの踏み間違え事故の件数が少ないからといって，（必ずしも40～49歳の人の）判断力が高いとはいえないので誤り。

④：誤り。ペダルの踏み間違え事故は全事故の一部であるから，ペダルの踏み間違え事故件数が全事故件数を超えることはないので誤り。

⑤：正しい。グラフをみると，全事故件数に対するペダルの踏み間違え事故件数の割合は，69歳以下ではどの年齢階級も2％を超えていないが，70歳以上では2

2018年6月

解説

365

%を大きく超えていることがわかるので正しい。

問9

ヒストグラムの読み取りに関する問題である。

〔1〕　| 12 |　……………………………………………………………………　正解 ④

ヒストグラムでは平均値を元データと同じようには求められないため，階級値（階級の上限と下限の中央の値）で代用して考える。そこで，まずは度数分布表（次の問題も考慮し，累積度数も併記する）を作成する。

階級	階級値 （千円）	度数 （都市）	累積度数 （都市）
20.0千円以上22.5千円未満	21.25	1	1
22.5千円以上25.0千円未満	23.75	5	6
25.0千円以上27.5千円未満	26.25	9	15
27.5千円以上30.0千円未満	28.75	10	25
30.0千円以上32.5千円未満	31.25	12	37
32.5千円以上35.0千円未満	33.75	9	46
35.0千円以上37.5千円未満	36.25	4	50
37.5千円以上40.0千円未満	38.75	1	51
40.0千円以上42.5千円未満	41.25	1	52
合計		52	

この表を参考に，ヒストグラムから求めた平均金額は，

$(21.25 \times 1 + 23.75 \times 5 + 26.25 \times 9 + 28.75 \times 10 + 31.25 \times 12 + 33.75 \times 9 + 36.25 \times 4 + 38.75 \times 1 + 41.25 \times 1) \div 52 = 1567.5 \div 52 = 30.144 \cdots$ 〔千円〕 $\fallingdotseq 30,144$ 〔円〕

したがって，$30,144 - 30,004 = 140$ 〔円〕

よって，正解は④である。

（コメント）

次のように仮平均を用いると計算が少し軽減される。

30.0千円以上32.5千円未満の階級値31.25千円を仮平均とすると，

$(-10 \times 1 + (-7.5) \times 5 + (-5) \times 9 + (-2.5) \times 10 + 0 \times 12 + 2.5 \times 9 + 5 \times 4 + 7.5 \times 1 + 10 \times 1) \div 52 + 31.25$

$= -57.5 \div 52 + 31.25 \fallingdotseq -1.106 + 31.25 = 30.144$ 〔千円〕 $= 30,144$ 〔円〕

統計検定　4級

〔2〕　**13** ·· **正解** ③

　ヒストグラムでは中央値を元データと同じようには求められないため，階級もし
くは階級値（階級の上限と下限の中央の値）で代用して考える。

　52都市のデータであるから，中央値はデータを大きさの順に並べて26番目と27番
目の平均値である。連続データのヒストグラムから中央値を求める場合，26番目と
27番目がどの階級に含まれているかを調べる。

　上の表より，26番目と27番目はともに30.0千円以上32.5千円未満の階級に含まれ
ている。

　よって，正解は③である。

〔3〕　**14** ·· **正解** ①

（ア）：誤り。上の表より，20.0千円以上30.0千円未満の都市数は25都市，32.5千円
　　　　以上42.5千円未満の都市数は，（9 + 4 + 1 + 1 =）15都市である。
　　　　25 ÷ 15 = 1.66…〔倍〕なので誤り。

（イ）：正しい。27.5千円以上35.0千円未満の都市数は（10 + 12 + 9 =）31都市である。
　　　　$\dfrac{31}{52} \times 100 = 59.61 \fallingdotseq 60$〔%〕なので正しい。

（ウ）：誤り。ヒストグラムは都市ごとにまとめたものであり，調査した全世帯の
　　　　個々のデータはわからない。そのため，35.0千円以上使っている世帯が全世
　　　　帯の10%以上あるかは読み取れないので誤り。

　以上から，正しい記述は（イ）のみなので，正解は①である。

2018年6月

解説

367

問10

〔1〕 **15** .... 正解 ①

度数分布表をもとに目的に応じてグラフを作成できるかを問う問題である。
累積相対度数分布表は次のとおりである。

階級	度数 （人）	累積度数 （人）	相対度数 （％）	累積相対度数 （％）
24.0kg以上28.0kg未満	8	8	5.9	5.9
28.0kg以上32.0kg未満	14	22	10.3	16.2
32.0kg以上36.0kg未満	28	50	20.6	36.8
36.0kg以上40.0kg未満	37	87	27.2	64.0
40.0kg以上44.0kg未満	26	113	19.1	83.1
44.0kg以上48.0kg未満	13	126	9.6	92.7
48.0kg以上52.0kg未満	4	130	2.9	95.6
52.0kg以上56.0kg未満	6	136	4.4	100.0
合計	136		100.0	

　一般的に累積相対度数や累積度数を表すグラフを作成する場合，折れ線グラフを用いる。したがって，①または②になるが，相対度数は％表示もしくは小数表示（0から1までの数で表す）ので①が最も適切なものである。また，上の累積相対度数の値を満たしている。

　よって，正解は①である。

〔2〕 **16** .... 正解 ②

度数分布表の読み取りに関する問題である。

(ア)：誤り。範囲＝最大値－最小値である。実際の値がわからないが，（最大階級の最小値）－（最小階級の最大値）を超える値になる。つまり，範囲は52.0－28.0＝24.0〔kg〕より大きく，範囲が24.0kg以下というのは誤り。

(イ)：誤り。136人のデータであるから，中央値はデータを大きさの順に並べて68番目と69番目の平均値である。上の表より，68番目と69番目はともに36.0kg以上40.0kg未満の階級に含まれており，中央値は36.0kg以上40.0kg未満であるので誤り。

(ウ)：正しい。上の表より，小さいほうから35番目の人は32.0kg以上36.0kg未満の階級に含まれる。その階級値（階級の上限と下限の中央の値）は，（32.0＋36.0）÷2＝34.0〔kg〕であるので正しい。

368

統計検定　4級

以上から，正しい記述は（ウ）のみなので，正解は②である。

〔3〕　**17**　·· **正解** ③

与えられた式をもとに新しい情報を得る問題である。

（女子の握力の合計）＝ 26.6 × 192 ＝ 5107.2〔kg〕であるから，

（男子の握力の合計）＝（女子の握力の合計）＋ 169.6

　　　　　　　　　　＝ 5107.2 ＋ 169.6 ＝ 5276.8〔kg〕

したがって，（男子の握力の平均値）＝ 5276.8 ÷ 136 ＝ 38.8〔kg〕

よって，正解は③である。

問11

グラフの読み取りに関する問題である。

〔1〕　**18**　·· **正解** ②

①：誤り。与えられたグラフは人口構成割合のピラミッドであり，東京都の2000年，2015年の総人口が与えられていないので，人口を知ることができない。したがって，この2つのグラフから0〜14歳の人口の増減は読み取れないので誤り。

②：正しい。15〜64歳の割合は，年齢階級ごとの男女合計（男＋女）を足せばよい。

　　2000年：(2.7 ＋ 2.6) ＋ (4.4 ＋ 3.9) ＋ … ＋ (3.0 ＋ 3.2) ＝ 72.1〔％〕

　　2015年：(2.2 ＋ 2.1) ＋ (2.9 ＋ 2.8) ＋ … ＋ (2.8 ＋ 2.7) ＝ 66.1〔％〕

66.1 － 72.1 ＝ － 6.0〔％〕より，2000年から2015年にかけて減少していることがわかるので正しい。

③：誤り。2000年の人口の割合は，

　　65歳以上：(2.6 ＋ 2.9) ＋ (1.9 ＋ 2.3) ＋ (1.2 ＋ 1.7) ＋ (1.2 ＋ 2.2) ＝ 16.0〔％〕

　　0 〜14歳：(2.0 ＋ 1.9) ＋ (2.0 ＋ 1.9) ＋ (2.0 ＋ 2.0) ＝ 11.8〔％〕

16.0 ＞ 11.8 より，2000年の65歳以上の人口の割合は，0 〜14歳の人口の割合より大きいことがわかるので誤り。

④：誤り。与えられたグラフは人口構成割合のピラミッドであり，東京都の2000年，2015年の総人口が与えられていないので，人口を知ることができない。したがって，この2つのグラフから人口の増減は読み取れないので誤り。

⑤：誤り。2015年のピラミッドをみると，65歳以上の年齢階級では男性の人口の割合は女性の人口の割合より小さいが，60〜64歳の年齢階級では男性の人口の割合は女性の人口の割合より大きいので誤り。

よって，正解は②である。

2018年6月　解説

〔2〕 **19** ··· 正解 ⑤

① ：誤り。与えられたグラフは人口構成割合のピラミッドであり，東京都の出生率
　　を知ることができないので誤り。

② ：誤り。与えられたグラフは人口構成割合のピラミッドであり，東京都の死亡率
　　を知ることができないので誤り。

③ ：誤り。与えられたグラフは人口構成割合のピラミッドであり，東京都の平均寿
　　命を知ることができないので誤り。

④ ：誤り。2000年に25〜29歳であった男性は2015年には40〜44歳である。そこで，
　　与えられたグラフから差を求めると，4.4−4.8＝−0.4〔％〕である。しかし，
　　東京都の2000年と2015年の総人口の増減がわからないので，0.4％減少したかは
　　わからない。また減少したとしても死亡などの理由も考えられ，すべての人が
　　都外に転出したとはいえないので誤り。

⑤ ：正しい。〔1〕の③の解説より，2000年の65歳以上の人口の割合は16.0％である。
　　　　2015年の65歳以上の人口の割合は，

　　　　$(3.1+3.3)+(2.5+2.9)+(1.9+2.5)+(2.3+4.2)=22.7$〔％〕

　　　22.7−16.0＝6.7〔％〕より，2000年から2015年にかけて65歳以上の人口の割合
　　は上昇していることがわかるので正しい。

　　よって，正解は⑤である。

問12

〔1〕 **20** ··· 正解 ③

　積み上げ棒グラフの読み取りに関する問題である。

（ア）：正しい。積み上げ棒グラフの高さが，HIV感染者とAIDS患者の累積報告件
　　　数の合計を表しており，2005年以降は10,000件を超えるので正しい。

（イ）：誤り。グラフを読むと，1999年のHIV感染者とAIDS患者の累積報告件数の
　　　合計はおよそ5,000件であり，2011年のHIV感染者とAIDS患者の累積報告件
　　　数はおよそ20,000件である。したがって，4倍程度であるので誤り。

（ウ）：誤り。積み上げ棒グラフの下段の棒の高さがHIV感染者の累積報告件数を表
　　　している。グラフを読むと，HIV感染者の累積報告件数は2008年にはじめて
　　　10,000件を超えたので誤り。

　以上から，正しい記述は（ア）のみなので，正解は③である。

〔2〕 **21** ··· 正解 ①

　折れ線グラフの読み取りに関する問題である。

（エ）：正しい。HIVの折れ線グラフを読むと，1991年の新規HIV感染者の報告件数
　　　はおよそ200件であり，1992年の新規HIV感染者の報告件数は400件を超えて

370

統計検定　4級

いる。したがって，2倍より多いので正しい。

（オ）：正しい。グラフを読むと，どちらのグラフも直線的（単調）に増加し続けてはいないが，上下動を繰り返しながら長期的にみれば増加傾向にあるので正しい。

（カ）：誤り。HIVの折れ線グラフを読むと，1993年から1996年の間は新規HIV感染者の報告件数が400件を下回っているので誤り。

以上から，正しい記述は（エ）と（オ）のみなので，正解は①である。

問13

〔1〕 **22** ··· 正解 ⑤

割合の計算に関する問題である。

$$a = 374 \times \frac{8.8}{100} = 374 \times 0.088 = 32.912$$

$$b = 726 \times \frac{9.5}{100} = 726 \times 0.095 = 68.97$$

$$c = 726 \times \frac{6.9}{100} = 726 \times 0.069 = 50.094$$

以上から，$b > c > a$なので，正解は⑤である。

〔2〕 **23** ··· 正解 ④

増減率に関する問題である。元の折れ線グラフの1997年の値がどちらもおよそ10%であるため，1997年を100とした指数の推移は，元の折れ線グラフの推移とさほど変わらない。そのようなことも含め考察する。

①：誤り。たとえば，1999年から2000年にかけて，野球選手と回答した割合は増えているにもかかわらず，指数は下がっているので誤り。

②：誤り。野球選手と回答した割合の推移を表す折れ線グラフはサッカー選手を表し，サッカー選手と回答した割合の推移を表す折れ線グラフは野球選手を表していて，逆になっているので誤り。

③：誤り。たとえば，1999年から2000年にかけて，野球選手と回答した割合は増えているにもかかわらず，指数は下がっているので誤り。

④：正しい。2001年に野球選手と回答した割合が1997年に比べて約2倍になっていることや，約20年の間で野球選手に比べてサッカー選手のほうが回答する割合が大きくなってきているなどがわかる。なお，2001年はイチローが大リーグに移った1年目である。

よって，正解は④である。

2018年6月　解説

371

問14

〔1〕 **24** ・・ **正解** ③

増減率に関する問題である。

（ア）：正しい。予測飛散量の前シーズン比が100％未満の地方が，平成30年春の予測飛散量が平成29年春よりも少ない地方である。北海道50％，中国90％，九州70％と３つの地方が100％未満なので正しい。

（イ）：誤り。各地方で飛散量が異なるので，前シーズン比の指数だけで全国合計の飛散量を求めることはできないので誤り。

（ウ）：誤り。各地方で飛散量が異なるので，前シーズン比の指数だけで２つの地方の飛散量を比べることはできないので誤り。

　以上から，正しい記述は（ア）のみなので，正解は③である。

〔2〕 **25** ・・ **正解** ⑤

棒グラフの読み取りに関する問題である。

①：誤り。リード文のただし書きからもわかるように，平成30年は飛散花粉数が前年の飛散花粉数を上回ることが予測されているだけであって，実際の飛散花粉数はわからないので誤り。

②：誤り。気温について棒グラフから読み取ることはできないので誤り。

③：誤り。平成20年から平成29年までの平均値を上回っているのは平成21年，平成23年，平成25年の３つであるので誤り。

④：誤り。平成20年から平成29年までの飛散花粉数のうち，最も多いのは平成23年の15,112〔個/cm²〕であるが，$15,112 \div 5,532 = 2.73\cdots$〔倍〕なので誤り。

⑤：正しい。平均値の３分の１は，$5,532 \div 3 = 1,844$〔個/cm²〕であるが，平成22年は1,427〔個/cm²〕であり，$1,844 > 1,427$なので正しい。

　よって，正解は⑤である。

統計検定　4級

問15

〔1〕　**26**　　　　　　　　　　　　　　　　　　　　　　　　　　　**正解** ②

割合に関する問題である。

実際に5クラブの割合$\left(\dfrac{2\text{ポイントシュートでの得点}}{\text{総得点}}\right)$を計算してみると以下

のとおりである。

川崎：$\dfrac{2,904}{5,057}=0.574\cdots$，　千葉：$\dfrac{2,498}{4,935}=0.506\cdots$，　名古屋D：$\dfrac{2,406}{4,639}=0.518\cdots$，

北海道：$\dfrac{2,716}{4,421}=0.614\cdots$，　秋田：$\dfrac{2,252}{4,224}=0.533\cdots$

よって，正解は②である。

〔2〕　**27**　　　　　　　　　　　　　　　　　　　　　　　　　　　**正解** ①

クロス集計表の読み取りに関する問題である。

（ア）：正しい。総得点の上位5クラブは川崎，三河，千葉，A東京，栃木で，いず
　　　れのクラブも出場しているので正しい。

（イ）：正しい。千葉，SR渋谷，琉球の3クラブは2ポイントシュートでの得点上
　　　位10クラブに含まれていないので正しい。

（ウ）：正しい。3ポイントシュートでの得点上位5クラブは千葉，名古屋D，滋賀，
　　　A東京，SR渋谷で，このうちA東京，千葉，SR渋谷の3クラブが含まれて
　　　いるので正しい。

以上から，記述はすべて正しいので，正解は①である。

2018年6月

解説

〔3〕 **28** ·· 正解▶④

クロス集計表の読み取りに関する問題である。

クロス集計表をチャンピオンシップに出場した8クラブと出場できなかった10クラブに分けると次のとおりである。

チャンピオンシップに出場した8クラブ

クラブ名	総得点	3P	2P
川崎	5,057	1,314	2,904
三河	4,936	1,215	2,982
千葉	4,935	1,701	2,498
A東京	4,884	1,428	2,632
栃木	4,829	1,071	3,004
三遠	4,581	1,302	2,622
琉球	4,536	1,242	2,550
SR渋谷	4,488	1,422	2,430

チャンピオンシップに出場できなかった10クラブ

クラブ名	総得点	3P	2P
新潟	4,670	1,227	2,614
名古屋D	4,639	1,461	2,406
富山	4,551	993	2,794
京都	4,487	1,137	2,610
滋賀	4,468	1,455	2,384
大阪	4,466	1,419	2,378
北海道	4,421	975	2,716
横浜	4,366	1,044	2,654
秋田	4,224	1,365	2,252
仙台	4,052	975	2,522

（エ）：正しい。チャンピオンシップに出場した8クラブの総得点の中央値は大きさの順に並べて4番目と5番目の平均値，チャンピオンシップに出場できなかった10クラブの総得点の中央値は大きさの順に並べて5番目と6番目の平均値である。

出場したクラブの中央値 = (4,884 + 4,829) ÷ 2 = 9,713 ÷ 2 = 4,856.5〔点〕

374

統計検定　4級

　　　出場しなかったクラブの中央値 $= (4{,}468 + 4{,}466) \div 2 = 8{,}934 \div 2 = 4{,}467$〔点〕

　　$4{,}856.5 - 4{,}467 = 389.5$〔点〕なので正しい。

（オ）：正しい。範囲＝最大値－最小値である。出場したクラブの3ポイントシュートの得点の最大値は千葉の1,701点，最小値は栃木の1,071点であるから，

　　　出場したクラブの範囲 $= 1{,}701 - 1{,}071 = 630$〔点〕

　　　また，出場しなかったクラブの3ポイントシュートの得点の最大値は名古屋Dの1,461点，最小値は北海道と仙台の975点であるから，

　　　出場しなかったクラブの範囲 $= 1{,}461 - 975 = 486$〔点〕

　　$630 > 486$なので正しい。

（カ）：誤り。出場したクラブの2ポイントシュートの得点の最大値は栃木の3,004点，最小値はSR渋谷の2,430点であるから，

　　　出場したクラブの範囲 $= 3{,}004 - 2{,}430 = 574$〔点〕

　　　$630 > 574$なので，3ポイントシュートの得点の範囲のほうが，2ポイントシュートの得点の範囲より大きいので誤り。

　以上から，正しい記述は（エ）と（オ）のみなので，正解は④である。

2018年6月

解説

375

問16

確率に関する基本事項を問う問題である。

さいころを投げる問題では，6×6マスの表を作り，数え上げるとよい。

〔1〕 **29** .... **正解** ③

6×6マスの表に得点の大きい人の名前（A，B）を入れると右のとおり。空欄は引き分けである。

右の表から，A君の得点のほうがB君の得点より大きくなる確率は，

$$\frac{8}{36} = \frac{2}{9}$$

よって，正解は③である。

A＼B	1	2	3	4	5	6
1	A	A	A	A		B
2	A	A	A	A		B
3	B	B	B	B	B	B
4	B	B	B	B	B	B
5	B	B	B	B	B	B
6	B	B	B	B	B	B

〔2〕 **30** .... **正解** ④

A君の合計得点とB君の合計得点の6×6マスの表を作ると次のとおり。

A君の合計得点

A	1	2	3	4	5	6
1	10	10	5	5	5	5
2	10	10	5	5	5	5
3	5	5	0	0	0	0
4	5	5	0	0	0	0
5	5	5	0	0	0	0
6	5	5	0	0	0	0

B君の合計得点

B	1	2	3	4	5	6
1	2	3	4	5	6	7
2	3	4	5	6	7	8
3	4	5	6	7	8	9
4	5	6	7	8	9	10
5	6	7	8	9	10	11
6	7	8	9	10	11	12

すべての場合の数は，36×36（通り）である。上の6×6マスの表より，A君の合計得点とB君の合計得点がともに5より小さくなる場合は，

　　（A君が5より小さくなる場合の数）×（B君が5より小さくなる場合の数）

　　　　＝16×6〔通り〕

であるから，求める確率は，

$$\frac{16 \times 6}{36 \times 36} = \frac{16 \times 1}{36 \times 6} = \frac{4 \times 1}{9 \times 6} = \frac{2 \times 1}{9 \times 3} = \frac{2}{27}$$

よって，正解は④である。

PART 12

4級
2017年11月
問題／解説

2017年11月に実施された
統計検定4級で実際に出題された問題文を掲載します。
問題の趣旨やその考え方を理解できるように、
正解番号だけでなく解説を加えました。

問題………379

正解一覧………400

解説………401

統計検定　4級

問1　Sコーヒー店では毎日様々な記録を取っている。次のA，B，Cのうちで，量的データの組合せとして，下の①～⑤のうちから最も適切なものを一つ選べ。　**1**

> A　1日に使う紙コップの個数
>
> B　1日のうちに一番売れた商品
>
> C　1日に売れるコーヒー以外の商品の売上げ金額

① Aのみ　　　　② AとBのみ　　　　③ AとCのみ

④ BとCのみ　　⑤ AとBとC

問2　次の文中の下線部（A），（B），（C）にある数値について，質的データの組合せとして，下の①～⑤のうちから最も適切なものを一つ選べ。　**2**

> ある中学校の1年 3(A) 組の出席番号 5(B) 番の生徒は，その学校のある町の 4(C) 丁目に住んでいる。

① （A）のみ　　　　　② （B）のみ　　　　　③ （C）のみ

④ （A）と（B）のみ　　⑤ （A）と（B）と（C）

2017年11月　問題

379

問3 次の表は，2017年4月現在，待機児童数が多い10市区について，2017年4月と2016年4月との待機児童数を比較したものである。なお，2017年の待機児童数は新しい国の定義にもとづいて集計したものである。

（単位：人）

		2017年4月	2016年4月
1	世田谷区	861	1,198
2	岡山市	849	729
3	目黒区	617	299
4	市川市	576	514
5	大田区	572	229
6	明石市	547	295
7	大分市	463	350
8	府中市	383	296
9	中野区	375	257
10	足立区	374	306

資料：各市区ホームページ

〔1〕上の表から読み取れることとして，次の①〜⑤のうちから最も適切なものを一つ選べ。 3

① 2016年に比べ2017年の待機児童数が増加した市区は6歳以下の人口も増加している。

② 10市区の総和でみると，2016年に比べ2017年の待機児童数は減少している。

③ 10市区の中で，世田谷区は他の市区に比べ6歳以下の人口に対する待機児童の割合が高い。

④ 10市区の中で，2016年に比べ2017年の待機児童数が200人以上増加または減少した市区は3つある。

⑤ 10市区の中で，2016年に比べ2017年の待機児童数が減少したのは世田谷区だけである。

統計検定　4級

〔2〕次の表は，世田谷区が各年4月に調査した，年齢別待機児童数と保育定員数を
表したものである。なお，各年の待機児童数はすべて新しい国の定義にもとづい
て集計したものである。

年齢別待機児童数　　　　　　　　　　　　　　（単位：人）

年齢	2013年	2014年	2015年	2016年	2017年
0歳児	242	348	434	460	299
1歳児	395	409	537	583	516
2歳児	159	200	156	151	46
3歳児	88	112	53	4	0
4歳児	0	38	2	0	0
5歳児	0	2	0	0	0
計	884	1,109	1,182	1,198	861

保育定員数　　　　　　　　　　　　　　　　　（単位：人）

	2013年	2014年	2015年	2016年	2017年
保育定員数	12,814	13,454	14,675	15,934	17,893

資料：世田谷区ホームページ

上の表から読み取れることとして，次の（ア），（イ），（ウ）の意見があった。
表から読み取れる意見には○を，表から読み取れない意見には×をつけるとき，
その組合せとして，下の①〜⑤のうちから最も適切なものを一つ選べ。　4

（ア）　2016年から2017年にかけて0歳児と2歳児の待機児童数は100人以上
減少している。

（イ）　2016年まで保育定員数が増加しているのにもかかわらず，待機児童数
が増加しているのは，世田谷区が共働き世帯にとって住みやすく，区
の想定以上の転入があったためである。

（ウ）　0歳児から5歳児までの待機児童数は2013年から2014年にかけて増加
したが，2014年以降は毎年減少している。

① （ア）：○　（イ）：×　（ウ）：×
② （ア）：×　（イ）：×　（ウ）：○
③ （ア）：×　（イ）：○　（ウ）：×
④ （ア）：○　（イ）：×　（ウ）：○
⑤ （ア）：○　（イ）：○　（ウ）：×

381

問4 次の表は，ある中学校の１クラスで１日にテレビを観る時間を調査し，その結果をまとめたものである。ただし，相対度数は小数第２位を四捨五入して表しているので総和は100％になるとは限らない。

階級（時間）	度数（人）	相対度数（％）
0時間以上1時間未満	(a)	28.1
1時間以上2時間未満	15	46.9
2時間以上3時間未満	3	(b)
3時間以上4時間未満	2	6.3
4時間以上	3	(b)

〔1〕 上の表の (a)，(b) に入る値の組合せとして，次の①〜⑤のうちから最も適切なものを一つ選べ。 **5**

① (a)：8　　(b)：7.3
② (a)：8　　(b)：9.4
③ (a)：9　　(b)：9.4
④ (a)：8　　(b)：18.7
⑤ (a)：9　　(b)：18.7

〔2〕 上の表から，１日にテレビを観る時間の中央値と最も度数の大きい階級の階級値（最頻値）を求めた。その値の組合せとして，次の①〜⑤のうちから最も適切なものを一つ選べ。 **6**

① 中央値：2.5時間　　最頻値：1.5時間
② 中央値：2.5時間　　最頻値：0.5時間
③ 中央値：1.5時間　　最頻値：2.5時間
④ 中央値：1.5時間　　最頻値：1.5時間
⑤ 中央値：1.5時間　　最頻値：0.5時間

統計検定　4級

〔3〕　次の文は，この調査結果について述べたものである。(c)，(d)，(e) に入る値の組合せとして，次の①〜⑤のうちから最も適切なものを一つ選べ。　| 7 |

- 今回の調査対象人数は（c）人であった。

- テレビを観ている時間が2時間未満の人の割合は全体の（d）％であった。

- 3時間以上テレビを観ている人は（e）人であった。

①　(c)：32　　(d)：75.0　　(e)：3
②　(c)：32　　(d)：75.0　　(e)：5
③　(c)：32　　(d)：46.9　　(e)：3
④　(c)：32　　(d)：46.9　　(e)：5
⑤　(c)：31　　(d)：75.0　　(e)：5

2017年11月

問題

383

問5 次の帯グラフは，下の表にある2000年と2016年における二人以上の世帯の1世帯当たり1か月の平均消費支出額について，費目別構成比をまとめたものである。

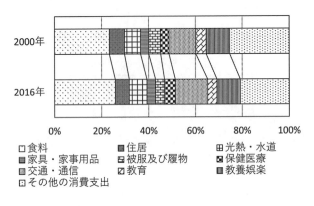

	2000年	2016年
1世帯当たり1か月平均消費支出額（円）	317,328	282,188

資料：総務省統計局「家計調査結果」

〔1〕 2000年の消費支出全体に対する「教養娯楽」の割合はいくらか。次の①～⑤のうちから最も適切なものを一つ選べ。 8

① 5％　② 10％　③ 15％　④ 65％　⑤ 75％

〔2〕 上の帯グラフと表から読み取れることとして，次の①～⑤のうちから最も適切なものを一つ選べ。 9

① 2000年の消費支出全体に対する「住居」の割合と「光熱・水道」の割合を合わせると20％を超えている。
② 2016年の消費支出全体に対する「保健医療」の割合は10％である。
③ 2016年の「住居」の支出額は2000年の「住居」の支出額とほぼ同じである。
④ 2016年の「教育」の支出額は2000年の「教育」の支出額より減っている。
⑤ 2016年の「被服及び履物」の支出額は2000年の「被服及び履物」の支出額より増えている。

問6 次の2つのヒストグラムは，2016年プロ野球個人打撃成績のうち，セントラル・リーグ（セ・リーグ）とパシフィック・リーグ（パ・リーグ）の規定打席数を満たした選手の打率を表したものである。ただし，ヒストグラムの階級はそれぞれ，0.20以上0.22未満，0.22以上0.24未満，…，0.34以上0.36未満のように区切られている。

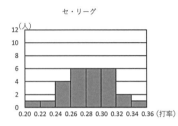
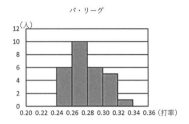

資料：日本野球機構「シーズン成績（個人打撃規定打席以上）」

上の2つのヒストグラムから読み取れることとして，次の（ア），（イ），（ウ）の意見があった。2つのヒストグラムから読み取れる意見には○を，2つのヒストグラムから読み取れない意見には×をつけるとき，その組合せとして，下の①～⑤のうちから最も適切なものを一つ選べ。 10

（ア）　セ・リーグよりもパ・リーグの方が範囲は大きい。

（イ）　セ・リーグよりもパ・リーグの方が平均値は大きい。

（ウ）　セ・リーグよりもパ・リーグの方が中央値は大きい。

① （ア）：×　（イ）：○　（ウ）：×
② （ア）：×　（イ）：×　（ウ）：○
③ （ア）：×　（イ）：×　（ウ）：×
④ （ア）：○　（イ）：×　（ウ）：○
⑤ （ア）：○　（イ）：○　（ウ）：×

問7　次の累積度数分布図は，ある中学校の3年生40人を対象に月々のおこづかいの金額を調査した結果をまとめたものである。ただし，累積度数分布図の階級はそれぞれ，0円以上1,000円未満，1,000円以上2,000円未満，…，9,000円以上10,000円未満のように区切られている。

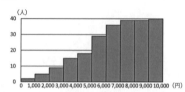

〔1〕中央値を含む階級として，次の①～⑤のうちから適切なものを一つ選べ。 11

① 3,000円以上4,000円未満　　② 4,000円以上5,000円未満
③ 5,000円以上6,000円未満　　④ 6,000円以上7,000円未満
⑤ 7,000円以上8,000円未満

〔2〕上の累積度数分布図をもとにして，ヒストグラムを作成した。次の①～⑤のうちから最も適切なものを一つ選べ。 12

①
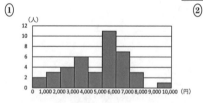

②
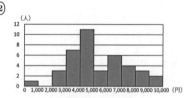

③
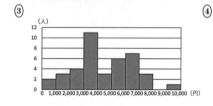

④
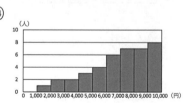

⑤
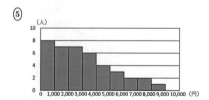

統計検定 4級

問8 次の表は，ある中学校の女子バレーボール部に所属する生徒6人の身長と足長をまとめたものである。

名前	Aさん	Bさん	Cさん	Dさん	Eさん	Fさん
身長（cm）	154	160	169	169	156	164
足長（cm）	22.0	23.5	26.0	25.5	22.5	24.0

〔1〕6人の身長の平均値はいくらか。次の①〜⑤のうちから適切なものを一つ選べ。 **13**

① 156cm   ② 158cm   ③ 160cm   ④ 162cm   ⑤ 164cm

〔2〕6人の足長の中央値はいくらか。次の①〜⑤のうちから適切なものを一つ選べ。 **14**

① 23.0cm   ② 23.5cm   ③ 23.75cm   ④ 24.0cm   ⑤ 24.5cm

〔3〕足長（cm）から身長（cm）を推測する式として，次の式がよく用いられている。

$$3.6 \times 足長 + 75.1（cm）$$

上の式を用いて足長が25.0cmのGさんの身長を推測したら何cmになるか。次の①〜⑤のうちから最も適切なものを一つ選べ。 **15**

① 164cm   ② 165cm   ③ 166cm   ④ 167cm   ⑤ 168cm

問9 次のグラフは，全国の保健所に引き取られた犬・猫の引取り数と，犬・猫の殺処分率の推移を表したものである。ただし，殺処分率は，$\dfrac{(犬・猫の殺処分総数)}{(犬・猫の引取り総数)} \times 100$ (%) で与えられる値である。

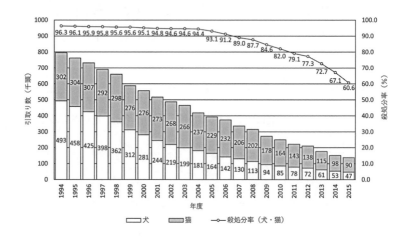

資料：環境省「動物愛護管理行政事務提要（平成27年度版）」

[1] 上のグラフから読み取れることとして，次の（ア），（イ），（ウ）の意見があった。グラフから読み取れる意見には○を，グラフから読み取れない意見には×をつけるとき，その組合せとして，下の①〜⑤のうちから最も適切なものを一つ選べ。 16

> （ア） 犬・猫の引取り総数，殺処分率ともに減少傾向にあるので，殺処分される犬・猫の総数はほとんど変化がない。
>
> （イ） 犬・猫の引取り総数に対する，猫の引取り数の割合は1994年度から2015年度にかけて毎年減少している。
>
> （ウ） 犬・猫の引取り総数は1994年度から2015年度にかけて毎年減少している。

① （ア）：○ （イ）：○ （ウ）：○
② （ア）：× （イ）：○ （ウ）：○
③ （ア）：○ （イ）：× （ウ）：○
④ （ア）：× （イ）：× （ウ）：○
⑤ （ア）：× （イ）：○ （ウ）：×

〔2〕 次の式で与えられる犬の引取り数の増加率を表したグラフとして，下の①〜④のうちから最も適切なものを一つ選べ。 17

$$\frac{(「ある年度」の引取り数) - (「ある年度」の前年度の引取り数)}{(「ある年度」の前年度の引取り数)} \times 100 （\%）$$

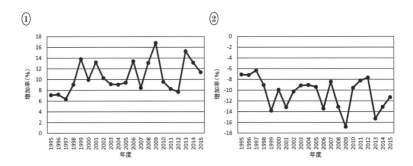

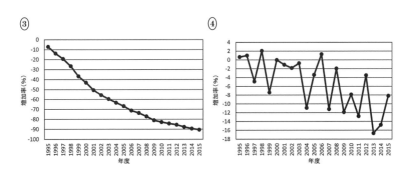

問10 次のドットプロットは，札幌，東京，那覇における2016年の１年間の日平均気温（℃）を表したものである。なお，札幌市役所の緯度は北緯約43度，東京都庁の緯度は北緯約35度，那覇市役所の緯度は北緯約26度である。

札幌

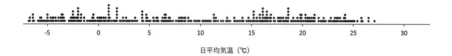

日平均気温（℃）

東京

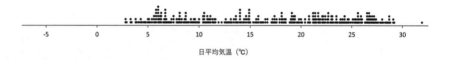

日平均気温（℃）

那覇

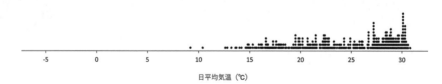

日平均気温（℃）

資料：気象庁「過去の気象データ検索」

統計検定　4級

〔1〕各地域の2016年の１年間の日平均気温について，データの範囲の大きい順に並べたものとして，次の①〜⑤のうちから適切なものを一つ選べ。 **18**

①　札幌＞東京＞那覇
②　札幌＞那覇＞東京
③　東京＞札幌＞那覇
④　東京＞那覇＞札幌
⑤　那覇＞札幌＞東京

〔2〕上のドットプロットから読み取れることとして，次の（ア），（イ），（ウ）の意見があった。ドットプロットから読み取れる意見には○を，ドットプロットから読み取れない意見には×をつけるとき，その組合せとして，下の①〜⑤のうちから最も適切なものを一つ選べ。 **19**

（ア）　札幌，東京，那覇を比べると，地域によって日平均気温の中央値に差があり，地域の緯度が低いほど日平均気温の中央値は高くなる。

（イ）　札幌，東京，那覇のうち，日平均気温の最大値が最も大きいのは那覇である。

（ウ）　那覇では日平均気温の最頻値は約30℃である。

①　（ア）：○　（イ）：○　（ウ）：○
②　（ア）：×　（イ）：○　（ウ）：○
③　（ア）：○　（イ）：×　（ウ）：○
④　（ア）：×　（イ）：×　（ウ）：○
⑤　（ア）：×　（イ）：○　（ウ）：×

2017年11月

問題

問11 日本のアニメ（アニメーション）産業に関する次の各問に答えよ。

〔1〕次のグラフは，2014年にアニメ制作会社数を調査した結果をもとに，東京都の地図上に会社数を表したものである。

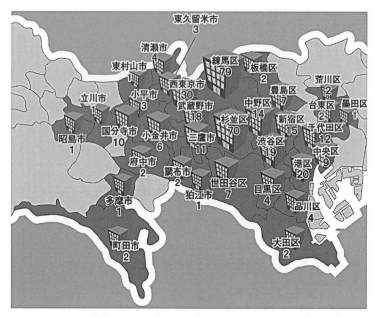

資料：日本動画協会「アニメ産業レポート2015」

上のようなグラフの名称は何か。次の①〜⑤のうちから適切なものを一つ選べ。
20

① 散布図　　　② 統計地図　　　③ 度数分布表
④ ヒストグラム　⑤ レーダーチャート

〔2〕 次の2つの円グラフは，日本で製作されたアニメ作品の海外との総契約件数に対する各地域の契約件数の割合を2014年と2015年でまとめたものである。

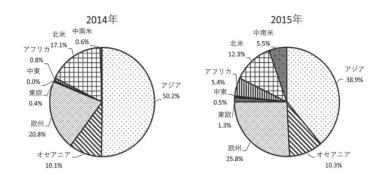

資料：日本動画協会「アニメ産業レポート2015，2016」

上の2つの円グラフから読み取れることとして，次の（ア），（イ），（ウ）の意見があった。2つの円グラフから読み取れる意見には○を，2つの円グラフから読み取れない意見には×をつけるとき，その組合せとして，下の①〜⑤のうちから最も適切なものを一つ選べ。| 21 |

（ア） 2014年に比べ2015年の契約件数の割合でアジアが下がったのは，アジアでのアニメブームが終わったからである。

（イ） 2014年に比べ2015年の契約件数の割合が最も増えたのは，欧州である。

（ウ） 2014年に比べ2015年の契約件数が増えたのは，クールジャパン機構が2014年に正規版日本アニメの海外向け事業へ出資したからである。

① （ア）：○　（イ）：○　（ウ）：○
② （ア）：×　（イ）：○　（ウ）：○
③ （ア）：○　（イ）：×　（ウ）：×
④ （ア）：×　（イ）：○　（ウ）：×
⑤ （ア）：×　（イ）：×　（ウ）：×

問12 次の表は，10～14歳の平日（月曜日から金曜日）の行動の種類別総平均時間のうちいくつかの項目をまとめたものである。

（単位：分）

項目	平成13年	平成18年	平成23年
睡眠	504	499	500
通学	45	46	45
学業	371	402	429
趣味・娯楽	36	35	30
スポーツ	36	37	35

資料：総務省統計局「社会生活基本調査結果（平成13年，平成18年，平成23年）」

〔1〕上の表をもとに，各行動の種類別総平均時間のいくつかの項目の推移をみるためグラフを作成した。次の①～④のうちから最も適切なものを一つ選べ。 22

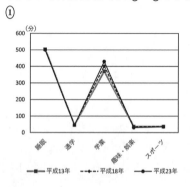

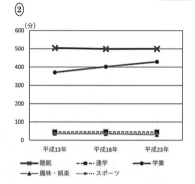

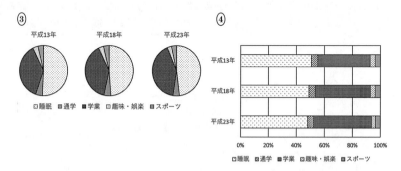

統計検定　4級

〔2〕　上の表から読み取れる意見として，次の①～⑤のうちから最も適切なものを
一つ選べ。　23

① 平成13年以降，睡眠の時間は増加傾向にある。
② 平成13年以降，通学の時間は増加傾向にある。
③ 平成13年以降，学業の時間は増加傾向にある。
④ 平成13年の結果では，スポーツの時間よりも趣味・娯楽の時間の方が短い。
⑤ 平成23年の結果では，スポーツの時間よりも趣味・娯楽の時間の方が長い。

問13 ある中学校の3年生男子40人，女子40人に筆箱に入っている鉛筆・シャープペンシル以外の色ペン（赤ペンや青ペンなど）が何本あるかを調べたところ，グラフAのようなヒストグラムが得られた。しかし，多峰型の分布をしていたので，男子だけで集計し直したところ，グラフBのようなヒストグラムが得られた。ただし，ヒストグラムの階級はそれぞれ，0本以上2本未満，2本以上4本未満，…，12本以上14本未満のように区切られている。

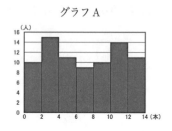
グラフA

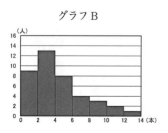
グラフB

〔1〕グラフA，グラフBと同じ階級を用いて女子だけで集計し直し，その結果をヒストグラムで表したとき，女子の分布についての説明として，次の①〜⑤のうちから最も適切なものを一つ選べ。 24

① 多峰型の分布である。
② ベル型の分布である。
③ 一様な分布である。
④ 右に裾が長い分布である。
⑤ 左に裾が長い分布である。

〔2〕男子40人の平均値，中央値は，3年生全体80人の平均値，中央値と比べてどのようになっているか。次の①〜⑤のうちから最も適切なものを一つ選べ。 25

① 平均値：男子＞3年生全体　　中央値：男子＞3年生全体
② 平均値：男子＞3年生全体　　中央値：3年生全体＞男子
③ 平均値：男子＝3年生全体　　中央値：3年生全体＞男子
④ 平均値：3年生全体＞男子　　中央値：男子＞3年生全体
⑤ 平均値：3年生全体＞男子　　中央値：3年生全体＞男子

統計検定　4級

問14 箱の中に赤玉と白玉が2個ずつ入っている。赤玉には1，2，白玉には3，4と数字が書かれている。

〔1〕1個取り出して色を確認したのちに箱に戻す操作を2回繰り返したとき，次の3つの確率の大小関係を表す式として，下の①～⑤のうちから適切なものを一つ選べ。　**26**

　2回とも赤玉を取り出す確率：p
　2回とも白玉を取り出す確率：q
　赤玉，白玉を1回ずつ取り出す確率：r

① $p>q>r$　　　　　② $p=q>r$　　　　　③ $r>q>p$
④ $r>q=p$　　　　　⑤ $p=q=r$

〔2〕1個取り出して書かれた数を確認したのちに箱に戻す操作を2回繰り返す。1回目の数を十の位，2回目の数を一の位としたとき，できた2桁の数が3の倍数になる確率はいくらか。次の①～⑤のうちから適切なものを一つ選べ。　**27**

① $\dfrac{1}{4}$　　② $\dfrac{1}{3}$　　③ $\dfrac{5}{16}$　　④ $\dfrac{3}{8}$　　⑤ $\dfrac{7}{16}$

〔3〕1個取り出して色を確認したのちに箱に戻す操作を3回繰り返したとき，赤玉が2回取り出される確率を求める式として，次の①～⑤のうちから適切なものを一つ選べ。　**28**

① $\dfrac{2\times2\times2}{4\times4\times4}\times3$　　　　　② $\dfrac{2\times2\times2}{4\times4\times4}\times2$

③ $\dfrac{2\times2\times2}{4\times4\times4}$　　　　　④ $\dfrac{2+2+2}{4+4+4}\times3$

⑤ $\dfrac{2+2+2}{4+4+4}\times2$

問15　次の表は，京都市が行った「京都観光総合調査」のうち，外国人観光客の全体および地域・国別の観光消費額単価をまとめたものである。

観光消費額単価（外国人）

平成26年　　　　　　　　　　　　　　　　　　　　　　（数値は一人当たりの平均金額（円））

区分	全体	北米	オセアニア	欧州	中国	台湾	韓国	東南アジア
宿泊代	33,141	37,930	27,184	38,593	12,685	40,917	9,967	29,843
土産品代	28,302	19,731	30,525	25,280	23,894	48,218	15,598	26,270
市内交通費	19,518	22,256	14,584	22,660	4,876	26,137	4,236	23,462
食事代	33,288	31,981	30,452	48,581	12,707	37,906	10,463	28,545
その他経費	10,540	9,509	16,330	8,700	4,213	16,420	4,158	12,960
合計	124,789	121,407	119,075	143,814	58,375	169,598	44,422	121,080

平成25年

区分	全体	北米	オセアニア	欧州	中国	台湾	韓国	東南アジア
宿泊代	38,868	40,306	39,793	43,860	26,230	36,557	10,365	51,881
土産品代	20,538	20,146	22,298	18,954	21,132	20,432	9,373	33,076
その他経費（※）	26,237	29,673	27,498	26,582	18,219	23,464	11,559	36,272
合計	85,643	90,125	89,589	89,396	65,581	80,453	31,297	121,229

※市内交通費及び食事代含む

資料：京都市「平成26年 京都観光総合調査」

〔1〕上の表から読み取れることとして，次の①〜⑤のうちから最も適切なものを一つ選べ。　**29**

① 外国人観光客全体でみると，一人当たりの宿泊代は平成25年に比べて平成26年の方が多い。

② 外国人観光客全体でみると，平成26年の観光消費額単価の合計は平成25年の1.5倍を超えている。

③ 平成26年の観光消費額単価の合計が高い方から4番目の地域・国は北米である。

④ 平成26年の一人当たりの食事代が全体より高い地域・国は，欧州のみである。

⑤ 平成26年の一人当たりの土産品代よりも食事代が高い地域・国は，北米，欧州，東南アジアのみである。

統計検定　4級

〔2〕平成26年の観光消費額単価の合計に対する土産品代の割合が最も高い地域・国
はどこか。次の①～⑤のうちから適切なものを一つ選べ。　30

①　オセアニア　　　　②　中国　　　　　③　台湾
④　韓国　　　　　　　⑤　東南アジア

2017年11月　問題

399

統計検定4級　2017年11月　正解一覧

次ページ以降に解説を掲載しています。問題の趣旨やその考え方を理解するために活用してください。

問		解答番号	正解
問1		1	③
問2		2	⑤
問3	〔1〕	3	⑤
	〔2〕	4	①
問4	〔1〕	5	③
	〔2〕	6	④
	〔3〕	7	②
問5	〔1〕	8	②
	〔2〕	9	④
問6		10	③
問7	〔1〕	11	③
	〔2〕	12	①
問8	〔1〕	13	④
	〔2〕	14	③
	〔3〕	15	②

問		解答番号	正解
問9	〔1〕	16	④
	〔2〕	17	②
問10	〔1〕	18	①
	〔2〕	19	③
問11	〔1〕	20	②
	〔2〕	21	④
問12	〔1〕	22	②
	〔2〕	23	③
問13	〔1〕	24	⑤
	〔2〕	25	⑤
問14	〔1〕	26	④
	〔2〕	27	③
	〔3〕	28	①
問15	〔1〕	29	⑤
	〔2〕	30	②

統計検定　4級

問1

1 ··· **正解** ③

　量的データと質的データの違いを理解しているかどうかを問う問題である。

　統計の調査項目は，大きく質的データと量的データに分けることができる。量的データは，大きさや量など，数量として記録したデータである。

A：**量的データ**である。紙コップの個数は269個，1,537個のような数値からなる量的データである。

B：質的データである。商品はコーヒー，ケーキのような種類からなる質的データである。

C：**量的データ**である。売上げ金額は388万円，1,080万円のような数値からなる量的データである。

　以上から，量的データはAとCのみなので，正解は③である。

問2

2 ··· **正解** ⑤

　問1と同様，質的データと量的データの違いを理解しているかどうかを問う問題である。質的データは，分類された種類（カテゴリー）の中から，どの種類をとったかを記録したものである。

A：**質的データ**である。1組，2組，3組はクラスを特定するために用いられ，1，2，3という数値ではないので，質的データである。

B：**質的データ**である。出席番号は順番を明確にするため，あいうえお順に小さい数を割り当てていくことが多い。個人を特定するために数を用いているので，野球やサッカーの背番号と同じ質的データである。

C：**質的データ**である。4丁目もBと同様に位置を特定するために数を用いているので，野球やサッカーの背番号と同じ質的データである。

　以上から，質的データはAとBとCなので，正解は⑤である。

2017年11月

解説

401

問3

表で示された資料からの読み取りに関する問題である。

〔1〕 **3** .... 正解 ⑤

市区	2017年	2016年	増減
世田谷区	861	1,198	− 337
岡山市	849	729	120
目黒区	617	299	318
市川市	576	514	62
大田区	572	229	343
明石市	547	295	252
大分市	463	350	113
府中市	383	296	87
中野区	375	257	118
足立区	374	306	68
合計	5,617	4,473	1,144

①：誤り。与えられた表からは6歳以下の人口の増減はわからない。

②：誤り。上の表より2016年に比べ2017年の待機児童数の総和は増加している。

③：誤り。人口が示されていないので，待機児童の割合はわからない。

④：誤り。上の表より200人以上増加または減少した市区は，世田谷区，目黒区，大田区，明石市の4市区ある。

⑤：正しい。上の表より世田谷区だけが減少したことがわかる。

　よって，正解は⑤である。

〔2〕 **4** .... 正解 ①

（ア）：正しい。実際に計算をしてみると，0歳児は $299 - 460 = -161$〔人〕，2歳児は $46 - 151 = -105$〔人〕であり，ともに100人以上減少している。

（イ）：誤り。与えられた2つの表からは，世田谷区が共働き世帯にとって住みやすいか否か，世田谷区に想定以上の転入があったかは判断できない。

（ウ）：誤り。0歳児と1歳児は2014年以降も2016年まで増加している。

　以上から，正しい記述は（ア）のみなので，正解は①である。

統計検定　4級

問4

〔1〕　**5**　･･ **正解** ③

相対度数と度数の関係を理解しているかを問う問題である。

3時間以上4時間未満の階級をみると，度数が2〔人〕，相対度数が6.3〔%〕であるから，このクラスの生徒数は $\frac{2}{6.3} \times 100 = 31.74\cdots$ より32人とわかる。また，1時間以上2時間未満の階級のデータを用いても，生徒数は $\frac{15}{46.9} \times 100 = 31.98\cdots$ より32人とわかる。

（a）：$32 - (15 + 3 + 2 + 3) = 9$〔人〕

（b）：$\frac{3}{32} \times 100 = 9.375 \fallingdotseq 9.4$〔%〕

よって，正解は③である。

〔2〕　**6**　･･ **正解** ④

度数分布表から中央値，最頻値を求める問題である。

度数分布表では中央値，最頻値を元データと同じようには求められないが，階級もしくは階級値（階級の中央値）で代用して考える。

クラスの生徒数が32人であるから，中央値はデータを大きさの順に並べて16番目と17番目の平均値である。連続データの度数分布から中央値を求める場合，16番目と17番目がどの階級に含まれているかを調べる。そこで，累積度数分布表をつくってみる。

階級（時間）	度数（人）	累積度数（人）
0時間以上1時間未満	9	9
1時間以上2時間未満	15	24
2時間以上3時間未満	3	27
3時間以上4時間未満	2	29
4時間以上	3	32

上の表より，16番目と17番目はともに1時間以上2時間未満の階級に含まれるから，その階級値 $(1 + 2) \div 2 = 1.5$〔時間〕が中央値である。次に，最も度数の大きい階級は1時間以上2時間未満であるから，その階級値（本問では「最頻値」と定義した）は同様に1.5時間である。

よって，正解は④である。

2017年11月

解説

403

〔3〕　**7**　……………………………………………………………………………… 正解 ②

表で示された資料からの読み取りに関する問題である。

（c）：〔1〕より，調査対象人数は32人であった。

（d）：〔2〕の累積度数分布表より，2時間未満の人数は24人であるから，その割合

　　　は $\dfrac{24}{32} \times 100 = 75.0$〔％〕であった。

（e）：3時間以上4時間未満が2人，4時間以上が3人であるから，3時間以上テ
　　　レビを観ている人は $2 + 3 = 5$〔人〕であった。

　　　よって，正解は②である。

問5

帯グラフの読み取りに関する問題である。

〔1〕　**8**　……………………………………………………………………………… 正解 ②

割合は帯の幅でみることができる。2000年の「教養娯楽」は60％から80％の間に
あり，60％から80％の幅の約半分であるから，「教養娯楽」の割合は約10％である
ことがわかる。

　　よって，正解は②である。

〔2〕　**9**　……………………………………………………………………………… 正解 ④

①：誤り。2000年の帯グラフをみると「住居」と「光熱・水道」を合わせた帯は20
　　％から40％の間に含まれているので，「住居」の割合と「光熱・水道」の割合
　　を合わせても20％を超えない。

②：誤り。2016年の帯グラフをみると「保健医療」は40％から60％の間にあり，40

　　％から60％の幅の約 $\dfrac{1}{4}$ であるから，「保健医療」の割合は約5％であることが

　　わかる。

③：誤り。「住居」の2000年と2016年の移り変わりをみると，2016年と2000年で割
　　合はほぼ同じであるが，支出額全体は減っているから，「住居」の支出額は
　　2016年の方が2000年より減っている。

④：正しい。「教育」の2000年と2016年の移り変わりをみると，2016年の方が2000
　　年より割合は小さく，支出額全体も減っているから，「教育」の支出額も2016
　　年の方が2000年より減っている。

⑤：誤り。「被服及び履物」の2000年と2016年の移り変わりをみると，2016年の方
　　が2000年より割合は小さく，支出額全体も減っているから，「被服及び履物」
　　の支出額も2016年の方が2000年より減っている。

統計検定　4級

よって，正解は④である。

問6

10 ··· **正解** ③

ヒストグラムの読み取りに関する問題である。

（ア）：誤り。セ・リーグの範囲は，$0.34 - 0.22 = 0.12$ を下回らず，パ・リーグの範囲は，$0.34 - 0.24 = 0.10$ を上回らない。つまり，セ・リーグよりもパ・リーグの方が範囲は小さい。

（イ）：誤り。セ・リーグは各階級の左端の値を用いて平均値を計算すると，
$(0.20 + 0.22 + 0.24 \times 4 + 0.26 \times 6 + 0.28 \times 6 + 0.30 \times 6 + 0.32 \times 2 + 0.34) \div 27$
$= 0.2740\cdots$
また，右端の値を用いて平均値を計算すると，
$(0.22 + 0.24 + 0.26 \times 4 + 0.28 \times 6 + 0.30 \times 6 + 0.32 \times 6 + 0.34 \times 2 + 0.36) \div 27$
$= 0.2940\cdots$
つまり，セ・リーグの平均値はおよそ0.274から0.294の間の値をとる。一方，パ・リーグは各階級の左端の値を用いて平均値を計算すると，
$(0.24 \times 6 + 0.26 \times 10 + 0.28 \times 6 + 0.30 \times 5 + 0.32) \div 28 = 0.2692\cdots$
また，右端の値を用いて平均値を計算すると，
$(0.26 \times 6 + 0.28 \times 10 + 0.30 \times 6 + 0.32 \times 5 + 0.34) \div 28 = 0.2892\cdots$
つまり，パ・リーグの平均値はおよそ0.269から0.289の間の値をとる。よって，このヒストグラムからだけでは，セ・リーグよりもパ・リーグの方が平均値は大きくなるか否かは判断できない。

（ウ）：誤り。セ・リーグの規定打席数を満たした選手は27人いるから，中央値を含む階級は大きさの順に並べて14番目が含まれている0.28以上0.30未満である。パ・リーグの規定打席数を満たした選手は28人いるから，中央値を含む階級は大きさの順に並べて14番目と15番目が含まれている0.26以上0.28未満である。よって，セ・リーグよりもパ・リーグの方が中央値は小さい。

以上から，記述はすべて誤りなので，正解は③である。

問7

累積度数分布図の読み取りに関する問題である。

〔1〕　**11** ··· **正解** ③

40人の中央値は大きさの順に並べて20番目と21番目の平均値であるから，累積度数分布図から20番目と21番目を含む階級をみつければよい。20番目と21番目を含む

階級は5,000円以上6,000円未満である。

よって，正解は③である。

〔2〕 **12** .... **正解** ①

累積度数分布図から選択肢のヒストグラムにおける決定的な誤りをみつけて正しいものをみつけ出すとよい。

①：正しい。累積度数分布図との矛盾はない。

②：誤り。1,000円以上2,000円未満の度数は0ではない。

③：誤り。3,000円以上4,000円未満の度数は11ではない。

④：誤り。0円以上1,000円未満の度数は0ではない。

⑤：誤り。0円以上1,000円未満の度数は8ではない。

よって，正解は①である。

（コメント）累積度数分布図から累積度数分布と度数分布の表をつくると次のようになる。

階級 （円）	累積度数 （人）	度数 （人）
0円以上 1,000円未満	2	2
1,000円以上 2,000円未満	5	3
2,000円以上 3,000円未満	9	4
3,000円以上 4,000円未満	15	6
4,000円以上 5,000円未満	18	3
5,000円以上 6,000円未満	29	11
6,000円以上 7,000円未満	36	7
7,000円以上 8,000円未満	39	3
8,000円以上 9,000円未満	39	0
9,000円以上10,000円未満	40	1

問8

〔1〕 **13** .... **正解** ④

平均値の求め方を理解しているかを問う問題である。

（平均値）＝（データの合計）÷（データの個数）

$$= (154 + 160 + 169 + 169 + 156 + 164) \div 6 = 972 \div 6 = 162 \ [cm]$$

よって，正解は④である。

406

統計検定　4級

〔2〕　**14**　‥‥‥‥‥‥‥‥‥‥‥‥‥‥‥‥‥‥‥‥‥‥‥‥‥‥‥‥　**正解** ③

中央値について正しく理解をしているかを問う問題である。

6人の中央値は大きさの順に並べて3番目と4番目の平均値である。与えられた
データを小さい方から順に並べると次のようになる（単位はcm）。

$$22.0 \quad 22.5 \quad 23.5 \quad 24.0 \quad 25.5 \quad 26.0$$

（中央値）$= (23.5 + 24.0) \div 2 = 23.75$〔cm〕

よって，正解は③である。

〔3〕　**15**　‥‥‥‥‥‥‥‥‥‥‥‥‥‥‥‥‥‥‥‥‥‥‥‥‥‥‥‥　**正解** ②

与えられた式をもとに新しい情報を予測する問題である。

与えられた式に（足長）$= 25.0$〔cm〕を代入すると，

（身長）$= 3.6 \times 25.0 + 75.1 = 165.1$〔cm〕

よって，正解は②である。

問9

複合グラフの読み取りに関する問題である。

〔1〕　**16**　‥‥‥‥‥‥‥‥‥‥‥‥‥‥‥‥‥‥‥‥‥‥‥‥‥‥‥‥　**正解** ④

（ア）：誤り。1994年度の犬・猫の殺処分総数は $(493 + 302) \times \dfrac{96.3}{100} = 765.585$〔千頭〕

で，2015年度の殺処分総数は $(47 + 90) \times \dfrac{60.6}{100} = 83.022$〔千頭〕であるから，ほ

とんど変化がないとはいえない。

（イ）：誤り。1994年度の犬・猫の引取り総数に対する猫の引取り数の割合は，

$$\frac{302}{493 + 302} \times 100 = 37.98\cdots = 38.0 \text{〔％〕}$$

1995年度の割合は，

$$\frac{304}{458 + 304} \times 100 = 39.89\cdots = 39.9 \text{〔％〕}$$

であるから，1994年度から1995年度にかけては増加しているので，1994年度
から2015年度にかけて毎年減少しているとはいえない。

（ウ）：正しい。積み上げ棒グラフの高さをみると，たしかに1994年度から2015年度
にかけて毎年減少していることがわかる。

以上から，正しい記述は（ウ）のみなので，正解は④である。

〔2〕 **17** ··· 正解 ②

①：誤り。犬の引取り数は毎年減少しているから増加率に正の値はない。

②：正しい。元のグラフとの矛盾はない。

③：誤り。積み上げ棒グラフから，1年で半減（−50%）したことはないので，−50%より小さな値はとらない。なお，この折れ線グラフは1994年を基準年とした各年の減少率

$$\frac{\text{（「ある年度」の犬の引取り数）}-\text{（1994年の犬の引取り数）}}{\text{1994年の犬の引取り数}}\times 100\ \text{〔%〕}$$

である。

④：誤り。犬の引取り数は毎年減少しているから増加率に正の値はない。

よって，正解は②である。

問10

ドットプロットを正しく読み取れるかを問う問題である。

〔1〕 **18** ··· 正解 ①

各地域のデータの範囲はドットプロットの幅をみればよく，最も範囲が大きいのは札幌，次は東京，最も小さいのは那覇である。

よって，正解は①である。

〔2〕 **19** ··· 正解 ③

（ア）：正しい。ドットプロットより，中央値は大きい順に，那覇，東京，札幌となり，緯度が低い順に一致する。

（イ）：誤り。日平均気温の最大値が最も大きいのは東京である。

（ウ）：正しい。30℃あたりに最もドットの数が多いことがわかる

以上から，正しい記述は（ア）と（ウ）なので，正解は③である。

問11

〔1〕 **20** ··· 正解 ②

統計グラフについての知識を問う問題である。

統計調査結果の数値を地図上に表現したものを**統計地図**という。統計地図は地域ごとのデータを比較するのに用いる。データをいくつかの階級に区分し地域を色分けする，各地域の上に棒グラフや円グラフ，絵グラフなどを重ね合わせるなどいろいろな表現方法がある。本問の統計地図は，東京都（一部）の地図上に絵グラフを重ね合わせて作成されている。

408

よって，正解は②である。
(コメント)
①：散布図は（身長，体重）のようにペアになっているデータを (x, y) として布置して表す図である。
③：度数分布表は連続型の量的データであればいくつかの階級に分け，そこに含まれる観測値を数えあげた表である。たとえば，問4に示した表が度数分布表（相対度数を付記したもの）である。
④：ヒストグラムは連続型の量的データの度数分布表を柱の面積で表したものである。たとえば，問6に示した図がヒストグラムである。
⑤：比較したい項目を正多角形の頂点で示し，中心から頂点までを評価点で区切る。たとえば，5段階評価なら5等分する。各項目の評価をつなぐことで図を作成したものがレーダーチャートである（下図）。

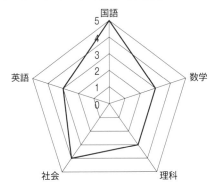

〔2〕 **21** .... 正解 ④

円グラフを正しく読み取れるかを問う問題である。
（ア）：誤り。アジアでのアニメブームが終わったかはこの円グラフからは読み取れない。
（イ）：正しい。契約件数の割合は，欧州が5.0％増加，アジアが11.3％減少，オセアニアが0.2％増加，東欧が0.9％増加，中東が0.5％増加，アフリカが4.6％増加，北米が4.8％減少，中南米が4.9％増加した。つまり，最も増えたのは欧州である。
（ウ）：誤り。この円グラフからは契約件数は読み取れない。さらに，クールジャパン機構の出資による影響までは読み取れない。

以上から，正しい記述は（イ）のみなので，正解は④である。

問12

〔1〕 **22** .... **正解** ②

与えられた表を正しくグラフで表現できるかを問う問題である。

①：誤り。横軸に項目をとるなら，折れ線グラフではなく複数系列の棒グラフが適切である。

②：正しい。各項目の年ごとの平均時間の推移をみたいので，横軸に年，縦軸に平均時間をとっているこの折れ線グラフは適切である。

③：誤り。円グラフで表したら各項目が年ごとの割合で表され，平均時間そのものの推移をみることができなくなる。

④：誤り。帯グラフで表したら各項目が年ごとの割合で表され，平均時間そのものの推移をみることができなくなる。

よって，正解は②である。

〔2〕 **23** .... **正解** ③

与えられた表を正しく読み取ることができるかを問う問題である。

①：誤り。睡眠の時間はどの年もほとんど変わっていない。

②：誤り。通学の時間はどの年もほとんど変わっていない。

③：正しい。学業の時間は371分，402分，429分と増加傾向にあると読み取れる。

④：誤り。平成13年のスポーツの時間と趣味・娯楽の時間はともに36分であるから，スポーツの時間よりも趣味・娯楽の時間の方が短いとはいえない。

⑤：誤り。平成23年のスポーツの時間は35分で趣味・娯楽の時間は30分であるから，スポーツの時間よりも趣味・娯楽の時間の方が短い。

よって，正解は③である。

問13

多峰的なヒストグラムについて，データを層別して情報を正しく読み取ることができるかを問う問題である。

〔1〕 **24** .... **正解** ⑤

グラフAとグラフBから度数分布表をつくると次のようになる。

統計検定　4級

(単位：人)

階級	階級値	全体	男子	女子
0本以上2本未満	1	10	9	1
2本以上4本未満	3	15	13	2
4本以上6本未満	5	11	8	3
6本以上8本未満	7	9	4	5
8本以上10本未満	9	10	3	7
10本以上12本未満	11	14	2	12
12本以上14本未満	13	11	1	10
合計		80	40	40

さらに，女子だけで集計し直したときのヒストグラムは次のようになる。

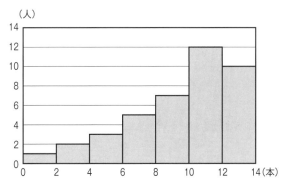

①：誤り。単峰型の分布である。
②：誤り。左右対称ではないのでベル型の分布ではない。
③：誤り。山型の分布であるから一様な分布ではない。
④：誤り。右ではなく左に裾が長い分布である。
⑤：正しい。上の図のように左に裾が長い分布である。
　　よって，正解は⑤である。

[2]　25　　　　　　　　　　　　　　　　　　　　　　　　　　　　正解 ⑤

階級値を用いて男子と3年生全体の平均値を求めると，
(男子の平均値) = $(1×9+3×13+5×8+7×4+9×3+11×2+13×1)÷40$
　　　　　　 = $(9+39+40+28+27+22+13)÷40=178÷40=4.45$〔本〕
(全体の平均値) = $(1×10+3×15+5×11+7×9+9×10+11×14+13×11)÷80$
　　　　　　 = $(10+45+55+63+90+154+143)÷80=560÷80=7$〔本〕

以上より，平均値を比べると，3年生全体＞男子　である。

男子の中央値は筆箱に入っている色ペンの本数の大きさの順に並べたとき，20人目と21人目の平均値であるから，中央値が含まれる階級は2本以上4本未満である。

3年生全体の中央値は40人目と41人目の平均値であるから，中央値が含まれる階級は6本以上8本未満である。

以上より，中央値を比べると，3年生全体＞男子　である。

よって，正解は⑤である。

問14

確率に関する基本事項を問う問題である。

〔1〕　**26**　⋯⋯⋯⋯⋯⋯⋯⋯⋯⋯⋯⋯⋯⋯⋯⋯⋯⋯⋯⋯⋯⋯⋯⋯⋯⋯ **正解** ④

3つの確率をそれぞれ求めてみる。箱の中には合計4個の玉が入っているから，1回取り出したのち戻してからもう1回取り出す方法は $4 \times 4 = 16$〔通り〕である。

2回とも赤玉を取り出す方法は $2 \times 2 = 4$〔通り〕であるから，$p = \dfrac{4}{16} = \dfrac{1}{4}$ である。

$$\text{赤}_1 \left\langle \begin{matrix} \text{赤}_1 \\ \text{赤}_2 \end{matrix} \right. \qquad \text{赤}_2 \left\langle \begin{matrix} \text{赤}_1 \\ \text{赤}_2 \end{matrix} \right.$$

2回とも白玉を取り出す方法は $2 \times 2 = 4$〔通り〕であるから，$q = \dfrac{4}{16} = \dfrac{1}{4}$ である。

$$\text{白}_3 \left\langle \begin{matrix} \text{白}_3 \\ \text{白}_4 \end{matrix} \right. \qquad \text{白}_4 \left\langle \begin{matrix} \text{白}_3 \\ \text{白}_4 \end{matrix} \right.$$

赤玉，白玉を1回ずつ取り出す方法は赤白の順か白赤の順があることに注意して，$2 \times 2 + 2 \times 2 = 8$〔通り〕であるから，$r = \dfrac{8}{16} = \dfrac{1}{2}$ である。

$$\text{赤}_1 \left\langle \begin{matrix} \text{白}_3 \\ \text{白}_4 \end{matrix} \right. \quad \text{赤}_2 \left\langle \begin{matrix} \text{白}_3 \\ \text{白}_4 \end{matrix} \right. \quad \text{白}_3 \left\langle \begin{matrix} \text{赤}_1 \\ \text{赤}_2 \end{matrix} \right. \quad \text{白}_4 \left\langle \begin{matrix} \text{赤}_1 \\ \text{赤}_2 \end{matrix} \right.$$

以上より，$r > p = q$ である。

よって，正解は④である。

〔2〕　**27**　⋯⋯⋯⋯⋯⋯⋯⋯⋯⋯⋯⋯⋯⋯⋯⋯⋯⋯⋯⋯⋯⋯⋯⋯⋯⋯ **正解** ③

3の倍数になる場合は，12，21，24，33，42の5通りであるから，求める確率は $\dfrac{5}{16}$ である。

412

よって，正解は③である。

〔3〕 28

取り出したものをもとに戻す操作を3回繰り返すときの取り出す方法の総数は $4\times4\times4$ 〔通り〕である。赤赤白の順に取り出す方法の総数は $2\times2\times2$ 〔通り〕ある。赤赤白以外にも赤白赤，白赤赤の計3通りあるから，確率を求める式は，
$\dfrac{2\times2\times2}{4\times4\times4}\times3$ である。

正解 ①

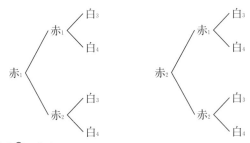

よって，正解は①である。

問15

クロス集計表から正しく情報を読み取る問題である。

〔1〕 29 正解 ⑤

① : 誤り。外国人観光客全体でみると，平成25年の一人当たりの宿泊代は38,868円，平成26年の一人当たりの宿泊代は33,141円であるから，平成26年の方が少ない。
② : 誤り。外国人観光客全体でみると，平成25年の観光消費額単価の合計は85,643円，平成26年の観光消費額単価の合計は124,789円であるから，
　　$124{,}789 \div 85{,}643 = 1.4570\cdots$ 〔倍〕
つまり，平成26年は平成25年の1.5倍を超えていない。
③ : 誤り。平成26年の観光消費額単価の合計が高い地域・国順に並べると，
　　台湾，欧州，北米，東南アジア，オセアニア，中国，韓国
であるから，北米は3番目であり4番目ではない。
④ : 誤り。平成26年の食事代が高い順に並べると，
　　欧州，台湾，全体，北米，オセアニア，東南アジア，中国，韓国
であるから，全体より高い地域・国は欧州と台湾であり，欧州のみではない。
⑤ : 正しい。平成26年の各地域・国の「(食事代)−(土産品代)」が正になれば土産品代より食事代が高い。計算すると次表のようになる。

（単位：円）

	北米	オセアニア	欧州	中国	台湾	韓国	東南アジア
食事代	31,981	30,452	48,581	12,707	37,906	10,463	28,545
土産品代	19,731	30,525	25,280	23,894	48,218	15,598	26,270
差	12,250	−73	23,301	−11,187	−10,312	−5,135	2,275

　上の表より土産品代よりも食事代が高い地域・国は北米，欧州，東南アジアのみである。

　よって，正解は⑤である。

〔2〕　**30** ·· **正解** ②

　平成26年の各地域・国の，（土産品代）÷（観光消費額単価の合計）を求めて比べる。

	北米	①オセアニア	欧州	②中国	③台湾	④韓国	⑤東南アジア
土産品代	19,731	30,525	25,280	23,894	48,218	15,598	26,270
合計	121,407	119,075	143,814	58,375	169,598	44,422	121,080
割合	16.3%	25.6%	17.6%	40.9%	28.4%	35.1%	21.7%

　上の表より観光消費額単価の合計に対する土産品代の割合が最も高い地域・国は中国である。

　よって，正解は②である。

414

PART 13

4級
2017年6月
問題／解説

2017年6月に実施された
統計検定4級で実際に出題された問題文を掲載します。
問題の趣旨やその考え方を理解できるように、
正解番号だけでなく解説を加えました。

問題………416

正解一覧………436

解説………437

問1　次のうちで，量的データの組合せとして，下の①〜⑤のうちから最も適切なものを一つ選べ。　1

> A　2017年6月のある駅における毎日の乗車人員
>
> B　2017年6月のある中学校における毎日の給食の献立
>
> C　2017年6月のあるスーパーマーケットにおける毎日の売上げ金額

①　Bのみ　　②　Cのみ　　③　AとCのみ
④　BとCのみ　⑤　AとBとC

問2　次のグラフは，ある地域に設置されたお茶（緑茶，ウーロン茶，ほうじ茶，麦茶，その他）の自動販売機の1ヶ月間の販売本数を調べたものである。
　　棒グラフは販売本数を，折れ線グラフは販売本数の累積相対度数を，それぞれ販売本数の多い順に表したものである。

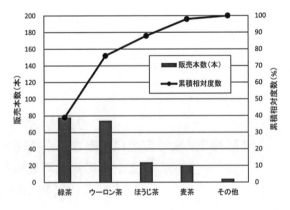

〔1〕このグラフに関するデータのうち，質的データの組合せとして，下の①〜⑤のうちから最も適切なものを一つ選べ。　2

> A　販売本数
>
> B　販売本数の累積相対度数
>
> C　お茶の種類

①　Bのみ　　②　Cのみ　　③　AとBのみ
④　BとCのみ　⑤　AとBとC

統計検定　4級

〔2〕　このグラフから読み取れることとして，次の（ア），（イ），（ウ）の3つの説明がある。正しい説明には○を，誤った説明には×をつけるとき，その組合せとして，下の①～⑤のうちから最も適切なものを一つ選べ。　**3**

> （ア）　折れ線グラフから販売本数の増加率が読み取れる。
>
> （イ）　この自動販売機で1ヶ月間に売れたお茶は，販売本数の上位3種類で総販売本数の何％になるかが読み取れる。
>
> （ウ）　緑茶の販売本数が総販売本数のうち何％になるかが読み取れる。

① （ア）：○　（イ）：○　（ウ）：○
② （ア）：○　（イ）：×　（ウ）：○
③ （ア）：○　（イ）：○　（ウ）：×
④ （ア）：×　（イ）：○　（ウ）：○
⑤ （ア）：×　（イ）：×　（ウ）：×

問3 次のデータは，ある中学校1年生15人の右手の握力（kg）の記録である。

41　22　20　34　21　18　24　48　29　31　34　20　36　16　26

〔1〕 次の表は，上のデータの度数分布表である。（ア），（イ）に当てはまる値の組合せとして，下の①～⑤のうちから適切なものを一つ選べ。 **4**

（単位：人）

階級	度数
15kg 以上 20kg 未満	2
20kg 以上 25kg 未満	（ア）
25kg 以上 30kg 未満	（イ）
30kg 以上 35kg 未満	3
35kg 以上 40kg 未満	1
40kg 以上 45kg 未満	1
45kg 以上 50kg 未満	1
計	15

① （ア）：4　（イ）：3　　② （ア）：3　（イ）：4
③ （ア）：5　（イ）：2　　④ （ア）：2　（イ）：5
⑤ （ア）：6　（イ）：1

〔2〕 次の文章における（A），（B），（C）に当てはまる語句の組合せとして，下の①～⑤のうちから適切なものを一つ選べ。 **5**

「上のデータの（A）は26kg，（B）は28kg，（C）は32kgである。」

① （A）：最頻値　　（B）：平均値　　（C）：範囲
② （A）：平均値　　（B）：範囲　　　（C）：中央値
③ （A）：最頻値　　（B）：中央値　　（C）：平均値
④ （A）：中央値　　（B）：平均値　　（C）：範囲
⑤ （A）：中央値　　（B）：最頻値　　（C）：範囲

〔3〕 同一の生徒15人に対して左手の握力を測定した結果を，階級が 0 kg以上 5 kg未満，5 kg以上10kg未満，…，45kg以上50kg未満に区切られたヒストグラムにまとめた。生徒15人の左手の握力の平均値は，右手の握力の平均値より 5 kg低くなったが，中央値は変わらなかった。この15人の左手の握力を表すヒストグラムとして，次の①〜⑤のうちから最も適切なものを一つ選べ。 6

①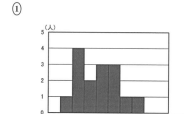

②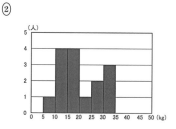

③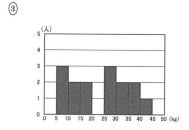

④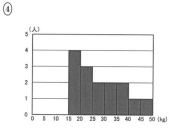

⑤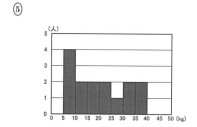

問4 次のヒストグラムは，平成27年度学校基本調査における都道府県別中学校数を表したものである。ただし，ヒストグラムの階級はそれぞれ，0校以上100校未満，100校以上200校未満，…，900校以上1000校未満のように区切られている。

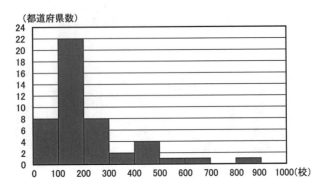

資料：文部科学省「平成27年度 学校基本調査」

〔1〕 47都道府県の中学校数の中央値が含まれる階級として，次の①～⑤のうちから適切なものを一つ選べ。 7

① 0校以上100校未満　　　② 100校以上200校未満
③ 200校以上300校未満　　④ 300校以上400校未満
⑤ 400校以上500校未満

〔2〕 中学校数が300校以上である都道府県の割合はいくらか。次の①～⑤のうちから最も適切なものを一つ選べ。 8

① 2％　　② 4％　　③ 15％　　④ 19％　　⑤ 36％

統計検定　4級

問5　次の表は，2005年度と2013年度における小学生の女子が将来就きたい職業を調査したデータから相対度数を求め，まとめたものである。

職業	2005年度	2013年度
獣医，動物飼育，ペット屋，トリマー	11.0 %	5.4 %
幼稚園・保育園の先生（保育士）	9.9 %	9.5 %
パン屋，ケーキ屋（ケーキ職人，パティシエ），花屋	9.2 %	11.4 %
看護師，介護福祉士	6.2 %	6.5 %
作家，アニメ作家，まんが家，映画監督	6.0 %	4.6 %
歌手，ミュージシャン，俳優，タレント，バンド，芸人，ダンサー	5.3 %	6.2 %
学校の先生	5.1 %	4.6 %
スポーツ選手	5.1 %	4.9 %
画家，デザイナー，写真家	4.8 %	5.9 %
医者，歯科医，薬剤師	4.6 %	5.4 %
分からない	14.9 %	11.4 %
その他	17.9 %	24.2 %

資料：内閣府「平成25年度 小学生・中学生の意識に関する調査」

この調査の回答者数は2005年度が564人，2013年度が370人であった。

〔1〕　2005年度の「作家，アニメ作家，まんが家，映画監督」と回答した人数は何人か。次の①～⑤のうちから適切なものを一つ選べ。　**9**

①　17人　　　②　34人　　　③　51人　　　④　60人　　　⑤　94人

〔2〕　2005年度の「獣医，動物飼育，ペット屋，トリマー」と回答した人数は，2013年度の「獣医，動物飼育，ペット屋，トリマー」と回答した人数のおよそ何倍か。次の①～⑤のうちから最も適切なものを一つ選べ。　**10**

①　$\frac{1}{2}$倍　　②　$\frac{3}{2}$倍　　③　2倍　　④　$\frac{5}{2}$倍　　⑤　3倍

2017年6月

問題

421

問6　たかし君とせいてつ君の中学校では，昨年度英語のテストが 5 回行われた。たかし君，せいてつ君ともに最初の 3 回の平均点は68点であった。

〔1〕　たかし君の 4 回目は75点で 5 回目は71点であった。たかし君の 5 回の平均点は何点か。次の①〜⑤のうちから適切なものを一つ選べ。　**11**

①　70点　　　②　71点　　　③　72点　　　④　73点　　　⑤　74点

〔2〕　せいてつ君は残り 2 回のテストで 5 回の平均点が70点になった。せいてつ君の 4 回目と 5 回目の平均点は何点か。次の①〜⑤のうちから適切なものを一つ選べ。　**12**

①　70点　　　②　71点　　　③　72点　　　④　73点　　　⑤　74点

統計検定　4級

問7　次の表は，ある小学校の2016年10月における給食の食べ残し量について調べた結果をまとめたものの一部である。

日 (曜)	主菜名 添えもの	おかず	デザート	天気	食べ残し量 (kg)
⋮	⋮	⋮	⋮	⋮	⋮
19 (水)	ごはん	あじフライ やさいのごまいため とうにゅうみそしる あじつけのり		くもり	14.55
20 (木)	むぎ ごはん	ちゅうかどんぶり ぎょうざ１こ もやしとにんじんのちゅうかサラダ		くもり	15.55
21 (金)	ごはん	さんまかんろに じゃがいものうまに しそひじき		雨	16.40
24 (月)	せわり コッペパン	チリコンカン キャベツのサラダ アーモンドいりこざかな		晴れ	7.65
25 (火)	ごはん	わかさぎフリッター２び きりぼしだいこんのいために いもに	ラ・フランスゼリー	雨	15.65
26 (水)	むぎ ごはん	いわしのおかかに きんぴらごぼう ぶたじる		くもり	14.25
27 (木)	ごはん	かんとうに ひじきとだいずのいために かなぎのつくだに	みかん	晴れ	16.15
⋮	⋮	⋮	⋮	⋮	⋮

「晴れの日またはくもりの日」と「雨の日」で食べ残し量に違いがあるのかについて分析する方法として，次の①～⑤のうちから最も適切なものを一つ選べ。　**13**

① 天気の項目をもとに，「晴れの日またはくもりの日」と「雨の日」の割合を円グラフにまとめる。

② デザートの項目と食べ残し量の項目をもとに，デザートがあった日となかった日の食べ残し量をそれぞれヒストグラムにまとめる。

③ 天気の項目をもとに，「晴れの日またはくもりの日」と「雨の日」の日数を棒グラフにまとめる。

④ 日（曜）の項目と食べ残し量の項目をもとに，折れ線グラフにまとめる。

⑤ 天気の項目と食べ残し量の項目をもとに，「晴れの日またはくもりの日」と「雨の日」の食べ残し量をそれぞれヒストグラムにまとめる。

2017年6月　問題

423

問8 次の表は，平成27年7月1日〜8月31日と平成28年7月1日〜8月31日に報告された熱中症入院患者数をまとめたものである。

(単位：人)

年齢	平成27年	平成28年
0歳以上10歳以下	10	9
11歳以上20歳以下	82	63
21歳以上30歳以下	34	47
31歳以上40歳以下	51	53
41歳以上50歳以下	61	66
51歳以上60歳以下	93	65
61歳以上70歳以下	137	89
71歳以上80歳以下	220	158
81歳以上90歳以下	241	180
91歳以上	35	46
合計	964	776

資料：厚生労働省「7月1日〜8月31日に報告された熱中症入院患者数」

〔1〕 平成27年の21歳以上30歳以下の熱中症入院患者数の相対度数はいくらか。次の①〜⑤のうちから最も適切なものを一つ選べ。 **14**

① 0.035　　② 0.046　　③ 0.059　　④ 0.085　　⑤ 0.142

統計検定　4級

〔2〕　平成27年の熱中症入院患者数について，次の（ア），（イ），（ウ）の３つの意見があった。表から読み取れる意見には○を，表から読み取れない意見には×をつけるとき，その組合せとして，下の①～⑤のうちから最も適切なものを一つ選べ。　**15**

> （ア）　21歳以上90歳以下において，階級値が低いほど熱中症入院患者数は少ない。
>
> （イ）　年齢が高いほど熱中症になりやすい。
>
> （ウ）　11歳以上20歳以下の熱中症入院患者数が21歳以上30歳以下より多いのは，学校での体育の授業が主な原因である。

① 　（ア）：○　（イ）：○　（ウ）：×
② 　（ア）：○　（イ）：×　（ウ）：○
③ 　（ア）：○　（イ）：×　（ウ）：×
④ 　（ア）：×　（イ）：○　（ウ）：○
⑤ 　（ア）：×　（イ）：×　（ウ）：○

〔3〕　平成27年と平成28年の熱中症入院患者数について，次の（エ），（オ），（カ）の３つの意見があった。表から読み取れる意見には○を，表から読み取れない意見には×をつけるとき，その組合せとして，下の①～⑤のうちから最も適切なものを一つ選べ。　**16**

> （エ）　61歳以上90歳以下の各年齢階級において，平成28年の熱中症入院患者数が平成27年と比べて50～60人程度減ったのは，熱中症対策をしたからである。
>
> （オ）　平成28年の熱中症入院患者数の合計が平成27年より減ったのは，平成28年７月１日～８月31日の最高気温の平均が，平成27年７月１日～８月31日の最高気温の平均よりも低いからである。
>
> （カ）　平成27年と平成28年の81歳以上の熱中症入院患者数の割合はほぼ同じである。

① 　（エ）：○　（オ）：○　（カ）：×
② 　（エ）：○　（オ）：×　（カ）：○
③ 　（エ）：○　（オ）：×　（カ）：×
④ 　（エ）：×　（オ）：○　（カ）：○
⑤ 　（エ）：×　（オ）：×　（カ）：○

2017年6月　問題

問9 次の表は，関東地方，東海地方，近畿地方の中学校を対象に修学旅行の行先方面をまとめたものである。また，下の棒グラフは，近畿地方の中学校の修学旅行の行先方面を表したものである。

(単位：校)

修学旅行の行先方面	関東地方の中学校	東海地方の中学校	近畿地方の中学校
北海道	0	0	14
東北	11	1	4
会津・日光	21	13	0
関東・伊豆・箱根	2	570	294
北陸・信州・信越	75	32	157
関西	1,078	9	0
中国・四国	27	66	28
九州	0	16	183
沖縄	0	27	283
海外	1	0	1
その他	1	0	0
合計	1,216	734	964

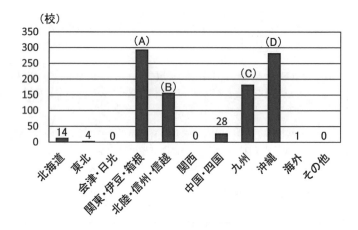

資料：公益財団法人全国修学旅行研究協会「平成26年度研究調査報告」

統計検定　4級

〔1〕　棒グラフの（B）に当てはまる値はいくらか。次の①～⑤のうちから適切な
ものを一つ選べ。　**17**

①　290　　　　②　157　　　　③　280　　　　④　183　　　　⑤　283

〔2〕　上の表とグラフについて，みなこさんのクラスでは，修学旅行の行先方面に
ついて話し合い，次の（ア），（イ），（ウ）の3つの意見が出た。表から読み取れ
る意見には○を，表からは読み取れない意見には×をつけるとき，その組合せと
して，下の①～⑤のうちから最も適切なものを一つ選べ。　**18**

（ア）　関東地方の中学校の合計に対する修学旅行の行先方面の割合のうち，
最も高い割合は関西方面で80％を超えている。

（イ）　関東地方の中学校の合計に対する会津・日光方面の割合は，東海地方
の中学校の合計に対する会津・日光方面の割合よりも高い。

（ウ）　近畿地方の中学校の合計に対する関東・伊豆・箱根方面の割合と沖縄
方面の割合の和は50％を超えている。

①　（ア）：×　　（イ）：○　　（ウ）：○
②　（ア）：○　　（イ）：×　　（ウ）：○
③　（ア）：×　　（イ）：○　　（ウ）：×
④　（ア）：○　　（イ）：○　　（ウ）：×
⑤　（ア）：×　　（イ）：×　　（ウ）：○

2017年6月　問題

問10 次の円グラフは，1990年と2010年における日本の電力発電量の割合を示したものである。

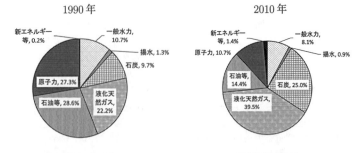

資料：資源エネルギー庁「電源開発の概要」

〔1〕 このグラフから読み取れることとして，次の（ア），（イ），（ウ）の意見があった。読み取れる意見には○を，読み取れない意見には×をつけるとき，その組合せとして，下の①～⑤のうちから最も適切なものを一つ選べ。 19

(ア) 1990年の一般水力の発電量と，2010年の原子力の発電量は同じである。

(イ) 2010年においては，石炭と石油等の発電量を合わせると，液化天然ガスとほぼ同じ発電量になる。

(ウ) 1990，2010年ともに，石油等と液化天然ガスの発電量を合わせると，各年における総発電量の50％を超えている。

① (ア)：×　(イ)：○　(ウ)：○
② (ア)：○　(イ)：×　(ウ)：○
③ (ア)：×　(イ)：○　(ウ)：×
④ (ア)：○　(イ)：○　(ウ)：×
⑤ (ア)：×　(イ)：×　(ウ)：○

〔2〕 2010年における総発電量をY億kW，石炭の発電量をX億kWとおくと，XとYの関係はどのように表されるか。次の①～⑤のうちから最も適切なものを一つ選べ。 20

① $Y=\dfrac{X}{4}$　　② $Y=\dfrac{1}{4X}$　　③ $Y=\dfrac{4}{X}$

④ $X=\dfrac{Y}{4}$　　⑤ $X=Y+4$

統計検定　4級

問11 ななこさんは，男子と女子では色の好みが違うだろうと予想して，2つのクラスの男女80人（男子40人，女子40人）に対して，黒，青，赤，ピンク，白から好きな色を1つ選択してもらい，次の結果を得た。

（単位：人）

		好きな色						計
		黒	青	赤	ピンク	白	無回答	
性別	男子	14	9	2	3	10	2	40
	女子	6	6	6	13	6	3	40
	計	20	15	8	16	16	5	80

〔1〕　好きな色の中で男子と女子の人数の差が最も大きい色はどれか。次の①～⑤のうちから適切なものを一つ選べ。　**21**

①　黒　　　　②　青　　　　③　赤　　　　④　ピンク　　　　⑤　白

〔2〕　男女80人の中で，25％の人が選択した色はどれか。次の①～⑤のうちから適切なものを一つ選べ。　**22**

①　黒　　　　②　青　　　　③　赤　　　　④　ピンク　　　　⑤　白

2017年6月

問題

問12 次の表は，平成4年から平成28年までの百貨店とスーパーの飲料食品の年間販売額を表したものである。

(単位：百万円)

年	百貨店	スーパー
平成 4 年	2,604,238	4,548,240
平成 9 年	2,561,688	5,870,259
平成 14 年	2,329,045	6,947,226
平成 19 年	2,170,772	7,696,097
平成 20 年	2,173,185	7,983,370
平成 21 年	2,040,727	8,030,829
平成 22 年	1,969,304	8,220,866
平成 23 年	1,935,730	8,457,926
平成 24 年	1,916,244	8,535,260
平成 25 年	1,911,969	8,734,942
平成 26 年	1,928,884	9,071,134
平成 27 年	1,925,679	9,363,387
平成 28 年	1,895,414	9,552,469

資料：経済産業省「商業動態統計」

〔1〕 平成4年から平成28年までの百貨店とスーパーにおける飲料食品の年間販売額の推移を調べたい。そのためのグラフとして，次の①〜④のうちから最も適切なものを一つ選べ。23

①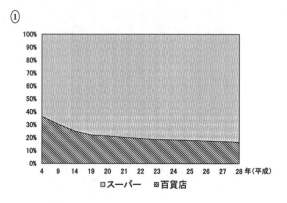

②

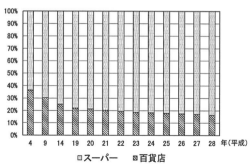

③

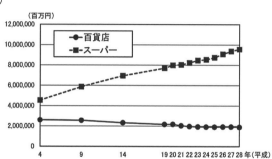

④

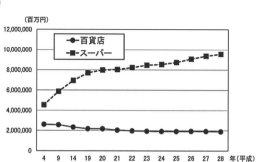

〔2〕 スーパーにおける飲料食品の平成4年と平成28年の年間販売額を比べると，平成28年の年間販売額は平成4年の年間販売額の何倍か。次の①〜⑤のうちから最も適切なものを一つ選べ。　24

① 0.5倍　　② 0.7倍　　③ 1.4倍　　④ 2.1倍　　⑤ 3.3倍

〔3〕 百貨店における飲料食品の年間販売額の減少の度合いを検討するために，ある期間での変化率

$$\frac{(期間の最後の数値)-(期間の最初の数値)}{(期間の最初の数値)}\times 100 \ （％）$$

を考えることにした。平成22年から平成28年の期間の変化率はいくらか。次の①〜⑤のうちから最も適切なものを一つ選べ。　25

① 3.8％　　② −3.8％　　③ 27.2％　　④ −27.2％　　⑤ 73.9％

問13 次のグラフは，2007年から2016年までの全国の田について，自然災害によって減少した田の耕地面積，および復旧によって増加した田の耕地面積を年ごとにまとめたものである。

増減した田の耕地面積

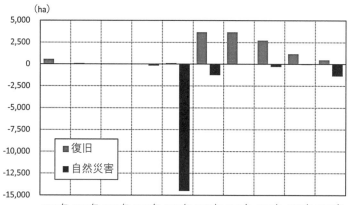

資料：農林水産統計「平成28年耕地面積（7月15日現在）」

このグラフから読み取れることとして，次の（ア），（イ），（ウ）の意見があった。読み取れる意見には○を，読み取れない意見には×をつけるとき，その組合せとして，下の①〜⑤のうちから最も適切なものを一つ選べ。 26

（ア）2011年の自然災害によって減少した田の耕地面積は，2016年の自然災害によって減少した田の耕地面積の6倍以上である。

（イ）2007年から2016年において，自然災害によって減少した田の耕地面積の和は，復旧によって増加した田の耕地面積の和より大きい。

（ウ）全国の田の耕地面積は，2007年から2016年の間に半分以下になっている。

① （ア）：○　（イ）：○　（ウ）：×
② （ア）：○　（イ）：×　（ウ）：○
③ （ア）：×　（イ）：○　（ウ）：×
④ （ア）：×　（イ）：○　（ウ）：○
⑤ （ア）：×　（イ）：×　（ウ）：○

問14 次のグラフは，外国人人口および外国人人口の増減率の推移（全国）を表したものである。

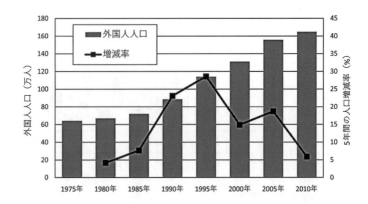

資料：総務省「平成22年国勢調査 人口等基本集計結果」

上のグラフから読み取れることとして，次の①〜⑤のうちから最も適切なものを一つ選べ。 27

① 外国人人口の増減率は，2000年以降減少している。
② 増減率が最も大きいのは，1985年から1990年にかけてである。
③ 外国人人口は年々増加傾向を示しているが，2000年から2010年にかけては減少している。
④ 外国人人口は，2011年以降も増加すると考えられる。
⑤ 外国人人口の増減率は変化しているが，外国人人口には減少傾向はない。

統計検定　4級

問15 1から6までの数字が1面ずつ書いてある青いさいころと，2，4，6が2面ずつ書いてある赤いさいころがある。Aさんは青いさいころ，Bさんは赤いさいころを投げ，出た目が大きいほうが勝ちとし，出た目が同じである場合は引き分けとする。

〔1〕 Bさんが赤いさいころを投げたとき，4以上の目が出る確率はいくらか。次の①〜⑤のうちから適切なものを一つ選べ。　**28**

① $\dfrac{1}{18}$　　② $\dfrac{1}{12}$　　③ $\dfrac{1}{3}$　　④ $\dfrac{1}{2}$　　⑤ $\dfrac{2}{3}$

〔2〕 AさんとBさんが引き分けになる確率はいくらか。次の①〜⑤のうちから適切なものを一つ選べ。　**29**

① $\dfrac{1}{3}$　　② $\dfrac{1}{6}$　　③ $\dfrac{1}{10}$　　④ $\dfrac{1}{12}$　　⑤ $\dfrac{1}{24}$

〔3〕 Aさんが勝つ確率はいくらか。次の①〜⑤のうちから適切なものを一つ選べ。　**30**

① $\dfrac{1}{3}$　　② $\dfrac{1}{6}$　　③ $\dfrac{1}{10}$　　④ $\dfrac{1}{12}$　　⑤ $\dfrac{1}{24}$

2017年6月　問題

435

統計検定4級　2017年6月　正解一覧

　次ページ以降に解説を掲載しています。問題の趣旨やその考え方を理解するために活用してください。

問		解答番号	正解
問1		1	③
問2	〔1〕	2	②
	〔2〕	3	④
問3	〔1〕	4	③
	〔2〕	5	④
	〔3〕	6	③
問4	〔1〕	7	②
	〔2〕	8	④
問5	〔1〕	9	②
	〔2〕	10	⑤
問6	〔1〕	11	①
	〔2〕	12	④
問7		13	⑤
問8	〔1〕	14	①
	〔2〕	15	③
	〔3〕	16	⑤

問		解答番号	正解
問9	〔1〕	17	②
	〔2〕	18	②
問10	〔1〕	19	①
	〔2〕	20	④
問11	〔1〕	21	④
	〔2〕	22	①
問12	〔1〕	23	③
	〔2〕	24	④
	〔3〕	25	②
問13		26	①
問14		27	⑤
問15	〔1〕	28	⑤
	〔2〕	29	②
	〔3〕	30	①

統計検定　4級

問1

1 ··· 正解 ③

量的データと質的データの違いを理解しているかどうかを問う問題である。

統計の調査項目は，大きく質的データと量的データに分けることができる。量的データは，大きさや量など，数量として記録したデータである。

A：**量的データ**である。乗車人員は，5,389人，10,742人のような数値からなる量的データである。

B：質的データである。献立は，ラーメン，カレーライス，親子丼のような種類（カテゴリー）から１つ選んだ質的データである。

C：**量的データ**である。売上げ金額は，648千円，2,160千円のような数値からなる量的データである。

以上から，量的データはAとCのみなので，正解は③である。

問2

棒グラフと折れ線グラフの複合グラフで示された資料からの読み取りに関する問題である。

〔1〕 **2** ··· 正解 ②

問1と同様，質的データと量的データの違いを理解しているかどうかを問う問題である。質的データは，分類された種類（カテゴリー）の中から，どの種類をとったかを記録したものである。

A：量的データである。販売本数は，73本，260本のような数値からなる量的データである。

B：質的データではない。販売本数の累積相対度数は，39%，78%のような数値からなる統計量の一種であり，質的データでも量的データでもない。

C：**質的データ**である。お茶の種類は，緑茶，ウーロン茶，ほうじ茶，麦茶のような種類から１つ選んだ質的データである。

以上から，質的データはCのみなので，正解は②である。

〔2〕 **3** ··· 正解 ④

折れ線グラフ（累積相対度数折れ線）から正しく情報を読み取る問題である。

（ア）：誤り。累積相対度数折れ線は，総販売本数に対する各お茶の販売本数の割合を個々に加えていったものであり，販売本数の増加率は読み取れない。

（イ）：正しい。累積相対度数折れ線のほうじ茶の値を読めば，総販売本数に対する上位３種類（緑茶，ウーロン茶，ほうじ茶）の販売本数の合計の割合（%）

が読み取れる。

（ウ）：正しい。累積相対度数折れ線の緑茶の値を読めば，総販売本数に対する緑茶
の販売本数の割合（％）が読み取れる。

以上から，正しい記述は（イ）と（ウ）なので，正解は④である。

問3

与えられたデータを小さいほうから順に並べると次のようになる（単位はkg）。

16 18 20 20 21 22 24 26 29 31 34 34 36 41 48

〔1〕 **4** .... **正解** ③

度数分布表の作成についての理解を問う問題である。

（ア）は，20kg以上25kg未満の階級の度数である。この階級には，20kg，20kg，
21kg，22kg，24kgの5人が含まれるので，度数は5である。

（イ）は，25kg以上30kg未満の階級の度数である。この階級には，26kg，29kg
の2人が含まれるので，度数は2である。

以上から，（ア）は5，（イ）は2である。

よって，正解は③である。

〔2〕 **5** .... **正解** ④

代表値や範囲といった分布の中心やばらつきを表す指標についての理解を問う問
題である。

平均値はデータの値の合計をデータの総数で割った値，中央値はデータを大きさ
の順に並べたとき真ん中に位置する値，最頻値は最も多くある値，範囲はデータの
値の最大値と最小値の差である。選択肢に現れている値は，範囲，平均値，中央値，
最頻値であるから，まずはこれらの値を求める。

（範囲）＝（データの最大値）－（データの最小値）

$\qquad$ ＝48－16＝32〔kg〕

（平均値）＝（データの合計）÷（データの総数）

$\qquad$ ＝（16＋18＋⋯＋48）÷15＝420÷15＝28〔kg〕

データの総数が15であることから，大きさの順に並べ，8番目の値26kgが中央
値である。

与えられたデータにおいて，20kgと34kgがともに2個あるから，最頻値は20kg
と34kgである。

以上から，（A）は中央値，（B）は平均値，（C）は範囲である。

よって，正解は④である。

統計検定　4級

〔3〕　**6**　.. **正解** ③

ヒストグラムを正しく読み取れるかを問う問題である。

左手の握力の平均値は，$28-5=23$〔kg〕であり，中央値は26kgである。すぐに判定のつく中央値から先に調べ，26kgを含む25kg以上30kg未満の階級に小さいほうから数えて8番目のデータが含まれていたら，次に，階級値を用いて平均値のおよその値を求め判断する。

①：誤り。中央値は20kg以上25kg未満の階級に含まれている。

②：誤り。中央値は15kg以上20kg未満の階級に含まれている。

③：正しい。中央値は25kg以上30kg未満の階級に含まれている。平均値のおよその値を求めると，

$(7.5 \times 3 + 12.5 \times 2 + 17.5 \times 2 + 27.5 \times 3 + 32.5 \times 2 + 37.5 \times 2 + 42.5 \times 1) \div 15$
$= 23.166 \cdots \doteqdot 23$〔kg〕

となり，矛盾しない。

④：誤り。中央値は25kg以上30kg未満の階級に含まれている。ただし，平均値のおよその値を求めると，

$(17.5 \times 4 + 22.5 \times 3 + 27.5 \times 2 + 32.5 \times 2 + 37.5 \times 2 + 42.5 \times 1 + 47.5 \times 1) \div 15$
$= 422.5 \div 15 = 28.166 \cdots \doteqdot 28$〔kg〕

となり，23kgより大きい。

⑤：誤り。中央値は15kg以上20kg未満の階級に含まれている。

よって，正解は③である。

問4

〔1〕　**7**　.. **正解** ②

中央値について正しく理解をしているかを問う問題である。

47都道府県のデータであるから，小さいほうから並べ，24番目の値が中央値である。

0校以上100校未満の階級の度数が8，100校以上200校未満の階級の度数が22であるから，24番目の値は100校以上200校未満の階級に含まれる。

よって，正解は②である。

〔2〕　**8**　.. **正解** ④

ヒストグラムを正しく読み取れるかを問う問題である。

300校以上900校未満の各階級の度数は順に，2，4，1，1，0，1であるから，中学校数が300校以上である都道府県の割合は，

$$\frac{2+4+1+1+0+1}{47} \times 100 = 19.1489 \cdots \doteqdot 19$$〔%〕

よって，正解は④である。

439

問5

相対度数について正しく理解をしているかを問う問題である。

〔1〕　**9**　〜〜〜〜〜〜〜〜〜〜〜〜〜〜〜〜〜〜〜〜〜〜〜〜〜〜〜〜〜〜〜〜〜〜〜〜　**正解** ②

2005年度の回答者数は564人であり，「作家，アニメ作家，まんが家，映画鑑賞」と回答した人の割合は6.0%，つまり0.06であるから，

$564 \times 0.06 = 33.84 \fallingdotseq 34$〔人〕

である。

よって，正解は②である。

〔2〕　**10**　〜〜〜〜〜〜〜〜〜〜〜〜〜〜〜〜〜〜〜〜〜〜〜〜〜〜〜〜〜〜〜〜〜〜〜　**正解** ⑤

2005年度の回答者数は564人であり，「獣医，動物飼育，ペット屋，トリマー」と回答した人の割合は11.0%，つまり0.11であるから，

$564 \times 0.11 = 62.04 \fallingdotseq 62$〔人〕

である。

2013年度の回答者数は370人であり，「獣医，動物飼育，ペット屋，トリマー」と回答した人の割合は5.4%，つまり0.054であるから，

$370 \times 0.054 = 19.98 \fallingdotseq 20$〔人〕

である。

以上より，2005年度の回答者数は2013年度の回答者数の

$62 \div 20 = 3.1$〔倍〕

である。

よって，正解は⑤である。

問6

平均値の求め方を理解しているかを問う問題である。

〔1〕　**11**　〜〜〜〜〜〜〜〜〜〜〜〜〜〜〜〜〜〜〜〜〜〜〜〜〜〜〜〜〜〜〜〜〜〜〜〜　**正解** ①

たかし君の最初の3回の合計点は，平均点が68点であるから，

$68 \times 3 = 204$〔点〕

である。4回目が75点で，5回目が71点であるから，5回の平均点は，

$(204 + 75 + 71) \div 5 = 350 \div 5 = 70$〔点〕

である。

よって，正解は①である。

440

統計検定　4級

〔2〕　**12**　⋯⋯⋯⋯⋯⋯⋯⋯⋯⋯⋯⋯⋯⋯⋯⋯⋯⋯⋯⋯⋯⋯⋯⋯⋯⋯　**正解**▶④

　せいてつ君の5回の合計点は，平均点が70点であるから，

　　70×5＝350〔点〕

である。また，最初の3回の合計点は，平均点が68点であるから，

　　68×3＝204〔点〕

である。4回目と5回目の合計点は，350－204＝146〔点〕である。

　以上より，4回目と5回目の平均点は，146÷2＝73〔点〕である。

　よって，正解は④である。

問7

13　⋯⋯⋯⋯⋯⋯⋯⋯⋯⋯⋯⋯⋯⋯⋯⋯⋯⋯⋯⋯⋯⋯⋯⋯⋯⋯⋯⋯⋯⋯⋯　**正解**▶⑤

　データのまとめ方について理解をしているかを問う問題である。

　天気と食べ残し量の関係を分析する際は，少なくとも，これらの情報が必要である。それ以外の項目が食べ残し量に関係することもあるが，本問題では不要である。

①：誤り。天気の項目だけでは食べ残し量に違いがあるかはわからない。

②：誤り。天気と食べ残し量の関係を分析するときにデザートの項目は本問題では不要である。

③：誤り。天気の項目だけでは食べ残し量に違いがあるかはわからない。

④：誤り。天気と食べ残し量の関係を分析するときに日（曜）の項目は本問題では不要である。

⑤：正しい。「晴れの日またはくもりの日」の食べ残し量をまとめたヒストグラムと「雨の日」の食べ残し量をまとめたヒストグラムをつくり，分布の様子をみることで違いをみることができる。

　よって，正解は⑤である。

問8

　度数分布表の読み取りについての理解を問う問題である。

〔1〕　**14**　⋯⋯⋯⋯⋯⋯⋯⋯⋯⋯⋯⋯⋯⋯⋯⋯⋯⋯⋯⋯⋯⋯⋯⋯⋯⋯⋯⋯⋯　**正解**▶①

　相対度数の求め方を理解しているかを問う問題である。

　平成27年の21歳以上30歳以下の階級の度数は34であり，合計が964であるから，

相対度数は，$\dfrac{34}{964}＝0.0352\cdots≒0.035$である。

　よって，正解は①である。

2017年6月　解説

441

〔2〕 **15** ··· 正解▶③

（ア）：正しい。平成27年の21歳以上90歳以下では，熱中症入院患者数は階級値が低い順に，

　　　　34＜51＜61＜93＜137＜220＜241

　　　であるから，正しい。

（イ）：誤り。この度数分布表だけでは年齢が高いほど熱中症になりやすいかは判断できない。

（ウ）：誤り。この度数分布表だけでは学校での体育の授業が主な原因であるとはいえない。

　　　以上から，正しい記述は（ア）のみなので，正解は③である。

〔3〕 **16** ··· 正解▶⑤

（エ）：誤り。この度数分布表だけでは熱中症対策をしたか否かは判断できない。

（オ）：誤り。熱中症入院患者数の合計が減ったことが最高気温に関係しているかは判断できない。

（カ）：正しい。平成27年の81歳以上の熱中症入院患者数の割合は，

　　　$\dfrac{241+35}{964}=0.286\cdots\fallingdotseq0.29$であり，平成28年の81歳以上の熱中症入院患者数の

　　　割合は，$\dfrac{180+46}{776}=0.291\cdots\fallingdotseq0.29$であるから，ほぼ同じである。

　　以上から，正しい記述は（カ）のみなので，正解は⑤である。

問9

　　表や棒グラフから必要な情報を読み取る問題である。

〔1〕 **17** ··· 正解▶②

　　（Ｂ）は修学旅行の行先方面が北陸・信州・信越であった近畿地方の中学校数であるから，表より157校である。

　　　よって，正解は②である。

〔2〕 **18** ··· 正解▶②

（ア）：正しい。修学旅行の行先方面が関西地方である関東地方の中学校数は，表より1,078校であるから，割合は，$\dfrac{1,078}{1,216}\times100=88.65\cdots$〔％〕となり，80％を超えている。

（イ）：誤り。修学旅行の行先方面が会津・日光地方である関東地方の中学校数は，

統計検定　4級

表より21校であるから，割合は，$\dfrac{21}{1,216} \times 100 = 1.72\cdots$〔%〕である。また，

東海地方の中学校数は，表より13校であるから，割合は，$\dfrac{13}{734} \times 100 = 1.77\cdots$

〔%〕である。以上から，東海地方の中学校の割合のほうが関東地方の中学校の割合よりも高い。

(ウ)：正しい。修学旅行の行先方面が関東・伊豆・箱根方面と沖縄方面であった近畿地方の中学校数の和は，表より，$294 + 283 = 577$〔校〕であるから，割合は，$\dfrac{577}{964} \times 100 = 59.85\cdots$〔%〕となり，50%を超えている。

以上から，正しい記述は（ア）と（ウ）なので，正解は②である。

問10

円グラフから正しく情報を読み取る問題である。

〔1〕 **19** ･･ **正解** ①

(ア)：誤り。1990年の総発電量が7,376億kWであるのに対して，2010年の総発電量がこの円グラフからはわからないので，1990年の一般水力の発電量の割合と2010年の原子力の発電量の割合が同じであっても，発電量そのものが同じであるかは判断できない。

(イ)：正しい。2010年の石炭と石油等の発電量の割合の和は，$25.0 + 14.4 = 39.4$〔%〕であり，液化天然ガス39.5%にほぼ等しいといえる。

(ウ)：正しい。1990年の石油等と液化天然ガスの発電量の割合の和は，$28.6 + 22.2 = 50.8$〔%〕であり，2010年の石油等と液化天然ガスの発電量の割合の和は，$14.4 + 39.5 = 53.9$〔%〕であるから，ともに50%を超えている。

以上から，正しい記述は（イ）と（ウ）なので，正解は①である。

〔2〕 **20** ･･ **正解** ④

2010年における石炭の発電量の割合が25.0%であるから，$\dfrac{X}{Y} \times 100 = 25.0$である。

これをYについて解くと，$Y = 4X$であり，①，②，③のいずれでもない。

また，Xについて解くと，$X = \dfrac{Y}{4}$であり，⑤ではない。

よって，正解は④である。

2017年6月

解説

443

問11

クロス集計表から正しく情報を読み取る問題である。

〔1〕 **21** ·· 正解 ④

実際に各色の男子と女子の差を求めると，黒は14－6＝8〔人〕，青は9－6＝3
〔人〕，赤は6－2＝4〔人〕，ピンクは13－3＝10〔人〕，白は10－6＝4〔人〕である。
差が最も大きい色はピンクである。

よって，正解は④である。

〔2〕 **22** ·· 正解 ①

80人の25％は，80×0.25＝20〔人〕である。一番下の行の計の値が20である色
（黒）が男女80人の中で，25％の人が選んだ色である。

よって，正解は①である。

問12

度数分布表の読み取りについての理解を問う問題である。

〔1〕 **23** ·· 正解 ③

①：適切でない。このグラフはスーパーと百貨店の年間販売額の割合の推移になっ
ているので，年間販売額の推移を知ることはできない。

②：適切でない。このグラフはスーパーと百貨店の年間販売額の割合の推移になっ
ているので，年間販売額の推移を知ることはできない。

③：適切である。時系列グラフ（折れ線グラフ）は，時間とともに推移する量を表
すときに用いるグラフであり，横軸が平成19年以前の5年間隔と平成19年以降
の1年間隔を反映した形で適切に表されている。

④：適切でない。はじめの4つが5年間隔で，その後1年間隔のデータであるにも
かかわらず，このグラフでは横軸が5年間と1年間を同じ間隔で表していて時
間間隔を反映した形になっていないので不適切である。

よって，正解は③である。

444

統計検定　4級

〔2〕　**24**　⋯⋯⋯⋯⋯⋯⋯⋯⋯⋯⋯⋯⋯⋯⋯⋯⋯⋯⋯⋯⋯⋯⋯⋯⋯⋯　**正解** ④

　表より，スーパーにおける飲料食品の平成 4 年の年間販売額は，4,548,240百万円
であり，平成28年の年間販売額は，9,552,469百万円である。単位の百万円を省略し
て求めると，平成28年の年間販売額は平成 4 年の年間販売額の，

　　$9{,}552{,}469 \div 4{,}548{,}240 = 2.100\cdots \fallingdotseq 2.1$〔倍〕

である。

　　よって，正解は④である。

〔3〕　**25**　⋯⋯⋯⋯⋯⋯⋯⋯⋯⋯⋯⋯⋯⋯⋯⋯⋯⋯⋯⋯⋯⋯⋯⋯⋯⋯⋯⋯　**正解** ②

　平成22年から平成28年の期間の変化率は，単位の百万円を省略して求めると，

　　$\dfrac{1{,}895{,}414 - 1{,}969{,}304}{1{,}969{,}304} \times 100 = -3.752\cdots \fallingdotseq -3.8$〔％〕

である。

　　よって，正解は②である。

問13

26　⋯⋯⋯⋯⋯⋯⋯⋯⋯⋯⋯⋯⋯⋯⋯⋯⋯⋯⋯⋯⋯⋯⋯⋯⋯⋯⋯⋯⋯⋯⋯⋯⋯　**正解** ①

　グラフから正しく情報を読み取る問題である。

（ア）：正しい。2016年の目盛りを読むと 1 目盛りの半分程度と読め，2011年の目盛
　　　　りを読むと 5 目盛り以上あると読めるので， 6 倍以上あると読み取れる。

（イ）：正しい。 0 haの横線より上側の棒の高さの和は 4 目盛り程度と読み取れる
　　　　のに対して，下側の棒の高さの和は 6 目盛り以上あると読み取れる。

（ウ）：誤り。このグラフからは自然災害によって減少した田の耕地面積と復旧して
　　　　増加した田の面積しかわからないので，田の耕地面積そのものはわからない。

　　以上から，正しい記述は（ア）と（イ）なので，正解は①である。

問14

27　⋯⋯⋯⋯⋯⋯⋯⋯⋯⋯⋯⋯⋯⋯⋯⋯⋯⋯⋯⋯⋯⋯⋯⋯⋯⋯⋯⋯⋯⋯⋯⋯⋯　**正解** ⑤

　グラフから正しく情報を読み取る問題である。

①：誤り。増減率を表す折れ線グラフを見ると，2000年から2005年は増加している。

②：誤り。増減率は折れ線グラフの■の値であるから，増減率が最も大きかった年
　　は1995年である。

③：誤り。外国人人口は棒グラフの高さで表され，調査年ごとに増加し，減少して
　　いない。

④：誤り。この複合グラフからは2011年以降を予想することはできない。

2017年6月

解説

445

⑤：正しい。折れ線グラフから増減率は調査のたびに変化しているが，棒グラフから外国人人口は調査年ごとに増加し，減少傾向はない。

　　よって，正解は⑤である。

問15

提示された状況を正確に理解し，確率を求められるかを問う問題である。

〔1〕　**28**　・・　**正解**▶⑤

赤いさいころには6面あるので，1回投げたとき，目の出方は6通りある。赤いさいころには2，4，6が2面ずつ書いてあるので，4以上の目の出方は，

　　2（4の目）＋2（6の目）＝4〔通り〕

あるから，求める確率は，$\frac{4}{6}=\frac{2}{3}$である。

　　よって，正解は⑤である。

〔2〕　**29**　・・　**正解**▶②

AさんとBさんがさいころを1回ずつ投げたとき，目の出方は6×6＝36〔通り〕である。AさんとBさんが引き分けになるのは，同じ目が出たときであるから，そのような場合を，樹形図を用いて表すと，次のようになる。

A　B　　　　　A　B　　　　　A　B
$2<\genfrac{}{}{0pt}{}{2}{2}$　　　　$4<\genfrac{}{}{0pt}{}{4}{4}$　　　　$6<\genfrac{}{}{0pt}{}{6}{6}$

上図より，引き分けになる場合は6通りあるから，求める確率は，$\frac{6}{36}=\frac{1}{6}$である。

　　よって，正解は②である。

〔3〕　**30**　・・　**正解**▶①

AさんがBさんに勝つのは，青いさいころの出た目が，赤いさいころの出た目より大きいときであるから，そのような場合を，樹形図を用いて表すと，次のようになる。

A　B　　　　A　B　　　　A　B　　　　A　B　　　　A　B　　　　A　B
$3<\genfrac{}{}{0pt}{}{2}{2}$　　　$4<\genfrac{}{}{0pt}{}{2}{2}$　　　$5<\genfrac{}{}{0pt}{}{2}{2}$　　　$5<\genfrac{}{}{0pt}{}{4}{4}$　　　$6<\genfrac{}{}{0pt}{}{2}{2}$　　　$6<\genfrac{}{}{0pt}{}{4}{4}$

上図より，AさんがBさんに勝つ場合は12通りあるから，求める確率は，$\frac{12}{36}=\frac{1}{3}$である。

　　よって，正解は①である。

■**統計検定ウェブサイト**：http://www.toukei-kentei.jp/

検定の実施予定，受験方法などは，年によって変更される場合もあります。最新の情報は上記ウェブサイトに掲載しているので，参照してください。

本書の内容に関するお問合せは，以下のあて先に郵便またはFAXでお送りください。
〒163-8671　東京都新宿区新宿1-1-12
株式会社 実務教育出版　編集部 書籍質問係（書名を明記のこと）
FAX：03-5369-2237

日本統計学会公式認定

統計検定3級・4級　公式問題集〈2017～2019年〉

2020年3月31日　初版第1刷発行　　　　　　　　　　　　　〈検印省略〉

編　者　一般社団法人　日本統計学会　出版企画委員会
著　者　一般財団法人　統計質保証推進協会　統計検定センター
発行者　小山隆之

発行所　株式会社 実務教育出版
　　　　〒163-8671　東京都新宿区新宿1-1-12
　　　　☎ 編集　03-3355-1812　　販売　03-3355-1951
　　　　振替　00160-0-78270

組　版　明昌堂
印　刷　シナノ印刷
製　本　東京美術紙工

ⒸJapan Statistical Society　2020　　　　　　　本書掲載の試験問題等は無断転載を禁じます。
ⒸJapanese Association for Promoting Quality Assurance in Statistics　2020
ISBN 978-4-7889-2553-3 C3040　Printed in Japan
乱丁，落丁本は本社にておとりかえいたします。

本書の印税はすべて一般財団法人 統計質保証推進協会を通じて統計教育に役立てられます。

21世紀型スキルとして求められる統計的思考力を学ぶ！

日本統計学会公式認定
統計検定
公式問題集　◆日本統計学会 編

「統計検定」とは、統計に関する知識や活用力を評価する全国統一試験です。
過去3年*の試験で出題されたすべての問題を収録し、詳細な解説を付しています。

＊1級・準1級は2年分を収録

日本統計学会公式認定　統計検定
2級 公式問題集［2017〜2019年］
定価：本体1,800円＋税／ISBN：978-4-7889-2552-6

2級では、大学基礎課程（1・2年次学部共通）の統計学の知識の習得度と活用のための理解度を問います。

日本統計学会公式認定　統計検定
3級・4級 公式問題集［2017〜2019年］
定価：本体1,800円＋税／ISBN：978-4-7889-2553-3

3級は大学基礎統計学の知識として求められる統計活用力を4級はデータと表やグラフ、確率の基本的な知識と活用力を問います。

日本統計学会公式認定　統計検定
統計調査士・専門統計調査士 公式問題集［2015〜2017年］
定価：本体2,800円＋税／ISBN：978-4-7889-2547-2

統計調査士は統計に関する基本的知識と利活用を問います。
専門統計調査士は調査全般の高度な専門的知識と利活用手法を問います。

日本統計学会公式認定　統計検定
1級・準1級 公式問題集［2018〜2019年］
定価：本体3,000円＋税／ISBN：978-4-7889-2551-9

1級は大学専門過程で習得すべき能力を検定します。
準1級は大学基礎課程に続く応用的な力を試験します。

実務教育出版の本